高等学校工程管理专业应用型本科系列规划教材

# 建筑工程造价电算化

主　编　李　芸　林　敏

副主编　单　毅　谢嘉波

参　编　匡　良　白冬梅

东南大学出版社
·南京·

# 内 容 简 介

工程量计算一直是工程造价计算工作的难点,费时费力。利用软件技术,建立工程的模型来计算工程量,以先进的技术解决了工程造价中的这一难题。本书是工程管理专业工程造价方向的核心课教材,详细地介绍了土建算量软件、钢筋算量软件和工程计价软件的强大功能和操作步骤,并通过工程实例教会读者使用算量软件来进行工程量的计算,利用计价软件来进行工程价格的套取。

本书包括三个部分。第一部分简单介绍了工程造价的计价模式,手工算量和软件算量的特点。第二部分详细介绍了土建算量软件和钢筋算量软件的功能、操作步骤和技巧,并通过一个工程实例,讲述如何建立工程土建计算模型、钢筋计算模型,算出清单工程量和定额工程量。第三部分详细介绍了工程计价软件的功能、操作步骤和技巧,并通过一个工程实例讲述了如何套清单子目及定额子目,最终算出工程的造价。

本书结构清晰,内容丰富,并且注重理论与实践相结合,相信读者通过本书的学习以及实践,定会获益匪浅,成为工程造价高手。

本书适合的读者范围很广,工程管理专业和土木工程专业的学生、教师、造价工程师、概预算人员及业界实践者都能从本书中获益。同时,本书的配套课件,也为各高校教师备课及软件学习者提供了便利。

**图书在版编目(CIP)数据**

建筑工程造价电算化 / 李芸,林敏主编. —南京:东南
大学出版社,2013.7(2015.7 重印)
ISBN 978-7-5641-4208-7

Ⅰ.①建… Ⅱ.①李…②林… Ⅲ.①建筑造价管理—会计电
算化 Ⅳ.①TU723.3

中国版本图书馆 CIP 数据核字(2013)第 097336 号

**建筑工程造价电算化**

出版发行:东南大学出版社
社　　址:南京市四牌楼 2 号　邮编:210096
出 版 人:江建中
责任编辑:史建农　戴坚敏
网　　址:http://www.seupress.com
电子邮件:press@seupress.com
经　　销:全国各地新华书店
印　　刷:常州市武进第三印刷有限公司
开　　本:787mm×1092mm　1/16
印　　张:25
字　　数:640 千字
版　　次:2013 年 7 月第 1 版
印　　次:2015 年 7 月第 2 次印刷
书　　号:ISBN 978-7-5641-4208-7
印　　数:3 001~4 500 册
定　　价:49.50 元

# 高等学校土木建筑、工程管理专业应用型
# 本科系列规划教材编审委员会

# 总 前 言

国家颁布的《国家中长期教育改革和发展规划纲要（2010—2020 年）》指出，要"适应国家和区域经济社会发展需要，不断优化高等教育结构，重点扩大应用型、复合型、技能型人才培养规模"；"学生适应社会和就业创业能力不强，创新型、实用型、复合型人才紧缺"。为了更好地适应我国高等教育的改革和发展，满足高等学校对应用型人才的培养模式、培养目标、教学内容和课程体系等的要求，东南大学出版社携手国内部分高等院校组建土木建筑、工程管理专业应用型本科系列规划教材编审委员会。大家认为，目前适用于应用型人才培养的优秀教材还较少，大部分国家级教材对于培养应用型人才的院校来说起点偏高，难度偏大，内容偏多，且结合工程实践的内容往往偏少。因此，组织一批学术水平较高、实践能力较强、培养应用型人才的教学经验丰富的教师，编写出一套适用于应用型人才培养的教材是十分必要的，这将有力地促进应用型本科教学质量的提高。

经编审委员会商讨，对教材的编写达成如下共识：

**一、体例要新颖活泼。**学习和借鉴优秀教材特别是国外精品教材的写作思路、写作方法以及章节安排，摒弃传统工科教材知识点设置按部就班、理论讲解枯燥无味的弊端，以清新活泼的风格抓住学生的兴趣点，让教材为学生所用，使学生对教材不会产生畏难情绪。

**二、人文知识与科技知识渗透。**在教材编写中参考一些人文历史和科技知识，进行一些浅显易懂的类比，使教材更具可读性，改变工科教材艰深古板的面貌。

**三、以学生为本。**在教材编写过程中，"注重学思结合，注重知行统一，注重因材施教"，充分考虑大学生人才就业市场的发展变化，努力站在学生的角度思考问题，考虑学生对教材的感受，考虑学生的学习动力，力求做到教材贴合学生实际，受教师和学生欢迎。同时，考虑到学生考取相关资格证书的需要，教材中还结合各类职业资格考试编写了相关习题。

**四、理论讲解要简明扼要，文例突出应用。**在编写过程中，紧扣"应用"二字创特色，紧紧围绕着应用型人才培养的主题，避免一些高深的理论及公式的推导，大力提倡白话文教材，文字表述清晰明了、一目了然，便于学生理解、接受，能激起学生的学习兴趣，提高学习效率。

**五、突出先进性、现实性、实用性、操作性。**对于知识更新较快的学科，力求将最新最前沿的知识写进教材，并且对未来发展趋势用阅读材料的方式介绍给学生。同时，努力将教学改革最新成果体现在教材中，以学生就业所需的专业知识和操作技能为着眼点，在适度的基础知识与理论体系覆盖下，着重讲解应用型人才培养所需的知识点和关键点，突出实用性和可操作性。

**六、强化案例式教学。**在编写过程中，有机融入最新的实例资料以及操作性较强的案例素材，并对这些素材资料进行有效的案例分析，提高教材的可读性和实用性，为教师案例教学提供便利。

**七、重视实践环节。**编写中力求优化知识结构，丰富社会实践，强化能力培养，着力提高学生的学习能力、实践能力、创新能力，注重实践操作的训练，通过实际训练加深对理论知识的理解。在实用性和技巧性强的章节中，设计相关的实践操作案例和练习题。

在教材编写过程中，由于编写者的水平和知识局限，难免存在缺陷与不足，恳请各位读者给予批评斧正，以便教材编审委员会重新审定，再版时进一步提升教材的质量。本套教材以"应用型"定位为出发点，适用于高等院校土木建筑、工程管理等相关专业，高校独立学院、民办院校以及成人教育和网络教育均可使用，也可作为相关专业人士的参考资料。

高等学校土木建筑、工程管理专业应用型
本科系列规划教材编审委员会

# 前　言

党的十一届三中全会以后,我国进入经济体制和管理体制改革的新的时期。建筑业率先进行全行业的体制改革。随着社会主义市场经济体制的确立,招标承包制、项目法人责任制等重大改革举措的推行,建筑业逐步成为国民经济的支柱产业。

30 多年来,工程造价课程在学科体系上发生了巨大的变化,它在保持原有学科体系中符合建筑生产规律的基本理论方法的基础上,不断吸收西方发达国家和国际上通行的工程造价的手段和方法,由传统的与计划经济相适应的概预算定额管理制度体系,全面阐述建立起以市场形成价格为主的价格机制体系,包括建设工程工程量清单计价等,引入国际通行的适应市场经济发展需要的建设工程造价管理模式。从计划价、指导价到市场价,建筑市场对预算计价的市场化程度要求越来越高,建筑市场的各类参与主体必须改革原有的预算管理体制,结合报价方式的改革和预算信息化应用,通过两者之间的紧密结合,从而建立起一套行之有效的预算管理信息化系统。

随着我国建设工程市场化进程的不断推进,建筑市场竞争的日趋激烈,市场各类参与主体必须充分认识到运用现代信息技术改造传统生产经营组织方式的紧迫性,通过大胆尝试促进技术与管理创新,从而推动企业和项目信息化的快速发展。信息技术在工程实践中的广泛应用,各类工程技术和管理应用软件不断被开发和应用于工程实践活动,极大地提高了工作效率和企业效益,形成了一种先进的新型社会生产力组织模式。利用计算机技术辅助进行造价管理工作是非常必要的,是行业整体素质提升的重要手段,是造价人员必备的技能。

作为培养工程造价人才的高校,在工程造价专业的教学也必然要适应市场的要求,由单纯的理论教学改变为理论教学和实践教学相结合。理论教学的任务主要是传授知识,教学的方法主要是教师讲授和在一定范围内的课堂讨论。实践教学的任务主要是培养能力,教学的方法主要是在教师的指导下由学生进行各种验证性、设计性实验和各种课程、专业及综合性的社会实践。高等教育由精英教育演进为大众教育后,在人才培养方面,为实现传授知识、培养能力和提高素质的统一,在注重理论教学的同时,开始赋予实践教学新的使命,并把实践教学推向了一个新的发展阶段。只有实践教学,才能验证知识,消化并巩固知识;只有实践教学,才能培养动手能力,形成专业素养;只有实践教学,才能启发创新思维,增强创新意识,提升创新能力。因此,在中国现阶段,无论是以培养应用型人才为主的教学型大学,还是以培养研究型人才为主的研究型大学,都把实践教学作为教学的重要组成部分。

为了解决高等教育中学位教育人才培养规格与企业对人才培养规格的实际需求之间的有效衔接问题,培养实践经验、动手能力较强的工程造价本科生,让学生在学校就熟练掌握建筑工程造价电算化是十分必要的。

　　狭义地讲,工程造价电算化是指应用电子计算机技术对造价数据输入、处理、输出的过程,实现工程计价过程自动化。广义的工程造价电算化则是全面运用现代信息技术,对工程计价过程实行全方位的信息化管理。工程计价核心工作是算量和算价。算量的主要依据是工程设计图,因而必然涉及工程设计和工程计量技术。在手工方式下,造价工作人员按工程设计图纸提供的尺寸,对构成工程的各个单位合格产品运用规定的计算方法进行计算,因计算工作量很大,故十分费时、费事。计算机辅助设计(CAD)不仅把工程设计人员从枯燥、复杂的手工工程制图中解放出来,而且为工程计量电算化提供了可能性。事实上,目前已有一些工程计量软件能直接利用上游的电子设计图实现自动算量。

　　本书紧密结合国家的《建设工程工程量清单计价规范》(GB 50500—2008)、《混凝土结构施工图平面整体表示方法制图规则和构造详图》、《混凝土结构设计规范》(GB 50010—2002)来编写。涵盖建筑工程造价电算化的三维算量和清单计价软件的具体操作程序的介绍,同时又有具体的案例演示。该案例的存在,既方便教师课堂教学的演示,又方便读者自己练习,有利于读者了解实际中的工程造价工作,对实际工作中的造价电算化操作有直观的认识与了解,能激发读者的学习兴趣,教材的实用性强。本书改革了重知识轻能力、重理论轻实践的模式,使学生在校期间完成动手能力的培养,上岗即能顶岗。

　　本书内容完备,讲解循序渐进,理论与实际操作紧密集合,适合于高等院校作为预算电算化课程教材,也可供相关单位的工程预算工作人员自学与岗位培训之用。由于相关知识、具体操作和配套资料比较齐全,因此也可作为工程预算电算化人员实际工作的参考手册。

　　本书由李芸和林敏主编。其中:第1章、第2章、第4章、第5章由林敏编写,第3章由林敏、单毅、谢嘉波编写,第6～9章由李芸编写,第10章由林敏、匡良和白冬梅编写,全书由李芸和林敏进行统编定稿。在编写过程中,得到了中煤科工集团南京设计院吴晓翔高级工程师及上海鲁班南京分公司赵静、赵荣、石远文、侯云龙、李凤娟、季杰等的许多帮助,也得到了南京工程学院、三江学院、上海鲁班软件公司、南京未来高新技术有限公司等单位领导的大力支持,在此,谨向对本书编写给予帮助和支持的各有关方面表示衷心的感谢。在编写过程中,作者参阅和引用了不少专家、学者论著中的有关资料,在此表示衷心的感谢。

　　本书有配套课件,订购本书的读者若需要,可联系 594621821@qq.com。

　　本书的构思是以编写一本通俗易懂、风格新颖的工程造价电算化教材为初衷,但由于作者的理论水平和工作实际经验有限,虽经仔细校对修改,书中难免存在不足之处,敬请各位专家和读者批评指正。

编　者

2013 年 5 月

# 目　　录

## 第一篇　绪论

## 第二篇　算量软件应用

# 第三篇　清单计价软件应用

# 第一篇 绪论

# 1 绪论

## 教学目标

通过本章的学习,熟悉建筑工程造价的两种计价模式,掌握不同计价模式下的费用组成,了解手工算量的基本思路、方法及常用技巧,熟悉软件算量的思路与方法,同时,掌握手工算量和软件算量的区别。

工程造价是工程项目建设工作的重中之重,一个项目投资总额少至几百万,多则数十亿,差一个百分点都关系到参建各方的巨额利益。虽然目前定额套价在全国范围内已普及了电算化,但占造价分析工作量90%以上的工程量计算仍停留在手工计算的原始状态。随着计算机软硬件技术的不断发展,特别是CAD技术的成熟,利用计算机计算建筑工程量乃至由此拓展的其他工程管理应用,已经成为建筑行业推广计算机应用技术的新热点。

应用算量软件进行工程量计算速度快、准确性高,极大地缓解了造价人员的工作难度和工作强度。但是软件算量的工作方式与手工算量截然不同,不再是进行识图、分部、列项、计算、统计的过程。因为扣减计算、统计汇总等工作交给了软件后台自动进行处理,极大地提高了工作效率。

工程造价电算化是未来造价工作发展的主要趋势,手工计算工程量和套价的方法起着辅助的作用。在当今社会,谁掌握了先进的技术,谁就拥有了时间、效率和生存发展的条件。

## 1.1 建筑工程造价计价模式

根据工程造价计价依据的不同,目前我国处于工程定额计价和工程量清单计价两种计价模式并存的状态。

### 1.1.1 工程定额计价方法

我国在很长一段时间内采用单一的工程定额计价模式形成工程价格,即按预算定额规定的分部分项子目,逐项计算工程量,套用预算定额单价(或单位估价表)确定直接工程费,然后按规定的取费标准确定措施费、间接费、利润和税金,加上材料调差系数和适当的不可预见费,经汇总后即为工程预算或标底(招标控制价),而标底(招标控制价)则作为评标定标的主要依据。

1) 工程定额计价的基本方法与程序

以预算定额单价法确定工程造价,是我国采用的一种与计划经济相适应的工程造价管理制度。工程定额计价模式实际上是国家通过颁布统一的计价定额或指标,对建筑产品价格进行有计划的管理。国家以假定的建筑安装产品为对象,制定统一的预算和概算定额,计算出每一单元子项的费用后,再综合形成整个工程的价格。工程计价的基本程序如图 1-1 所示。

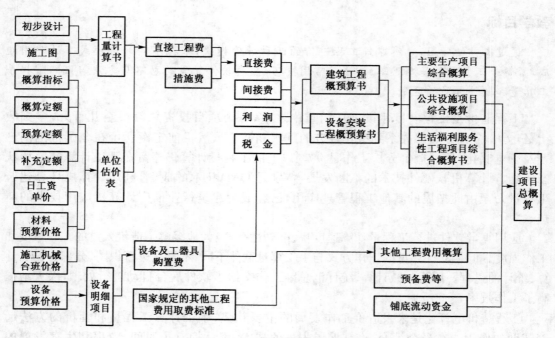

**图 1-1  工程造价定额计价程序示意图**

从图 1-1 中可以看出,编制建设工程造价最基本的过程有两个:工程量计算和工程计价。为统一口径,工程量的计算均按照统一的项目划分和工程量计算规则计算。工程量确定以后,就可以按照一定的方法确定出工程的成本及盈利,最终就可以确定出工程预算造价(或投标报价)。定额计价方法的特点就是量与价的结合。概预算的单位价格的形成过程,就是依据概预算定额所确定的消耗量乘以定额单价或市场价,经过不同层次的计算达到量与价的最优结合过程。

可以用公式进一步表明确定建筑产品价格定额计价的基本方法和程序:

(1) 每一计量单位建筑产品的基本构造要素(假定建筑产品)的直接工程费单价

   =人工费+材料费+施工机械使用费

式中:人工费 $= \sum ($人工工日数量×人工日工资标准$)$

$$材料费 = \sum(材料用量 \times 材料预算价格)$$

$$施工机械使用费 = \sum(机械台班用量 \times 台班单价)$$

（2）单位工程直接费 $= \sum(假定建筑产品工程量 \times 直接工程费单价) + 措施费$

（3）单位工程概预算造价 $=$ 单位工程直接费 $+$ 间接费 $+$ 利润 $+$ 税金

（4）单项工程概算造价 $= \sum$ 单位工程概预算造价 $+$ 设备、工器具购置费

（5）建设项目全部工程概算造价 $= \sum$ 单项工程的概算造价 $+$ 预备费 $+$ 有关的其他费用

2）工程定额计价的费用组成及计算

根据建设部"关于印发《建筑安装工程费用项目组成》的通知"（建标〔2003〕206 号），我国现行建筑安装工程费用项目主要由四部分组成：直接费、间接费、利润和税金。其具体构成如图 1-2 所示。

**图 1-2　建筑安装工程造价的组成**

（1）直接费

直接费由直接工程费、措施费组成，其中直接工程费包括人工费、材料费和施工机械使用费。其中材料费的基本要素由材料消耗量、材料基价和检验试验费组成。检验试验费是指对建筑材料、构件和建筑安装物进行一般鉴定、检查所发生的费用，包括自设试验室进行试验所耗用的材料和化学药品等费用。

① 直接工程费

$$直接工程费 = 人工费 + 材料费 + 施工机械使用费$$

a. 人工费

$$人工费 = 基本工资 + 工资性补贴 + 生产工人辅助工资 + 职工福利费 +$$
$$生产工人劳动保护费$$

b. 材料费

$$材料费 = \sum(材料消耗量 \times 材料基价) + 检验试验费$$

c. 施工机械使用费

$$施工机械使用费 = \sum(施工机械台班消耗量 \times 机械台班单价)$$

台班单价 $=$ 台班折旧费 $+$ 台班大修理费 $+$ 台班经常修理费 $+$ 台班安拆费及场外运输费 $+$ 台班人工费 $+$ 台班燃料动力费 $+$ 台班养路费及车船使用税

② 措施费

措施费可以分为通用措施项目费和专业措施项目费两部分。通用措施项目费包括安全、文明施工费，夜间施工增加费，二次搬运费，冬雨季施工增加费，大型机械设备进出场及安拆费，施工排水费，施工降水费，地上地下设施、建筑物的临时保护设施费，已完工程及设备保护费。建筑工程专业措施项目费包括混凝土、钢筋混凝土模板及支架费，脚手架费。

a. 安全、文明施工费

安全、文明施工费是由《建筑安装工程费用项目组成》中措施费所含的环境保护费、文明施工费、安全施工费、临时设施费组成。

$$环境保护费 = 直接工程费 \times 环境保护费费率(\%)$$

$$文明施工费 = 直接工程费 \times 文明施工费费率(\%)$$

$$安全施工费 = 直接工程费 \times 安全施工费费率(\%)$$

$$临时设施费 = (周转使用临建费 + 一次性使用临建费) \times (1 + 其他临时设施所占比例(\%))$$

其中：

$$周转使用临建费 = \sum \left[ \frac{临建面积 \times 每平方米造价}{使用年限 \times 365 \times 利用率(\%)} \times 工期(天) \right] + 一次性拆除费$$

$$一次性使用临建费 = \sum \left[ 临建面积 \times 每平方米造价 \times (1 - 残值率(\%)) \right] + 一次性拆除费$$

b. 夜间施工增加费

$$夜间施工增加费 = \left( 1 - \frac{合同工期}{定额工期} \right) \times \frac{直接工程费中的人工费合计}{平均日工资单价} \times 每工日夜间施工费开支$$

c. 二次搬运费

$$二次搬运费 = 直接工程费 \times 二次搬运费费率(\%)$$

d. 冬雨季施工增加费

$$冬雨季施工增加费 = 直接工程费 \times 冬雨季施工增加费费率(\%)$$

e. 大型机械设备进出场及安拆费

$$大型机械设备进出场及安拆费 = [大型机械设备进出场及安拆费 \times 年平均安拆次数] / 年工作台班$$

f. 施工排水费

$$施工排水费 = \sum (排水机械台班费 \times 排水周期) + 排水使用材料费、人工费$$

g. 施工降水费

$$施工降水费 = \sum (降水机械台班费 \times 降水周期) + 降水使用材料费、人工费$$

h. 地上地下设施、建筑物的临时保护设施费

地上地下设施、建筑物的临时保护设施费是指为了保护施工现场的一些成品免受其他施工工序的破坏,而在施工现场搭设一些临时保护设施所发生的费用。

这两项费用一般都以直接工程费为取费依据,根据工程所在地工程造价管理机构测定的相应费率计算支出。

i. 已完工程及设备保护费

$$已完工程及设备保护费 = 成品保护所需机械费 + 材料费 + 人工费$$

j. 混凝土、钢筋混凝土模板及支架费

模板及支架分自有和租赁两种,其中自有模板及支架费的计算为:

$$模板及支架费 = 模板摊销量 \times 模板价格 + 支、拆、运输费$$

$$摊销量 = 一次使用量 \times (1 + 施工损耗) \times$$

$$\left[ \frac{1 + (周转次数 - 1) \times 补损率}{周转次数} - \frac{(1 - 补损率) \times 50\%}{周转次数} \right]$$

租赁模板及支架费的计算为:

$$租赁费 = 模板使用量 \times 使用日期 \times 租赁价格 + 支、拆、运输费$$

k. 脚手架费

脚手架费同样分为自有和租赁两种,其中自有脚手架费的计算为:

$$脚手架搭拆费 = 脚手架摊销量 \times 脚手架价格 + 搭、拆、运输费$$

$$脚手架摊销量 = \frac{单位一次使用量 \times (1 - 残值率)}{耐用期 \div 一次使用期}$$

租赁脚手架费的计算为:

$$租赁费 = 脚手架每日租金 \times 搭设周期 + 搭、拆、运输费$$

(2)间接费

按现行规定,建筑安装工程间接费由规费和企业管理费组成。

① 规费

规费是政府和有关权力部门规定必须缴纳的费用。包括工程排污费,社会保障费(含养老保险费、失业保险费、医疗保险费),住房公积金,危险作业意外伤害保险。

② 企业管理费

包括:a. 管理人员工资;b. 办公费;c. 差旅交通费;d. 固定资产使用费;e. 工具用具使用费;f. 劳动保险费,是指由企业支付离退休职工的易地安家补助费、职工退职金、六个月以上的病假人员工资、职工死亡丧葬补助费、抚恤费、按规定支付给离休干部的各项经费;g. 工会经费;h. 职工教育经费;i. 财产保险费;j. 财务费;k. 税金,是指企业按规定缴纳的房产税、车船使用税、土地使用税、印花税等;l. 其他。

间接费的取费基数有三种,分别是:以直接费为计算基础,以人工费和机械费合计为计

算基础;以人工费为计算基础。

$$间接费 = 取费基数 × 间接费费率$$

$$间接费费率(\%) = 规费费率(\%) + 企业管理费费率(\%)$$

以直接费为计算基础:

$$间接费 = 直接费合计 × 间接费费率(\%)$$

以人工费和机械费合计为计算基础:

$$间接费 = 人工费和机械费合计 × 间接费费率(\%)$$

以人工费为计算基础:

$$间接费 = 人工费合计 × 间接费费率(\%)$$

(3) 利润和税金

① 利润

利润是指施工企业完成所承包工程获得的盈利。利润的计算同样因计算基础的不同而不同。

a. 以直接费为计算基础时利润的计算方法

$$利润 = (直接费 + 间接费) × 相应利润率(\%)$$

b. 以人工费和机械费为计算基础时利润的计算方法

$$利润 = 直接费中的人工费和机械费合计 × 相应利润率(\%)$$

c. 以人工费为计算基础时利润的计算方法

$$利润 = 直接费中的人工费合计 × 相应利润率(\%)$$

② 税金

建筑安装工程费中的税金包括营业税、城市维护建设税和教育费附加。

a. 营业税

$$应纳营业税 = 计税营业额 × 3\%$$

但建筑安装工程总承包方将工程分包或转包给他人的,其营业额中不包括付给分包或转包方的价款。营业税的纳税地点为应税劳务的发生地(即工程所在地)。

b. 城市维护建设税

$$应纳税额 = 应纳营业税额 × 适用税率(\%)$$

注:城市维护建设税的纳税地点在市区的,其适用税率为营业税的 7%;所在地为县镇的,其适用税率为营业税的 5%;所在地为农村的,其适用税率为营业税的 1%。城建税的纳税地点与营业税纳税地点相同。

c. 教育费附加

$$应纳税额 = 应纳营业税额 × 3\%$$

d. 税金的综合计算

税金的实际计算过程,通常是三种税金一并计算,又由于在计算税金时,往往已知条件是税前造价,因此税金的计算公式可以表达为:

$$应纳税额 ＝（直接费＋间接费＋利润）× 综合税率（\%）$$

综合税率的计算因纳税地点所在地的不同而不同。

纳税地点在市区的企业综合税率的计算:

$$税率（\%）＝\frac{1}{1-3\%-（3\%×7\%）-（3\%×3\%）}-1＝3.41\%$$

纳税地点在县城、镇的企业综合税率的计算:

$$税率（\%）＝\frac{1}{1-3\%-（3\%×5\%）-（3\%×3\%）}-1＝3.35\%$$

纳税地点不在市区、县城、镇的企业综合税率的计算:

$$税率（\%）＝\frac{1}{1-3\%-（3\%×1\%）-（3\%×3\%）}-1＝3.22\%$$

注:营业税的计税依据是营业额,营业额是指从事建筑、安装、修缮、装饰及其他工程作业收取的全部收入,还包括建筑、修缮、装饰工程所用原材料及其他物资和动力的价款。当安装的设备的价值作为安装工程产值时,亦包括所安装设备的价款。但建筑安装工程总承包方将工程分包或转包给他人的,其营业额中不包括付给分包或转包方的价款。

3)工程定额计价表格组成

工程定额计价表格式主要由下列内容组成:

（1）预算封面

（2）单位工程费汇总表

（3）工程预算表

（4）工程量计算书

（5）各项费用汇总表

（6）换算说明

（7）三材汇总表

（8）人材机分析表

（9）价差汇总表

## 1.1.2　工程量清单计价方法

工程量清单计价方法是一种区别于定额计价模式的新计价模式,是一种主要由市场定价的计价模式,是由建设产品的买方和卖方在建设市场上根据供求状况、信息状况进行自由竞价,从而最终能够签订工程合同价格的方法。因此,可以说工程量清单的计价方法是在建设市场建立、发展和完善过程中的必然产物。随着社会主义市场经济的发展,自 2003 年在全国范围内开始逐步推广建设工程工程量清单计价法，至 2008 年推出新版建设工程工程量清单计价规范，标志着我国工程量清单计价方法的应用逐渐完善。从定额计价方法到工程量清单计价方法的演变是伴随着我国建设产品价格的市场化过程进行的。

1）工程量清单计价的基本方法与程序

工程量清单计价的基本过程可以描述为：在统一的工程量清单项目设置的基础上，制定工程量清单计量规则，根据具体工程的施工图纸计算出各个清单项目的工程量，再根据各种渠道所获得的工程造价信息和经验数据计算得到工程造价。这一基本的计算过程如图 1-3 所示。

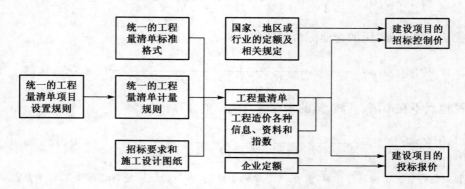

**图 1-3 工程造价工程量清单计价过程示意图**

从工程量清单计价的过程示意图中可以看出，其编制过程可以分为两个阶段：工程量清单的编制和利用工程量清单来编制投标报价（或招标控制价）。其计算过程见以下公式：

（1）分部分项工程费 $= \sum$ 分部分项工程量 × 相应分部分项综合单价

（2）措施项目费 $= \sum$ 各措施项目费

（3）其他项目费 = 暂列金额 + 暂估价 + 计日工 + 总承包服务费

（4）单位工程报价 = 分部分项工程费 + 措施项目费 + 其他项目费 + 规费 + 税金

（5）单项工程报价 $= \sum$ 单位工程报价

（6）建设项目总报价 $= \sum$ 单项工程报价

公式中综合单价指完成一个规定计量单位的分部分项工程量清单项目或措施清单项目所需的人工费、材料费、施工机械使用费和企业管理费与利润，以及一定范围内的风险费用。

2）工程量清单计价的费用组成

根据《建设工程工程量清单计价规范》（GB 50500—2008）的规定，采用工程量清单计价，建筑安装工程造价的费用构成包括由分部分项工程费、措施项目费、其他项目费、规费和税金组成。其具体构成如图 1-4 所示。

建筑安装工程造价
- 分部分项工程费
  - 人工费
  - 材料费
  - 机械使用费
  - 企业管理费
    - 管理人员工资
    - 办公费
    - 差旅交通费
    - 固定资产使用费
    - 工具用具使用费
    - 劳动保险
    - 工会经费
    - 职工教育经费
    - 财产保险费
    - 财务费
    - 税金
    - 其他
  - 利润
- 措施项目费
  - 安全文明施工费（含环境保护、文明施工、安全施工、临时设施）
  - 夜间施工费
  - 二次搬运费
  - 冬雨季施工
  - 大型机械设备进出场及安拆费
  - 施工排水费
  - 施工降水费
  - 地上地下设施、建筑物的临时保护设施费
  - 已完工程及设备保护费
  - 各专业工程的措施项目费
  - A. 建筑工程
  - 混凝土、钢筋混凝土模板及支架
  - 脚手架费
  - B. ×××
  - ……
- 其他项目费
  - 暂列金额
  - 暂估价（包括材料暂估、专业工程暂估）
  - 计日工
  - 总承包服务费
  - 其他：索赔、现成签证
- 规费
  - 工程排污费
  - 工程定额测定费
  - 社会保障费
  - （1）养老保险费
  - （2）失业保险费
  - （3）医疗保险费
  - 住房公积金
  - 危险作业意外伤害保险
- 税金
  - 营业税
  - 城市维护建设税
  - 教育费附加

图 1-4 工程量清单计价的建筑安装工程造价组成示意图

9

（1）分部分项工程费

分部分项工程费是指施工过程中耗费的构成工程实体性项目的各项费用,由人工费、材料费、施工机械使用费、企业管理费和利润构成。

① 人工费

是指直接从事建筑安装工程施工的生产工人开支的各项费用,内容包括:

a. 基本工资:是指发放给生产工人的基本工资,包括基础工资、岗位(职级)工资、绩效工资等。

b. 工资性津贴:是指企业发放的各种性质的津贴、补贴。包括物价补贴、交通补贴、住房补贴、施工补贴、误餐补贴、节假日(夜间)加班费等。

c. 生产工人辅助工资:是指生产工人年有效施工天数以外非作业天数的工资,包括职工学习、培训期间的工资,探亲、休假期间的工资,因气候影响的停工工资,女工哺乳时间的工资,病假在六个月以内的工资及产、婚、丧假期的工资。

d. 职工福利费:是指按规定标准计提的职工福利费。

e. 劳动保护费:是指按规定标准发放的劳动保护用品、工作服装补贴、防暑降温费、高危险工种施工作业防护补贴费等。

② 材料费

是指施工过程中耗费的构成工程实体的原材料、辅助材料、构配件、零件、半成品的费用和周转使用材料的摊销费用。内容包括:

a. 材料原价。

b. 材料运杂费:材料自来源地运至工地仓库或指定堆放地点所发生的全部费用。

c. 运输损耗费:材料在运输装卸过程中不可避免的损耗。

d. 采购及保管费:为组织采购、供应和保管材料过程所需要的各项费用。包括:采购费、工地保管费、仓储费和仓储损耗。

③ 施工机械使用费

是指施工机械作业所发生的机械使用费、机械安拆费和场外运费。施工机械台班单价应由下列费用组成:

a. 折旧费:施工机械在规定的使用年限内,陆续收回其原值及购置资金的时间价值。

b. 大修理费:指施工机械按规定的大修理间隔台班进行必要的大修理,以恢复其正常功能所需的费用。

c. 经常修理费:指施工机械除大修理以外的各级保养和临时故障排除所需的费用。包括为保障机械正常运转所需替换设备与随机配备工具用具的摊销和维护费用,机械运转及日常保养所需润滑与擦拭的材料费用及机械停滞期间的维护和保养费用等。

d. 安拆费及场外运费:安拆费指施工机械在现场进行安装与拆卸所需的人工、材料、机械和试运转费用以及机械辅助设施的折旧、搭设、拆除等费用;场外运费指施工机械整体或分体自停放地点运至施工现场或由一施工地点运至另一施工地点的运输、装卸、辅助材料及架线等费用。

e. 人工费:指机上司机(司炉)和其他操作人员的工作日人工费及上述人员在施工机械规定的年工作台班以外的人工费。

f. 燃料动力费:指施工机械在运转作业中所消耗的固体燃料(煤、木柴)、液体燃料(汽油、柴油)及水电等。

g. 车辆使用费:指施工机械按照国家规定和有关部门规定应缴纳的车船使用税、保险费及年检费等。

④ 企业管理费

是指施工企业组织施工生产和经营管理所需的费用。内容包括:

a. 管理人员的基本工资、工资性津贴、职工福利费、劳动保护费等。

b. 差旅交通费:指企业职工因公出差、住勤补助费、市内交通费和误餐补助费,职工探亲路费、劳动力招募费、工地转移费以及交通工具油料、燃料、牌照等费用。

c. 办公费:指企业办公用文具、纸张、账表、印刷、邮电、书报、会议、水、电、燃煤、燃气等费用。

d. 固定资产使用费:指企业属于固定资产的房屋、设备、仪器等的折旧、大修、维修或租赁费。

e. 生产工具用具使用费:指企业管理使用不属于固定资产的工具、用具、家具、交通工具、检验、试验、消防等的购置、维修和摊销费,以及支付给工人自备工具的补贴费。

f. 工会经费及职工教育经费:工会经费是指企业按职工工资总额计提的工会经费;职工教育经费是指企业为职工学习培训按职工工资总额计提的费用。

g. 财产保险费:指企业管理用财产、车辆保险。

h. 劳动保险补助费:包括由企业支付的六个月以上的病假人员工资,职工死亡丧葬补助费,按规定支付给离休干部的各项经费。

i. 财务费:是指企业为筹集资金而发生的各种费用。

j. 税金:指企业按规定交纳的房产税、车船使用税、土地使用税、印花税等。

k. 意外伤害保险费:企业为从事危险作业的建筑安装施工人员支付的意外伤害保险费。

l. 工程定位、复测、点交、场地清理费。

m. 非甲方所为四小时以内的临时停水停电费用。

n. 企业技术研发费:建筑企业为转型升级、提高管理水平所进行的技术转让、科技研发、信息化建设等费用。

o. 其他:业务招待费、远地施工增加费、劳务培训费、绿化费、广告费、公证费、法律顾问费、审计费、咨询费、联防费等。

⑤ 利润

是指施工企业完成所承包工程获得的盈利。

(2) 措施项目费

措施费可以分为通用措施项目费和专用措施项目费两部分。通用措施项目费包括安全、文明施工费,夜间施工增加费,二次搬运费,冬雨季施工增加费,大型机械设备进出场及安拆费,施工排水费,施工降水费,地上地下设施、建筑物的临时保护设施费,已完工程及设备保护费。建筑工程专业措施项目费包括混凝土、钢筋混凝土模板及支架费,脚手架费。

(3) 其他项目费

① 暂列金额

是招标人在工程量清单中暂定并包括在合同价款中的款项,用于施工合同签订时尚未

11

明确或不可预见的所需材料、设备和服务的采购、施工中可能发生的工程变更、合同约定调整因素出现时的工程价款调整及发生的索赔、现场签证确认等费用。

② 暂估价

是招标人在工程量清单中提供的用于支付必然发生但暂时不能确定价格的材料的单价以及专业工程的金额。

③ 计日工

是在施工过程中,完成发包人提出的施工图纸以外的零星项目或工作,按合同中约定的综合单价计价的一种计价方式。

④ 总承包服务费

是总承包人为配合协调发包人进行的工程分包、自行采购的设备、材料等进行管理、服务以及施工现场管理、竣工资料汇总整理等服务所需的费用。

(4) 规费

规费是指有关权力部门规定必须缴纳的费用。

① 工程排污费:包括废气、污水、固体及危险废物和噪声排污费等内容。

② 工程定额测定费。

③ 社会保障费:企业为职工缴纳的养老保险费、医疗保险费、失业保险费。为确保施工企业各类从业人员社会保障权益落到实处,省、市有关部门可根据实际情况制定管理办法。

④ 住房公积金:企业为职工缴纳的住房公积金。

⑤ 危险作业意外伤害保险。

(5) 税金

税金是指国家税法规定的应计入建筑安装工程造价内的营业税、城市维护建设税及教育费附加。

① 营业税:是指以产品销售或劳务取得的营业额为对象的税种。

② 城市维护建设税:是为加强城市公共事业和公共设施的维护建设而开征的税,它以附加形式依附于营业税。

③ 教育费附加:是为发展地方教育事业,扩大教育经费来源而征收的税种。它以营业税的税额为计征基数。

如前所述,工程定额计价的费用组成和工程量清单计价的费用组成包含的内容并无实质差异,《建筑安装工程费用项目组成》的通知(建标〔2003〕206号)主要表述的是建筑安装工程费用项目的组成,而《建设工程工程量清单计价规范》(GB 50500—2008)的建筑安装工程造价要求的是建筑安装工程在工程交易和工程实施阶段工程造价的组价要求,包括索赔等,内容更全面、更具体。二者在计算建筑安装工程造价的角度上存在差异,应用时应引起注意。

3) 工程量清单计价表格组成

《建设工程工程量清单计价规范》(GB 50500—2008)对计价表格给出了统一格式,该格式由下列内容组成:

(1) 封面

(2) 总说明

(3) 汇总表

① 工程项目招标控制价/投标报价汇总表

② 单项工程招标控制价/投标报价汇总表

③ 单位工程招标控制价/投标报价汇总表

④ 工程项目竣工结算汇总表

⑤ 单项工程竣工结算汇总表

⑥ 单位工程竣工结算汇总表

（4）分部分项工程量清单表

① 分部分项工程量清单与计价表

② 工程量清单综合单价分析表

（5）措施项目清单表

① 措施项目清单与计价表（一）

② 措施项目清单与计价表（二）

（6）其他项目清单表

① 其他项目清单与计价汇总表

② 暂列金额明细表

③ 材料暂估单价表

④ 专业工程暂估价表

⑤ 计日工表

⑥ 总承包服务费计价表

（7）规费、税金项目清单与计价表

# 1.2 手工算量的思路与方法

在编制建筑工程造价的过程中，最大的难点是工程量的计算问题。一般来说，工程量的计算工作占手工编制造价工作量的 60%～70%，工程量计算的速度和准确性对建设项目工程造价的编制起着决定性的作用。

## 1.2.1 手工算量的思路

工程量是确定建筑工程分部分项工程费，编制施工组织设计，安排工程作业进度，组织材料供应计划，进行统计工作和实现经济核算的重要依据。在手工计算工程量过程中，整理思路和理顺流程是最重要的环节。

手工计算工程量应按照一定的顺序依次进行，既可以节省看图时间，加快计算进度，又可以避免漏算或重复计算。手工算量的思路是：为了对基本建设工程项目实行统一管理和分级管理，首先应熟悉建设项目的构成，将工程项目分为建设项目、单项工程、单位工程、分部工程和分项工程五个层次，先安排分部工程的计算顺序，然后安排分部工程中各分项工程的计算顺序。分部分项工程的计算顺序，应根据其相互之间的关联因素确定，其次进行各项的计算,最后进行汇总统计,实现"识图、分部、列项、计算、统计"的工程量手工计算的全过程。

同一分项工程中不同部位的工程量计算顺序,是工程量计算的基本方法。分项工程由同一种类的构件或同一工程做法的项目组成。如"内墙面一般抹灰"为一个分项工程,按计算范围应包括外墙的内面及内墙的双面抹灰在内,其计算方法就是按照工程量计算规则的规定,将各楼层相同工程做法的内墙抹灰加在一起,算出内墙抹灰总面积。

提示:手工计算工程量时应注意按设计图纸所列项目的工程内容和计量单位,必须与相应的工程量计算规则中相应项目的工程内容和计量单位一致,不得随意改变。因此,计算工程量除必须熟悉施工图外,还必须熟悉预算定额或计价表中每个工程项目所包括的内容和范围。

### 1.2.2 手工算量的方法

为了避免漏算或重算,提高计算的准确程度,工程量的计算应按照一定的顺序进行。手工计算工程量,应根据具体工程和个人的习惯来确定,视不同的情况,一般按以下方法进行计算:

1) 单位工程计算方法

单位工程计算顺序一般按工程施工顺序、计价规范清单列项顺序或定额计价表列项顺序来计算工程量。

(1) 按施工顺序计算法

就是按照工程施工顺序的先后次序来计算工程量。如一般民用建筑,按照土方、基础、墙体、脚手架、地面、楼面、屋面、门窗安装、外抹灰、内抹灰、刷浆、油漆、玻璃等顺序进行计算。

(2) 按清单或定额顺序计算法

就是按照《建设工程工程量清单计价规范》(GB 50500—2008)或定额计价表上的分章或分部分项工程顺序来计算工程量,这种方法对初学者尤为合适。

2) 单个分部分项工程计算方法

(1) 按照顺时针方向计算法

以图纸左上角为起点,按顺时针方向依次进行计算,当按计算顺序绕图一周后又重新回到起点。这种方法一般用于各种带形基础、墙体、天棚等分部分项工程的计算,其特点是能有效防止漏算和重复计算。

(2) 按"先横后竖、先上后下、先左后右"计算法

在平面图上从左上角开始,按"先横后竖、先上后下、先左后右"的顺序计算工程量。例如房屋的条形基础土方、基础垫层、砖石基础、砖墙砌筑、门窗过梁、墙面抹灰等分项工程,均可按这种顺序计算。

(3) 按图纸分项编号顺序计算

结构图中包括不同种类、不同型号的构件,而且分布在不同的部位,为了便于计算和复核,即按照图纸上所标注结构构件、配件的编号顺序进行计算。例如计算混凝土构件、门窗、屋架等分部分项工程,均可以按照此顺序计算。

（4）按轴线编号计算

对于结构比较复杂的工程量，为了方便计算和复核，有些分项工程可按施工图轴线编号的方法计算。例如在同一平面中，带型基础的长度和宽度不一致时，可按 A 轴①～⑤轴、B 轴⑤、⑦、⑨轴的顺序计算。

### 1.2.3 手工算量的技巧

在实际操作过程中为了提高计算速度，降低计算难度，还需操作者掌握手工算量的技巧来计算工程量。实践表明，每个分部分项工程量计算虽有着各自的特点，但都离不开计算"线"、"面"之类的基数。另外，某些分部分项工程的工程量计算结果往往是另一些分部分项工程的工程量计算的基础数据。因此，根据这个特性，运用统筹法原理，对每个分部分项工程的工程量进行分析，然后依据计算过程的内在联系，按先主后次，统筹安排计算程序，可以简化烦琐的计算，形成统筹计算工程量的计算方法。

统筹法计算工程量，就是分析工程量计算中各分部分项工程量计算之间的固有规律和相互之间的依赖关系，运用统筹法原理和统筹图图解来合理安排工程量的计算程序，以达到节约时间、简化计算、提高工效、为及时准确地编制工程预算提供科学数据的目的。

1）利用基数，连续计算

在工程量计算中有一些反复使用的基数。应在计算工程量前先计算出来，后续可直接引用。这些基数主要为"三线一面"，即"外墙外边线"、"外墙中心线"、"内墙净长线"和"底层建筑面积"。就是以"线"或面为基数，利用连乘或加减，算出与它有关的分项工程量。

（1）"线"是按建筑物平面图中所示的外墙和内墙的中心线和外边线。"线"分为三条：

① 外墙中心线——$L_{中} = L_{外} -$ 墙厚 $\times 4$

可以利用外墙中心线计算：外墙基挖地槽、基础垫层、基础砌筑、墙基防潮层、基础梁、圈梁、墙身砌筑等分项工程。

② 内墙净长线——$L_{内} =$ 建筑平面图中所有内墙净长度之和。

可以利用内墙净长线计算：内墙基挖地槽、基础垫层、基础砌筑、墙基防潮层、基础梁、圈梁、墙身砌筑、墙身抹灰等分项工程。

③ 外墙外边线——$L_{外} =$ 建筑平面图的外围周长之和。

可以利用外墙外边线计算：勒脚、腰线、勾缝、外墙抹灰、散水等分项工程。

（2）"面"是指建筑物的底层建筑面积，用 S 表示。

底层建筑面积 $S =$ 建筑物底层平面图勒脚以上结构的外围水平投影面积。

与"面"有关的计算：平整场地、地面、楼面、屋面和天棚等分项工程。

2）统筹程序，合理安排

工程量计算程序的安排是否合理，关系着造价工作的效率高低、进度快慢。造价工程量的计算，按以往的习惯，大多数是按施工程序或定额程序进行的。因为造价有造价的程序规律，违背它的规律，势必造成繁琐计算，浪费时间和精力。统筹程序，合理安排，可克服用老方法计算工程量的缺陷。因为按施工顺序或定额顺序逐项进行工程量计算，不仅会造成计算上的重复，而且有时还易出现计算差错。

对于一般工程，分部工程量计算顺序应为先地下后地上，先主体后装饰，先内部后外部，进行合理安排,如计算建筑工程的相关工程量时,应按基础工程、土石方工程、混凝土工程、木门窗工程、砌筑工程这样一个顺序来进行,在计算砌筑工程的工程量时需要扣除墙体内混凝土构件体积和门窗部分在墙体内所占体积时,可以利用前面计算出的工程量数据。利用这些数据时要注意两个问题:一是看梁、柱等混凝土构件是否在所计算的墙体内,如在墙体内则扣除,否则不扣除;二是当梁、柱不完全在墙体内时,只能扣除部分混凝土构件的体积。当然,在计算分部的各子目工程量时,也有一定的顺序技巧,如计算混凝土工程量时,一般采用由下向上,先混凝土、模板后钢筋,分层计算按层统计,最后汇总的顺序。

3) 一次算出,多次使用

为了提高计算速度,对于那些不能用"线"或"面"为基数进行连续计算的项目,如木门窗、屋架、钢筋混凝土预算标准构件、土方放坡断面系数等,各地事先组织力量,将常用的数据一次算出,汇编成建筑工程预算手册。当需计算有关的工程量时,只要查手册就能很快算出所需的工程量来。这样可以减少以往那种按图逐项地进行繁琐而重复的计算,亦能保证准确性。

例如,在计算砖基础工程量时,某一砖基础高 1.2 m,基础墙宽度为 240 mm,长 10 m,大放脚为等高六层,如果直接计算则很麻烦,特别是大放脚部分。计算时可利用公式"基础断面积＝基础墙宽度×基础高度＋大放脚增加断面积"得到:$S = 1.2 \times 0.24 + 42 \times 0.0625 \times 0.126 = 0.619 (\text{m}^2)$。如果利用预算手册中"等高、不等高砖基础大放脚折加高度和大放脚增加断面积表",查到折加高度和增加面积分别为 1.378 和 0.330 8 m² ,则:$S = 0.24 \times (1.2 + 1.378) = 0.619 (\text{m}^2)$ 或 $S = 1.2 \times 0.24 + 0.330 8 = 0.619 (\text{m}^2)$。由此可知,利用预算手册可以使复杂的计算变得简便。对于采用标准图集的人孔板、洗涤池、晒衣架等构件经常碰到,因此,可以把相应的单位工程量计算出来写在图集上,需要用时直接使用。

4) 结合实际灵活计算

用"线"、"面"、"册"计算工程量,只是一般常用的工程量基本计算方法。但在特殊工程上,有基础断面、墙宽、砂浆等级和各楼层的面积不同,就不能完全用线或面的一个数作基数,而必须结合实际情况灵活地计算。

(1) 分段计算法

在通长构件中,当其中截面有变化时,可采取分段计算。如多跨连续梁,当某跨的截面高度或宽度与其他跨不同时可按柱间尺寸分段计算;再如楼层圈梁在门窗洞口处截面加厚时,其混凝土及钢筋工程量都应分段计算。

(2) 分层计算法

工程量计算中最为常见,例如墙体、构件布置、墙柱面装饰、楼地面做法等各层不同时,都应分层计算,然后再将各层相同工程做法的项目分别汇总项。

(3) 补加计算法

即在同一分项工程中,遇到局部外形尺寸或结构不同时,为便于利用基数进行计算,可先将其看作相同条件计算,然后再加上多出部分的工程量。如基础深度不同的内外墙基础、宽度不同的散水等工程。

(4) 补减计算法

与补加计算法相似,只是在原计算结果上减去局部不同部分工程量。如在楼地面工程中,各层楼面除每层盥洗间为水磨石面层外,其余均为水泥砂浆面层,则可先按各楼层均为水泥砂浆面层计算,然后补减盥洗间的水磨石地面工程量。

总之,工程量计算是一项复杂、烦琐的工作,要做好手工算量这项工作,不仅要认真、细致,更要懂得如何利用各种技巧去简化计算,以减少劳动强度,节约时间和保证计算的准确性,这也是软件算量迅速推广的决定因素。

## 1.3 软件算量的思路与方法

由于手工编制工程造价所用的时间较长,进入 20 世纪 90 年代,我国一些从事软件开发的专业公司进入这一领域,先后开发了工程量计算软件、钢筋用量计算软件和工程计价软件等产品。

### 1.3.1 软件算量的思路

自从我国采用建筑工程定额造价管理以来,建筑工程量计算工作就在工程造价管理工作中占有重要地位,并消耗了工程预算人员大量的时间和精力,人们在工作实践中也试图寻找新的方法和捷径来完成这一工作。经过几十年的探索,效果并不明显,这其中大致经历了以下几个过程:手工算量→手工表格算量→计算器表格算量→电脑表格算量→探索电脑图形算量。

20 世纪 90 年代以来,计算机技术迅猛发展,各种软件开发工具日趋完善,才使得计算机自动算量成为可能。正是在这样的技术背景下,各软件商多年来致力于算量软件的研发,投入大量人力物力,实质性地解决了图形算量三维扣减问题,开创了可视智能图形算量的新概念。

相比手工算量,理解软件算量的思路同样重要。软件算量的具体思路是:利用计算机容量大、速度快、保存久、易操作、便管理、可视强等特点,模仿人工算量的思路方法及操作习惯,采用一种全新的操作方法——电脑鼠标器和键盘,将建筑工程图输入电脑中,由电脑完成自动算量、自动扣减、统计分类、汇总打印等工作,省略了操作人员思考如何进行计算、各构件间相互的扣减关系、从哪一层哪个构件开始计算以及最后逐项统计的烦恼。软件算量需要操作人员遵循"识图、建模、计算"三个步骤即可完成工程量的计算统计工作。其中"识图"与手工算量一致;"建模"是指在算量软件中,完成算量平面图的输入工作,这其中包括工程平、剖、立面的关系对应,同时也包括各个构件的属性对应;"计算"是指在建模完成后使用软件的计算命令,自动计算得到构件实体的工程量,自动进行汇总统计,得到工程量清单或定额工程量,大幅度提高算量效率,减轻造价人员的劳动强度。

### 1.3.2 软件算量的方法与比较

目前市场上比较成熟的算量软件有上海鲁班公司、北京广联达公司、清华斯维尔公司和未来公司等开发的算量系列软件,工程量计算软件按照支持的图形维数不同可分为两类:一类是二维算量软件;另一类是三维算量软件,三维算量软件使用面较广。二维和三维算量软件方法之间的差异,主要体现在计算精度、可检查性和可扩展性等方面。

1)计算精度的比较

二维算量软件以平面扣减方法进行工程量计算,计算速度通常较快。但是由于其不能实现三维精确扣减,所以计算精确度相对低一些。考虑到工程量计算规则的规定,其与手工算量方法计算精度应相差不大。而三维算量可以实行三维空间实体的三维扣减,算量精度很高,对很多复杂的三维体扣减计算误差都很小,计算精度甚至已经超过手工计算。

2)可检查性和可操作性的比较

由于三维算量软件可以比二维软件更直观地显示构件的位置关系,所以能够更容易发现一些画图和属性设置错误,也比较容易绘制和定位重叠的三维构件。由于有更加人性化的界面,也可以减少算量人员的工作压力。

3)减少工程量输入的比较

国内目前流行的三维算量软件,如鲁班土建算量产品,是基于 AutoCAD 进行二次开发,而目前设计院的设计图纸也多是采用 AutoCAD 对应的文件格式,这样就为建筑图纸的自动识别(CAD 转化识别技术)提供了便利。也即三维算量软件可以通过软件接口导入设计院图纸,预算人员甚至不用画图就可以准确地计算出工程结构的工程量,而二维图形算量软件一般不具有此输入接口。

4)与未来软件集成扩展性的比较

建筑施工领域比较通用的软件有土建算量软件、钢筋算量软件、造价计价软件、项目管理软件、材料软件等。目前三维土建算量软件、钢筋算量软件和造价计价软件之间已经开发了良好的接口,数据已经可以实现互相读入。

关于三维算量软件的具体操作见后面相关章节的介绍。

## 1.4 手工算量与软件算量的比较

### 1.4.1 手工算量和软件算量流程比较

手工算量需要造价人员先读图,在脑子中要将多张图纸间建立工程三维立体联系,导致工作强度大。而用软件算量则完全改变了工作流程,拿到其中一张图就将这张图的信息输入电脑,一张一张进行处理,不管每张图之间的三维关系;而三维关联的思维工作会被计算机根据模型轴网、标高等几何关系自动解决代替,这样就大大降低造价人员的工作强度和工作复杂程度,从而也改变了算量工作流程。具体如图 1-5 和图 1-6 所示。

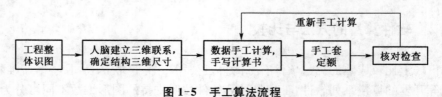

**图 1-5 手工算法流程**

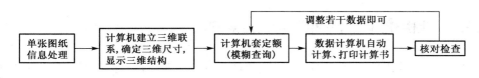

图 1-6　软件算法流程

### 1.4.2　手工算量和软件算量操作比较

手工算量和软件算量的操作内容具体比较见表 1-1。

表 1-1　手工算量和软件算量的操作比较

| 手工算量 | 软件算量 |
| --- | --- |
| 图纸按从上到下、从左到右、从基础到屋顶的顺序计算 | 任意选择建模的顺序,如先画标准层,后画基础 |
| 同楼层按平面、结构到装饰的顺序计算 | 任意选择建模顺序,如先画结构,后画平面 |
| 分不同构件计算<br>(如:柱、梁、板、墙、门、窗等) | 分不同构件,将不同构件分别画图,按图纸尺寸定义属性,但不考虑相互之间的扣减关系 |
| 分不同楼层计算<br>(如:楼层平面布局或标准不一致) | 分不同楼层,分层建模。但可快速复制修改不同楼层,然后汇总计算 |
| 计算公式中列构件的大小尺寸、计算长度或高度 | 构件尺寸在建模定义属性中填写,报表计算式中是构件的截面尺寸、图示长度及扣减结果 |
| 计算式中有综合数据(如外墙总长度、建筑面积)、已扣减数据(如柱高已扣梁高)、构件总数据(门窗总数)、组合数据(梁总量扣减与之相交的柱总量) | 明细计算式按构件在图中的位置(长度、宽度、高度)计算,扣减数据同时列出,不是按综合数据计算,而是分段计算 |
| 先算工程量,然后选择哪些工程量套用哪些定额手工分类、分项汇总统计 | 定义构件尺寸时,同时选定所套用的定额,电脑自动按分类(如相同定额号)、分项(如相同配比号)或构件编号汇总 |
| 维护与保存数据修改、查询麻烦,时间长容易出错,文件保存时间短,也容易遗失数据 | 统计数据修改、查询方便,保存时间长,数据一目了然,便于管理和储存 |

由此发现,手工算量对操作人员的专业知识掌握的程度要求高,须从全局和局部方面面去考虑问题,软件算量较为“傻瓜式”,但软件算量却需要操作人员严格掌握“建模”技能。

## 1.5　我国建筑工程造价软件的开发

随着计算机技术和CAD技术的不断发展,如何利用这些技术来进行工程造价的编制和管理,提高从业人员的工作效率和工作质量,辅助领导决策,协同工作,已经成为建筑工程造价管理的重要内容。

### 1.5.1　我国建筑工程造价软件的发展现状

我国过去一直采用计划经济模式,对建筑产品的价格实行严格的管理制度,使得我国的预算定额都基本呈现出"量价合一"的特点。近年来,随着工程招标投标制度和工程量清单计价模式的推行,建筑工程"定额定价"已转向"市场定价",并逐步和国际惯例接轨。

我国各省市的造价管理机关在不同时期都编制了一些适应当地需要的工程造价编制软件。进入 20 世纪 90 年代,一些从事软件开发的专业公司进入这一领域,先后开发了工程计量软件、钢筋算量软件和工程计价软件等产品。2003 年以前,这些产品基本满足我国当时体制下的概预算编制、概预算审核、统计报量以及施工过程中的工程结算的编制问题。2003 年以后,随着工程量清单计价模式在全国范围内的普遍推行,造价软件公司在原有的计价软件上增加了对清单计价的支持功能,工程计量软件的改进也使其实用性大大提高。但现有软件在单价分析环节还是主要采用定额组价的模式进行计算,无法与企业或市场的工料机消耗和真实价格信息对接。报价行为回归市场已是不可逆转的趋势,我国如何建立起专业的价格信息收集和发布体系,或由企业自身快速定位和建立起适应新形势下的计价管理模式,还需要造价软件编制人员进行一定的理论和实践探索,通过业内人士和软件公司合作,加大创新的步伐,才能迅速提高我国的工程造价电算化水平。

### 1.5.2　造价软件的开发思路

造价电算化首先是设计一个通用的程序,并将全部的程序内容、定额数据和备用数据等输入到计算机中,一般是先寄存在外存储器,然后在使用时调入内存,便可进行造价的编制;在上机操作时,应按照施工图和工程初始数据逐项输入与造价编制有关的各种数据,最后由计算机完成计算过程。应用计算机编制工程造价的步骤同手工编制的步骤基本上是一致的,应遵循"计量、套价、取费"这三个步骤。所不同的是操作人员只需输入工程数据到计算机中即可,其余所有的繁琐工作均由计算机承担。那么如何让计算机完成这一项任务呢?这就首先要设计一个好的程序,而编制程序一般是由专业人员进行的,他们必须掌握编程的知识和熟悉造价编制的方法和流程,这样才可能将程序编制得比较完善、符合实际、使用方便和功能强大。

1)工程计量软件的开发

在编制工程造价的过程中,最大的问题是工程量的计算问题。一般来说,工程量的计算工作占手工编制造价 60%～70% 的工作量,工程量计算的速度和准确性对造价的编制起着决定性的作用。

在早期的造价软件中,工程量完全通过手工来计算,在软件中输入工程量的结果值,利用软件来处理工程造价的汇总和做工料分析。后来,造价软件提供了表达式输入方法,即把计算的工程量表达式列到软件中,软件完成对该表达式的计算功能,这也就省去了手工操作计算器的工作。因为一个工程量通常是由多个量的累加而来,表达式法的缺陷是遇到复杂计算时用一行表达式难以表达,而且过长的表达式不便于存储,也无法校对。个别软件采用的工程量模拟草稿纸算法,模仿手工的计算过程,把工程量的计算步骤列到软件中提供的

"草稿纸"上,每一步骤都能加上注释,最后软件可以自动地汇总出最终工程量。并根据统筹法的原理,开发了工程量的关联功能,即在一个子目中能够引用其他子目的工程量,当被引用的子目工程量发生变化时,该子目的工程量也能自动发生相应变化。这种方法对传统的造价软件来说,应该算是一种比较完美的工程量解决方案了。近年来,随着计算机技术的发展,应用计算机软件解决工程量计算问题在图形算量方面取得较大的进展。国内一些专业软件公司先后开发出了图形工程量自动计算软件,从不同的角度和层面全部或部分地解决了工程量计算问题。

图形算量软件经历了十几年的发展,目前很大程度上能够满足实际工作的需要。但由于对形状复杂的构件绘制比较繁琐,目前建筑设计型式又比较多样,希望更先进的工程量计算方法能够不断涌现,进一步降低广大工程造价人员的劳动强度。

2)钢筋算量软件的开发

建筑工程造价中除了工程量计算要求必须准确以外,结构构件本身的复杂性也使工程量的计算占用了大量时间,而其中钢筋工程量的计算最为繁琐,需要统计、汇总大量的工程数据,很多工作却都是重复进行的,是造价人员最为头痛的工作。造价电算化给钢筋算量的电算化提供了较好的解决方案。

建筑物平面布置形式复杂多样,结构构件的形状也是千变万化的,但组成建筑物的同类构件的钢筋类型及长度计算公式基本相同,某软件公司将工程中所有类型的钢筋及其公式整理出来,共计 500 余种钢筋图形,并分别予以编号,所有构件中的钢筋都不会超出这个范围,预算抽筋时根据需要选择相应的钢筋型号就可以了。这就是软件设计的基本出发点——用预算抽筋的共性解决建筑物构件多样性问题,其软件操作流程如图 1-7 所示。

工程概况描述 → 建立构件信息 → 多种方式抽筋 → 钢筋汇总计算 → 输出钢筋报表

**图 1-7 钢筋算量软件操作流程**

随着图形算量技术的不断成熟和设计院采用平法钢筋表达方法,在绘图界面中直接进行钢筋布置的技术也已经比较成熟。

3)计价软件的开发

我国现行的工程造价管理体制是建立在定额管理体制基础上的。由于在 1958 年 6 月,基本建设预算的编制办法、建筑安装工程预算定额和间接费用定额由中央交各省、自治区和直辖市负责管理,有关专业性的定额由中央各部负责修订、补充和管理,直接造成现在我国工程量计算规则和定额项目在各地区、各行业的不统一。这种现状,使得全国各地的定额差异很大,并且由于各地区材料价格有差距,取费的费率差异也很大,再加上各地的建筑形式、材料等地方特点引起的特殊规定和计算规则,从而造成编制全国通用造价软件的困难。

虽然全国各地、各行业的定额和工程量计算规则差异较大,但编制工程造价的基本程序和方法差异并不大。编制通用性的工程造价软件,就必须使定额库和编制概预算的程序分离。这样,就可以做到使用统一的造价程序挂接不同地区、不同行业的定额库,从而实现编制基于不同定额的工程造价,同时也解决了一套软件同时编制土建和安装造价的问题,这样也为自动汇总形成完整的单项工程综合造价扫平了道路。目前,主流造价软件公司的工程造价软件都可配套提供全国各地区、各行业和各时期几十套定额,广泛应用于全国 20 多个省、直辖市和自治区。

工程造价编制除了定额的差异外,编制方法本身有时也略有差异,通用性较好的软件,在选择不同的定额库后,相应的一些操作界面也需做出必要调整,符合基于该定额编制造价的特点,各种参数的调整由软件自动完成。对于特殊的定额,由于其编制程序和定额的取费、调价方式差异太大,就不能强求通用,例如各地的房屋修缮预算定额、公路定额预算编制等。在这种情况下,就必须编制必要的专业化软件。

### 1.5.3 常用造价软件

工程造价软件是随建筑业信息化应运而生的软件,随着计算机技术的日新月异,工程造价软件也有了长足的发展。一些优秀的软件能把造价人员从繁重的手工劳动中解脱出来,效率得到成倍提高,提升了建筑业信息化水平。

1) 鲁班算量软件

鲁班算量软件是国内率先基于 AutoCAD 平台开发的工程量自动计算软件,它利用 AutoCAD 强大的图形功能及 AutoCAD 的布尔实体算法,可得到精确的工程量计算结果,广泛适用于建设方、承包方、审价方等工程造价人员进行工程量计算。

鲁班算量软件可以提高工程造价人员工作效率,减轻工作量,并支持三维显示功能;可以提供楼层、构件选择,并进行自由组合,以便进行快速检查;可以直接识别设计院电子文档(墙、梁、柱、基础、门窗表、门窗等),建模效率高;可以对建筑平面为不规则图形设计、结构设计复杂的工程进行建模。

(1) 鲁班土建算量软件产品的特点

① 符合用户需求的产品设计:符合用户操作流程,易学、易用。

② 基于 AutoCAD 平台,支持 AutoCAD 2002、AutoCAD 2006 和 AutoCAD 2011。

③ 三维实体可视化计算。

④ 直接导入识别设计院的图形文件。

⑤ 通过 LBIM(鲁班建筑信息模型),实现土建算量软件与钢筋算量软件互导,工程建模信息共享,不需重复建模。

(2) 鲁班钢筋算量软件的特点

① 易学易用,极易上手。

② 可导入鲁班土建算量模型,直接设置钢筋。

③ 直接转化 CAD 图纸,无需建模。

④ 单根法、构件法、图形法均支持,适应各个层次用户的需求。

⑤ 报表功能极为强大,可设定条件分类统计,方便钢筋的下料、对账等工作。

鲁班土建算量软件、鲁班钢筋算量软件学习版可登录 http://www.lubansoft.com/网站下载,土建算量软件的使用还需要 AutoCAD 2002 或 AutoCAD 2006 或 AutoCAD 2011 做平台,在使用土建算量软件前,电脑上要安装 AutoCAD 2002 或 AutoCAD 2006 或 AutoCAD 2011 软件。

2) 未来清单计价软件

软件的操作步骤清晰,功能齐全,完全符合清单报价的工作流程,可以编制企业定额,可以快速调整综合单价,可以快捷的做不平衡报价、措施项目费的转向等,操作功能都紧密地与实际工作相结合。其主要特点表现为：

（1）多文档的操作界面，提供多元化的视图效果。

（2）崭新的树形目录，使工程关系清晰明朗。

（3）采用多窗口的信息显示，综合单价调整一目了然。

（4）灵活方便的报表打印，规范与个性化的结合。

未来清单计价软件学习版可登录 http://www.futuresoft.com.cn 网站下载。

3）清华斯维尔工程造价系列软件

清华斯维尔工程预算系列软件的三维算量软件是一套全新的图形化建筑项目工程量计算软件，它利用计算机的"可视化技术"，对工程项目进行虚拟三维建模，生成计算工程量的预算图，根据软件中内置的清单、定额工程量计算规则，结合内置的钢筋标准及规范，计算机自动进行相关构件的空间分析扣减，从而得到工程项目的各类工程量。其主要特点表现为：三维可视化、集成一体化、应用专业化、系统智能化、计算精确化、输出规范化、操作简易化等。

4）广联达工程造价系列软件

广联达的系列产品操作流程是由工程量软件和钢筋统计软件计算出工程量，通过数字网站询价，然后用清单计价软件进行组价，所有的历史工程通过企业定额生成系统形成企业定额。广联达算量在 CAD 2002 上开发，功能较完善。广联达清单计价软件内置浏览器，用户可直接链接软件服务网，进行最新材料价格信息的查询应用。其他主要特点和前面几个系列软件有类似之处。

## 本章小结

本章首先详细介绍了我国的两种计价模式，使读者明白不同计价模式下的费用组成不同，造价电算化结果的输出也就有所区别；然后阐述手工算量的基本思路、方法及常用技巧；说明了软件算量的思路与方法；讨论了手工算量和软件算量的区别，加深对软件算量的理解；了解我国工程造价软件的发展思路及目前常用的工程造价软件种类，为教材后面部分内容诠释做铺垫。

## 复习思考题

1. 手工算量的基本方法有哪些？

2. 手工算量有哪些技巧可以提高效率？

3. 软件算量遵循哪三个基本方法即可？

4. 请总结三维算量软件相比二维算量软件有哪些优势。

5. 请总结软件算量与手工算量相比有哪些优势。

# 第二篇　算量软件应用

# 2　土建算量软件工作原理及界面介绍

**教学目标**

通过本章的学习,熟悉土建算量软件工作原理,掌握土建算量软件整体操作流程及土建算量软件的建模原则,了解蓝图与土建算量软件的关系,以及使用蓝图与土建算量软件建模进度的对应关系;熟悉土建算量软件的界面,以帮助初学者熟悉软件的操作界面及功能按钮的位置,从而提高工作效率。

## 2.1　土建算量软件工作原理

鲁班土建算量软件是基于 AutoCAD 平台的工程量计算软件,软件可通过三维图形建模,或直接识别电子文档,把图纸转化为图形构件对象,并以面向图形操作的方法,利用计算机的"可视化技术"对工程项目进行虚拟三维建模,从而生成计算工程量的预算图。然后对图形中各构件进行属性定义(套清单、定额),根据清单、定额所规定的工程量计算规则,计算机自动进行相关构件的空间分析来扣减,从而得到建筑工程项目土建的各类工程量。

在利用鲁班土建算量软件对工程项目进行虚拟三维建模之前,首先应熟悉算量平面图与构件属性及楼层的关系,其次应掌握算量平面图中构件名称说明、算量软件工程量计算规则说明、算量平面图中的寄生构件说明,最后熟悉算量软件结果的输出。

### 2.1.1　算量平面图与构件属性

1) 算量平面图

算量平面图是指使用土建算量软件计算建筑工程的工程量时,要求在土建算量软件界面中建立的一个工程模型图,俗称建模。它不仅包括建筑施工图上的内容,如所有的墙体、门窗、装饰,所用材料甚至施工做法,还包括结构施工图上的内容,如柱、梁、板、基础的精确尺寸以及标高的所有信息。

算量平面图能够最有效地表达建筑物及其构件,精确的图形才能表达精确的工程模型,才能得到精确的工程量计算结果。图 2-1(a)绘制的墙体未能正确相交,将造成外墙面装饰的计算误差;图 2-1(b)所示图形绘制出了正确相交的墙体,按照此模型计算外墙装饰,将会得到正确的计算结果。

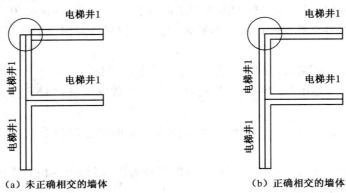

（a）未正确相交的墙体　　　　（b）正确相交的墙体

图 2-1　墙体建模图形

2）构件属性介绍

（1）构件的分类

土建算量软件遵循工程的特点和习惯，把构件分成三类：

① 骨架构件：需精确定位。骨架构件的精确定位是工程量准确计算的保证。即骨架构件的不正确定位，会导致附属构件、区域型构件的计算不准确。柱、墙、梁等为骨架构件。

② 寄生构件：需在骨架构件绘制完成的情况下才能绘制。如门窗、过梁、圈梁、砖基、条基、墙柱面装饰等。

③ 区域型构件：软件可以根据骨架构件自动找出其边界，从而自动形成这些构件。例如，楼板是由墙体或梁围成的封闭形区域，当墙体或梁精确定位以后，楼板的位置和形状也就确定了。同样，房间、天棚、楼地面、墙面装饰也是由墙体围成的封闭区域，建立起了墙体，等于自动建立起了楼板、房间等"区域型"构件。

为了编辑方便，在图形中，"区域型"构件用形象的符号来表示。图 2-2 是一张算量平面图的局部，图中除了墙、梁等与施工图中相同的构件以外，还有施工图中所没有的符号，我们用这些符号作为"区域型"构件的形象表示。几种符号分别代表房间、天棚、楼地面、现浇板、预制板、墙面装饰。写在线条、符号旁边的字符是它们所代表构件的属性名称。

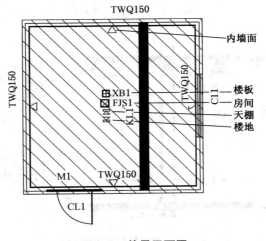

图 2-2　算量平面图

（2）构件的属性

在算量平面图中,是以构件作为组织对象的,因而每一个构件都必须具有自己的属性。构件属性就是指构件在算量平面图上不易表达的、工程量计算时又必需的构件信息。构件属性主要分为四类:

① 物理属性:主要是构件的标识信息,如构件名称、材质等。

② 几何属性:主要指与构件本身几何尺寸有关的数据信息,如长度、高度、面积、体积、断面形状等。

③ 扩展几何属性:是指由于构件的空间位置关系而产生的数据信息,如工程量的调整值等。

④ 清单(定额)属性:主要记录着该构件的工程做法,即套用的相关清单(定额)信息,实际也就是计算规则的选择。

提示:构件的属性赋予后是可以修改的,通过【属性工具栏】或【构件属性定义】按钮,对相关属性进行编辑和重定义。

## 2.1.2 算量平面图与楼层的关系

一张算量平面图即表示一个楼层中的建筑、结构构件,如果是几个标准层,则表示几个楼层中的建筑、结构构件。算量平面图中表达的构件如图 2-3、图 2-4、图 2-5 所示,分别表示了顶层算量平面图、中间某层算量平面图、基础算量平面图中所表达的构件及其在空间的位置。

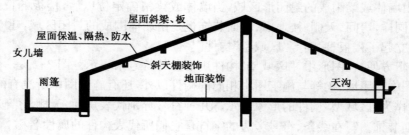

**图 2-3 顶层算量平面图**

**图 2-4 中间某层算量平面图**

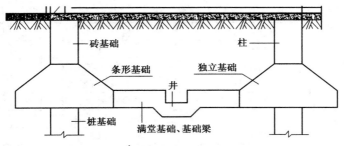

图 2-5 基础算量平面图

### 2.1.3 算量平面图中构件名称说明

从图 2-3、图 2-4、图 2-5 中可以看到,在算量平面图中,每一个构件都有一个名称。土建算量软件对构件进行了细化,表 2-1 中"墙体",就分为电梯井墙等 8 种墙体。构件编号是由软件自动命名的,命名方法见表 2-1 所示。构件的名称也可由用户命名,但应注意,在细化的构件中不允许重复出现相同的名称。算量平面图中构件名称显示用户自定义的名称,如果没有自定义的名称,则显示软件自动命名的编号。

提示:特殊名称"Q0":在构件属性表或属性工具栏中,总是存在一个墙体名称"Q0",它的厚度为 5 mm。不管赋予其何种属性,"Q0"总被系统当作"虚墙"看待,即不参与工程量计算。"Q0"的作用是打断墙体,划分楼板、楼地面等。

表 2-1 构件名称说明

| 构 | 件 | 属性命名规则 | 构 | 件 | 属性命名规则 |
|---|---|---|---|---|---|
| 墙体 | 电梯井墙 | DTQ+序号 | 装饰 | 房间 | FJ+序号 |
| | 混凝土外墙 | TWQ+序号 | | 楼地面 | LM+序号 |
| | 混凝土内墙 | TNQ+序号 | | 天棚 | PD+序号 |
| | 砖外墙 | ZWQ+序号 | | 踢脚线 | QTJ+序号 |
| | 砖内墙 | ZNQ+序号 | | 墙裙 | QQ+序号 |
| | 填充墙 | TCQ+序号 | | 外墙面 | WQM+序号 |
| | 间壁墙 | JBQ+序号 | | 内墙面 | NQM+序号 |
| | 玻璃幕墙 | MQ+序号 | | 吊顶 | DD+序号 |
| 梁 | 框架梁 | KL+序号 | | 柱踢脚 | ZTJ+序号 |
| | 次梁 | CL+序号 | | 柱裙 | ZQ+序号 |
| | 独立梁 | DL+序号 | | 柱面 | ZM+序号 |
| | 圈梁 | QL+序号 | | 屋面 | WM+序号 |
| | 过梁 | GL+序号 | | 保温层 | QBW+序号 |
| | 窗台 | CTL+序号 | | 立面装饰 | 外墙+序号 |
| | | | | 立面洞口 | D+序号 |
| | | | | 满堂基础 | MJ+序号 |

续表 2-1

| 构 件 | | 属性命名规则 | 构 件 | | 属性命名规则 |
| --- | --- | --- | --- | --- | --- |
| 柱 | 混凝土柱 | TZ＋序号 | 基 础 | 独立基 | DJ＋序号 |
| | 暗柱 | AZ＋序号 | | 柱状独立基 | CT＋序号 |
| | 构造柱 | GZ＋序号 | | 砖石条形 | ZTJ＋序号 |
| | 砖柱 | ZZ＋序号 | | 混凝土条形 | TTJ＋序号 |
| 门窗洞 | 门 | M＋序号 | | 集水井 | JSJ＋序号 |
| | 窗 | C＋序号 | | 基础梁 | JL＋序号 |
| | 飘窗 | PPC＋序号 | | 其他桩 | QTZJ＋序号 |
| | 转角飘窗 | ZPC＋序号 | | | |
| | 老虎窗 | LHC＋序号 | | 人工挖孔桩 | RGZJ＋序号 |
| | 墙洞 | QD＋序号 | | 实体集水井 | J＋序号 |
| | | | | 井坑 | JK＋序号 |
| 零星构件 | 阳台 | YT＋序号 | 多义构件 | 点实体 | DGJ＋序号 |
| | 雨篷 | YP＋序号 | | 面实体 | MGJ＋序号 |
| | 排水沟 | PSG＋序号 | | 线实体 | XGJ＋序号 |
| | 散水 | SS＋序号 | | 实体 | TGJ＋序号 |
| | 坡道 | PD＋序号 | 楼板楼梯 | 现浇板 | XB＋序号 |
| | 台阶 | TJ＋序号 | | 预制板 | YB＋序号 |
| | 自定义线形构件 | ZDYX＋序号 | | 楼梯 | LT＋序号 |
| | | | | 拱形板 | GB＋序号 |
| | | | | 螺旋板 | LXB＋序号 |

### 2.1.4 算量软件工程量计算规则说明

点击算量软件菜单栏的【工具】,可见软件设置了清单和定额的计算规则,如图 2-6 所示。

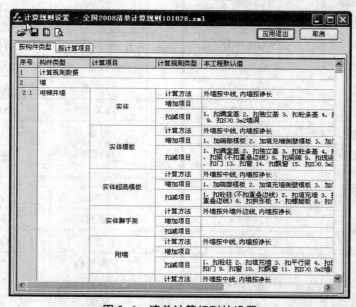

图 2-6 清单计算规则的设置

提示：在这个表中，可以对所有构件的计算规则进行一次性的调整，对于单个构件计算规则的调整可在属性定义中进行。

### 2.1.5　算量平面图中的寄生构件说明

在实际工程中，如果没有墙体，不可能存在门窗，门窗就是寄生在墙体上的构件，土建算量软件遵循这种寄生原则。表2-2列出寄生构件与寄生构件所依附的主体构件之间的对应关系。

表2-2　主体构件与寄生构件之间的对应关系

| 主体构件 | 寄生构件 |
| --- | --- |
| 墙体 | 墙面装饰、门、窗、圈梁、条形基础、砖基 |
| 柱 | 柱面装饰 |
| 门窗洞口 | 过梁、窗台 |

提示：主体构件不存在的时候，无法建立寄生构件；删除了主体构件，寄生构件将同时被删除；寄生构件可以随主体构件一同移动。

### 2.1.6　算量软件结果的输出

软件提供三种计算结果的输出方式：图形输出、表格输出、预算接口文件。

1）图形输出

以算量平面图为基础，在构件附近标注上构件与定额子目对应的工程量值，这是一种直观的表达方式。图形输出可以按照不同的构件类型、不同的材质、施工工艺分别标注。除了便于校对以外，"工程量标注图"在施工安排、监理过程中的指导作用，是土建算量软件提供的一项强大功能，如其中的"砌筑工程量标注图"、"现浇混凝土工程量标注图"等。点击算量软件菜单栏的【工程量】，然后点击【标注图纸】，便可形成相应的计算结果标注图纸，如图2-7所示。

图2-7　图形输出标注图

29

2）表格输出

表格输出是传统的输出方式,鲁班土建 2012(预算版)提供汇总表、计算式、面积表、门窗表、房间表、构件表、量指标等表格的输出。点击算量软件菜单栏的【工程量】,然后点击【计算报表】,便可形成相应的表格输出,如图 2-8 所示。提供的表格中既可以有构件的总量,也可以有构件的详细的计算公式。

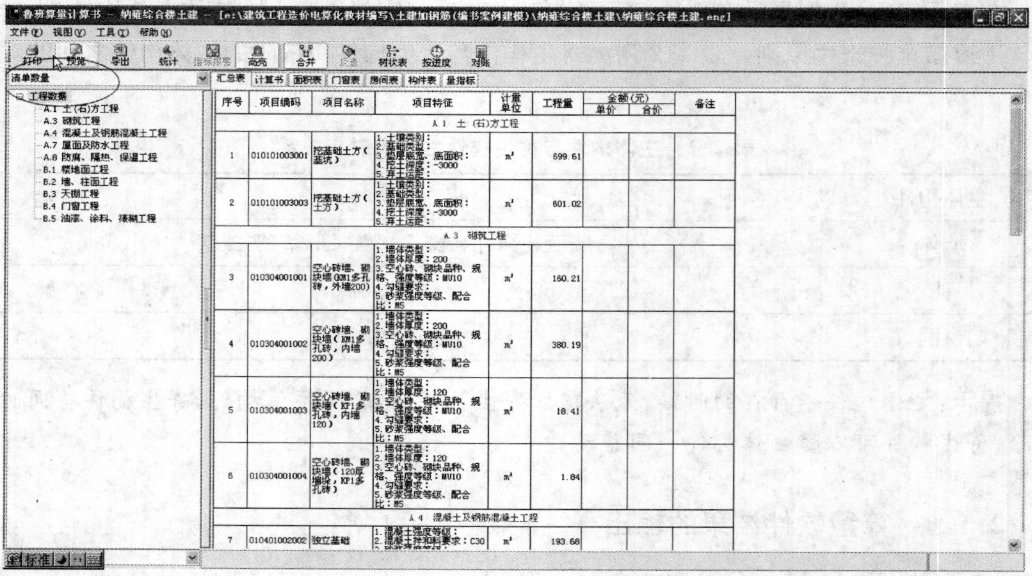

图 2-8　表格输出

3）预算接口文件

点击计算报表中的【预览】,软件提供 Excel 格式、RTF 格式、PDF 格式、HTML 格式、CSV 格式文件及文本文件、图像文件、报表文档文件的输出数据,如图 2-9 所示。输出文件的数据可供套价软件使用。

图 2-9　预算接口文件的导出图

## 2.2 土建算量软件的整体操作内容

土建算量软件按照构件的"计算项目"来计算工程量。从工程量计算的角度,一种构件可以包含多种计算项目,每一个计算项目都可以对应具体的计算规则和计算公式。例如:墙体作为一种构件,可以计算的项目有实体、实体模板、实体超高模板(3.6m以上部分)、实体脚手架、附墙、压顶共六项。土建算量软件对整个建设项目工程量的计算整体操作内容见表2-3。表2-3是土建算量软件能计算的"计算项目","计算项目"以何种方式计算将在后面的章节中详细讲解。

**表2-3  土建算量软件的计算项目**

| 构件名称 | 计算项目 | 构件名称 | 计算项目 | 构件名称 | 计算项目 |
|---|---|---|---|---|---|
| 电梯井墙<br>混凝土外墙<br>混凝土内墙 | 实体 | 门 | 实体 | 砖石条基 | 实体 |
| | 实体模板 | | 门窗框 | | 垫层 |
| | 实体超高模板 | | 门窗内侧粉刷 | | 垫层模板 |
| | 实体脚手架 | | 门窗外侧粉刷 | | 平面防潮层 |
| | 附墙 | | 筒子板 | | 立面防潮层 |
| | 压顶 | 窗 | 实体 | | 挖土方 |
| 砖外墙<br>砖内墙 | 实体 | | 门窗内侧粉刷 | | 原土打夯 |
| | 实体脚手架 | | 门窗外侧粉刷 | 集水井 | 实体 |
| | 附墙 | | 窗台 | | 实体模板 |
| | 压顶 | | | | 垫层 |
| 填充墙<br>间壁墙 | 实体 | | 窗帘盒 | | 挖土方 |
| | | | 筒子板 | 实体集水井 | 实体 |
| 混凝土柱 | 实体 | 飘窗<br>转角飘窗 | 实体 | | 实体模板 |
| | 实体模板 | | 上挑板实体 | | 挖土方 |
| | 实体超高模板 | | 下挑板实体 | | 砖胎模 |
| | 实体脚手架 | | 上挑板上表面粉刷 | | 底部垫层 |
| | 实体粉刷 | | 上挑板下表面粉刷 | | 侧面垫层 |
| 暗柱 | 实体 | | 下挑板上表面粉刷 | 人工挖孔桩 | 桩心混凝土 |
| | 实体模板 | | 下挑板下表面粉刷 | | 桩成孔 |
| | 实体超高模板 | | 上、下挑板侧面粉刷 | | 护壁混凝土 |
| | 实体粉刷 | | 墙洞壁粉刷 | | 凿护壁 |
| 构造柱 | 实体 | | 窗帘盒 | | 挖土方 |
| | 实体模板 | | 筒子板 | | 挖中风化岩 |
| | 实体超高模板 | | | | 挖微风化岩 |

续表 2-3

| 构件名称 | 计算项目 | 构件名称 | 计算项目 | 构件名称 | 计算项目 |
|---|---|---|---|---|---|
| 砖柱 | 实体 | 井坑 | 底面 | 其他桩 | 实体 |
| | 实体脚手架 | | 侧壁 | | 送、截桩 |
| | 实体粉刷 | 满堂基 | 实体 | | 泥浆外运 |
| 框架梁<br>次梁<br>独立梁 | 实体 | | 实体模板 | | 装饰 |
| | 实体模板 | | 垫层 | 楼地面 | 面层 |
| | 实体粉刷 | | 垫层模板 | | 基层 |
| | 实体脚手架 | | 挖土方 | | 楼地面防潮层 |
| 圈梁<br>过梁 | 实体 | | 土方支护 | 天棚 | 面层 |
| | 实体模板 | | 满堂脚手架 | | 基层 |
| 窗台 | 实体 | | | | 满堂脚手架 |
| | 实体模板 | | 砖胎膜 | 踢脚线 | 面层 |
| | 实体粉刷 | | 原土打夯 | 墙裙 | 面层 |
| 现浇板<br>预制板 | 实体 | 独立基<br>混凝土条基<br>基础梁 | 实体 | 外墙面<br>内墙面 | 面层 |
| | 实体模板 | | 实体模板 | | 基层 |
| 点实体 | 点 | | 垫层 | | 装饰脚手架 |
| 线实体 | 线 | | 垫层模板 | 柱踢脚 | 面层 |
| 面实体 | 面 | | 挖土方 | 柱裙 | 面层 |
| 实体 | 构件体积 | | 土方支护 | 柱面 | 面层 |
| | 构件个数 | | 砖胎膜 | | 基层 |
| | 构件表面积 | | （原土打夯） | 屋面 | 实体 |
| 楼梯 | 实体 | 阳台<br>雨篷 | 出挑板 | | 屋面防水层 |
| | 实体模板 | | | | 屋面保温、隔热层 |
| | 楼梯展开面层装饰踢脚 | | 栏板、栏杆 | | |
| | 楼梯底面粉刷 | | | | |
| | 楼梯井侧面粉刷 | | | | |

# 2.3 土建算量软件的建模原则

要利用土建算量软件进行建模,操作者应该明确建模包含的内容、建模的顺序及建模的原则,这样才能保证模型的正确性。

### 2.3.1　建模包含的内容

"建模"包括两个方面的内容：一方面是绘制算量平面图，主要是确定墙体、梁、柱、门窗、过梁、基础等骨架构件及寄生构件的平面位置，其他的构件由软件自动确定；另一方面是定义每种构件的属性，构件类别不同，具体的属性不同，其中相同的是清单查套机制，可以灵活运用。

### 2.3.2　建模的顺序

根据操作者自己的习惯，可以按照以下三种顺序完成建模工作：①先绘制算量平面图，再定义构件属性；②先定义构件属性，再绘制算量平面图；③在绘制算量平面图的过程中，同时定义构件的属性。

技巧：对于门窗、梁、墙等构件较多的工程，在熟悉完图纸后，一次性地将这些构件的尺寸在【属性定义】中加以定义。这样将提高算量平面图的绘制速度，同时也保证操作者不遗漏构件。

### 2.3.3　建模的原则

1）构件必须绘制到算量平面图中

土建算量软件在计算工程量时，算量平面图中找不到的构件就不会计算，尽管用户可能已经定义了它的属性名称和具体的属性内容。所以要用图形法计算工程量的构件，必须将该图形绘制到算量平面图中，以便软件读取相关信息，计算出该构件的工程量。

2）算量平面图上的构件必须有属性名称及完整的属性内容

软件在找到计算对象以后，要从属性中提取计算所需要的内容，如断面尺寸、套用清单/定额等，如果没有套用相应的清单/定额则得不到计算结果，如果属性不完善，可能得不到正确的计算结果。

3）确认所要计算的项目

套好相关清单/定额后，土建算量软件会将有关此构件全部计算项目列出，确认需要计算后即可。

4）计算前应使用"构件整理"、"计算模型合法性检查"

为保证用户已建立模型的正确性，保护用户的劳动成果，应使用"构件整理"，因为在画图过程中，软件为了保证绘图速度，没有采用"自动构件整理"过程。"计算模型合法性检查"将自动纠正计算模型中的一些错误。

注意：构件整理只能够整理除区域构件之外的其他构件，如果在形成区域型构件之后改动了墙体或梁，区域型构件需做相应的改动（重新生成或移动边界）。

5）灵活掌握，合理运用

土建算量软件提供"网状"的构件绘制命令：达到同一个目的可以使用不同的命令，具体选择哪一种更为合适，将随操作者的熟练程度与操作习惯而定。例如，绘制墙的命令有"绘制墙"、"轴网变墙"、"轴段变墙"、"线段变墙"、"口式布墙"、"布填充体"六种命令,每个命令各有其方便之处,操作者应灵活掌握,合理运用。

## 2.4 蓝图与算量软件的关系

设计单位提供的施工蓝图是计算工程量的依据,手工计算工程量时,一般要经过熟悉图纸、列项、计算等步骤。在这个过程中,蓝图的使用是比较频繁的,要反复查看所有的施工图,以找到所需要的信息。手工算量和软件算量的过程中对蓝图的使用是有一定的区别的。

在使用土建算量软件计算工程量时,操作者在使用软件工作之前,不需要单独熟悉图纸,这是因为建立算量模型的过程,就是操作者熟悉图纸的过程。在建立模型的过程中,操作者可以依据单张蓝图进行工作,特别是在绘制算量平面图时,暂时用不到的图形不必理会。操作者将图纸中的相关构件绘制到算量平面图中,软件便可读取相关信息,从而计算出各构件的工程量。表 2-4 是所需蓝图与软件建模进度的关系。

表 2-4 蓝图与软件建模进度的关系

| 序号 | 蓝图内容 | 软件操作 | 备 注 |
|---|---|---|---|
| 1 | 建施:典型剖面图一张 | 工程管理、系统设置、楼层层高设置 | 可能需要结构总说明,设置混凝土、砂浆的强度 |
| 2 | 建施:底层平面图 | 绘制轴网、墙体、阳台、雨篷 | 配合使用剖面图、墙身节点详图、其他节点详图 |
| 3 | 结施:二层结构平面图 | 梁、柱、圈梁、板 | 布置梁时,可考虑按纵向、横向布置,这样不易遗漏构件 |
| 4 | 建施:门窗表 | 属性定义:抄写门窗尺寸 | 为下一步布置门窗做准备 |
| 5 | 建施:底层平面图、设计说明 | 在平面图上布置门窗、过梁 | 由于门窗的尺寸直接影响平面图的外观,在抄写完门窗尺寸以后,再布置到平面图中比较恰当 |
| 6 | 建施:说明、剖面图 | 设置房间装饰,包括墙面、柱面 | |
| 7 | 建筑剖面、结构详图 | 调整构件的高度 | 与当前楼层高度、缺省设置高度不相符的构件高度 |

完成了表 2-4 中的步骤以后,第一个算量平面图的建模工作就算完成了。按照这样的顺序完成全部楼层的算量平面图以后,操作者对图纸的了解就比较全面了,各种构件的工程量应该如何计算已经心中有数,为下一步的计算奠定了基础。

注意:正如表 2-4 所示,实际的工程图纸中结构图关于楼层的名称与土建算量软件中关于楼层的名称有些不一致。如算量平面中,要布置某工程第一层的楼板与梁,在实际工程图纸中这一层的楼板与梁是被放在"二层结构平面图或二层梁布置图"中的。

## 2.5 界面介绍

在正式进行图形输入前,操作者有必要先熟悉一下土建算量软件的操作界面(如图2-10所示)。对软件的操作界面及功能按钮的位置熟悉,才能保证操作的熟练,才能提高工作效率。

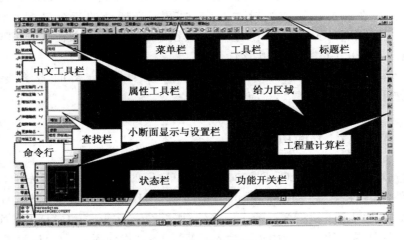

**图 2-10 土建算量软件界面**

### 2.5.1 土建算量软件界面

土建算量软件的操作界面主要有标题栏、菜单栏、工具栏、属性工具栏、中文工具栏、查找栏等栏目,各栏目功能如下。

标题栏:显示软件的名称、版本号、当前的楼层号、当前操作的平面图名称。

菜单栏:菜单栏是 Windows 应用程序标准的菜单形式,包括【工程】、【视图】、【轴网】、【构件布置】、【构件编辑】、【构件属性】、【工程量】、【CAD 转化】、【工具】、【帮助】。

工具栏:这种形象而又直观的图标形式,让我们只需单击相应的图标就可以执行相应的操作,从而提高绘图效率,在实际绘图中非常有用。

属性工具栏:在此界面上可以直接复制、增加构件,并修改构件的各个属性,如标高、断面尺寸、混凝土的等级等。

中文工具栏:此处中文命令与工具栏中图标命令作用一致,用中文显示出来,更便于使用者的操作。例如左键点击【轴网】,会出现所有与轴网有关的命令。

查找栏:在此处输入要查找的构件属性命名,属性工具栏中的光标就会自动跳到要查找的构件名上,从而提高工作效率。

小断面显示与设置栏:矩形和圆形规则断面尺寸可直接在此修改,无需进入属性定义。

命令行:是屏幕下端的文本窗口。包括两部分:第一部分是命令行,用于接收从键盘输人的命令和命令参数,显示命令运行状态,CAD 中的绝大部分命令均可在此输入,如画线等;第二部分是命令历史记录,记录着曾经执行的命令和运行情况,它可以通过滚动条上下滚动,以显示更多的历史记录。

技巧:如果命令行显示的命令执行结果行数过多,可以通过 F2 功能键激活命令文本窗口的方法来帮助用户查找更多的信息。再次按 F2 功能键,命令文本窗口即消失。

状态栏:在执行【构件名称更换】、【构件删除】等命令时,状态栏中的坐标变为如下状态:

> 已选0个构件<-<-增加<按TAB键切换{增加/移除}状态:按S键选择相同名称的构件>

提示:按键名 TAB,在增加与删除间切换,按键名 S,可以选择相同名称的构件。

功能开关栏:在图形绘制或编辑时,状态栏显示光标处的三维坐标和代表【捕捉】(SNAP)、【正交】(ORTHO)等功能开关按钮。按钮凹下去表示开关已打开,正在执行该命令,按钮凸出来表示开关已关闭,退出该命令。

工程量计算栏:点击工程量计算按钮,便弹出综合计算设置的界面,根据需要选择楼层和构件,然后按【确定】便可计算出相应的工程量。

### 2.5.2　AutoCAD 界面切换介绍

土建算量软件是基于 AutoCAD 2006 及 AutoCAD 2011 平台进行开发的,因此在启动土建算量软件后,点击""图标,就可以切换到 CAD 的界面,切换到 CAD 的界面如图 2-11 所示,在此界面上执行各个命令。当然,如果操作者熟悉了 CAD 的各个命令后,可以在土建算量软件界面的命令行中直接输入 CAD 的各个操作命令。CAD 设置好以后再点击"　"图标,就可以切换回土建算量软件的界面。

**图 2-11　AutoCAD 界面切换图**

## 本章小结

本章首先定义了"算量平面图",在该定义的基础上阐述了土建算量软件的工作原理,该原理详细介绍了算量平面图与构件属性、楼层间的对应关系,描述了算量平面图中构件名称及土建算量软件工程量计算规则的设置,说明了算量平面图中寄生构件的性质及算量软件结果的输出;然后详细描述了土建算量软件所能进行工程量计算的计算项目及土建算量软件的建模原则;同时说明了蓝图与土建算量软件的关系,以及使用蓝图与土建算量软件建模进度的对应关系;也对土建算量软件的界面进行了介绍,以帮助初学者熟悉软件的操作界面及功能按钮的位置,从而提高工作效率。

在本章学习中,软件工作原理就相当于是一个产品的说明书,只有深入理解软件的原理,才能更好地理解"建模"、"算量平面图"等软件专业词汇的意义,才能理解建模内容、建模所要掌握的顺序以及建模的原则等重要的知识点。

## 复习思考题

1. 简述鲁班土建算量软件遵循工程特点和习惯,把工程构件分成哪三类,并举例说明。
2. 鲁班算量平面图是什么意思? 它实际上集合了工程蓝图中的哪些信息?
3. 构件属性是什么意思? 又被分为几类? 各个类别又有何意义?
4. 在软件中进行建模,包含哪些内容? 又有哪些顺序要求?
5. 软件建模必须遵循哪些原则?
6. 软件操作建模分为哪两块界面? 其中鲁班土建算量界面中又分为几个区域?

# 3 土建算量软件文件管理与结构

## 教学目标

通过本章的学习,熟悉土建算量软件的工程设置;掌握土建算量软件建模基本操作,熟悉建模前的基本设置和数字精灵的使用方法及工程的及时保存方法;同时,掌握 LBIM 文件的导入和导出。

## 3.1 工程设置

双击桌面的土建算量软件图标 ![图标]，会弹出对话框,在出现的对话框中可以选择"新建工程",在【文件名(N)】栏目中输入新工程的名称,这个名称可以是汉字,也可以是英文字母("＊"要删掉),例如"××综合办公楼"、"school - 1"都可以;也可以选择"打开工程",如果之前做过了一部分的工程,中途保存关闭后再次打开软件,软件会默认选择"上一次工程",并显示工程名称,这时我们只需要点击【进入】,软件会自动打开我们之前做了一部分的工程。

在正式进行工程建模之前,操作人员应该进行该项目的工程设置,工程设置的内容主要包括项目工程概况、算量模式、楼层设置及标高设置等工作,只有进行了工程设置工作才能区分不同的建设项目。

### 3.1.1 用户模板

新建工程设置好文件保存路径之后,会弹出【用户模板】界面,如图 3-1 所示。该功能主要用于在建立一个新工程时可以选择过去做好的工程模板,以便直接调用以前工程的构件属性,从而加快建模速度。如果是第一次做工程或者以前的工程没有另存为模板的话,"列表"中就只有"软件默认的属性模板"供选择。选择好需要的属性模板,点击【确定】就完成了用户模板的设置。

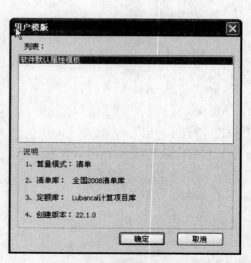

图 3-1 【用户模板】界面

### 3.1.2　工程概况

当设置完用户模板之后，软件会自动弹出【工程概况】编辑框。也可以在软件工具条中点击 ✍ 弹出对话框，如图 3-2 所示。然后操作者根据工程实际情况对工程概况中相关的"项目"进行填写，以供封面打印用。

在确定"编制时间"时，可以直接点击上面的日期，弹出【日期选择】对话框，如图 3-3 所示，选择好编制日期，点击【确定】即可。

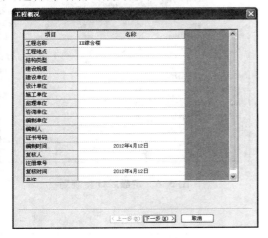

图 3-2　工程概况设置

图 3-3　【日期选择】对话框

### 3.1.3　算量模式

设置好"工程概况"后点击【下一步】，软件自动进入到算量模式的选择框。也可以在软件工具条中点击 ✍ 弹出该对话框。如图 3-4 所示。"模式"中操作者可以根据实际工程需要选择"清单"或者"定额"模式。当选择"定额"模式时，"清单"和"清单计算规则"会变成灰色，表示不可设置。

图 3-4　设置算量模式

提示：选择"清单"模式时，最后能导出清单工程量和定额工程量；选择"定额"模式时，只能导出定额工程量。

当我们需要更换"清单"、"清单计算规则"或"定额"、"定额计算规则"时，分别点击旁边的 □ 按钮，就会弹出清单或者定额计算规则选择框。如图 3-5、图 3-6 所示。在弹出的对话框里选择需要的计算规则，点击【确定】，最后点击【下一步】完成设置。在选择计算规则时，可以选择系统已有的计算规则，也可以选择修改过的且保存为模板的计算规则。计算规则保存参见定额、清单计算规则修改。

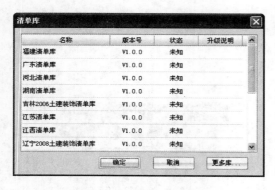

图 3-5　清单库计算规则

图 3-6　定额库计算规则

### 3.1.4　楼层设置

设置完"算量模式"点击【下一步】就会进入到楼层设置界面，也可以在软件工具条中点击 ▨ 弹出该对话框。如图 3-7 所示。

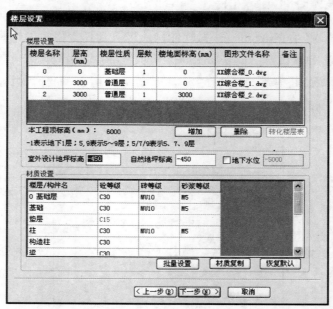

图 3-7　楼层设置

在"楼层设置"中黄色的部位是不可以修改的,操作者只要在白色的区域修改参数就可以联动修改黄色区域的数据。

需要操作者修改完成的项目有:

楼层名称:用数字表示楼层的编号。"楼层名称"中"0"层表示基础层;"-1"就表示地下一层;"1"表示地上第一层;"1.5"表示架空层或技术层。如果一个工程当中有标准层,如2～6层是标准层,那么只要把楼层名称在英文输入法状态下改成"2,6"就表示2～6层,7/9/11表示隔层的7、9、11相同。

注意:标准层是指结构、建筑装饰完全相同(包括材料),部分不同的楼层不能按标准层处理。

如果需要增加一层,应点击图3-7右下方的【增加】按钮,软件会自动增加一个楼层;如果要删除某一楼层,先选中此楼层,楼层中的相关信息变蓝,再点击如图3-7中的【删除】按钮,会弹出一个【警告】对话框"是否要删除楼X?",选择"是",软件删除此楼层,选择"否",软件不会删除此楼层。

注意:0层基础层永远是最底下的一层。"0"只是名称,不表示数学符号。

层高:是指每一层的建筑高度。在"层高"一栏中,点击相应楼层的层高数字"3000"就可以更改需要的高度。需要注意的是,基础层层高一般我们就定义"0",不用修改。

楼层性质:共有八种,普通层、标准层、基础层、地下室、技术层、架空层、顶层、其他,如楼层名称中的各种表示。需要指出的是,一层外墙(混凝土外墙、砖外墙、电梯井墙)、柱的超高模板、脚手架、外墙面装饰的高度,因有无地下室而不同,需要在相应的计算项目中的"附件尺寸"中加以调整。详见属性定义:附件尺寸。

层数:随楼层名称自动生成层数,不需要修改。

楼地面标高:软件会根据当前层下的楼层所设定的楼层层高自动累计楼层地面标高。

图形文件名称:表示各楼层对应的算量平面图的图形文件(DWG文件)的名称。点击此按钮,可以进入"选择图形文件"对话框,如果不修改图形文件的名称,系统会自动设定图形文件的名称。

室外地坪设计标高:蓝图上标注出来的室外设计标高(与外墙装饰有关)。

自然地坪标高:施工现场的地坪标高(与土方有关)。

地下水位:若将前面的钩勾上,可设置本工程地下水位的标高,报表中可区分干湿土的工程量。

材质设置:在编辑实际工程时对工程的混凝土等级、砖等级、砂浆等级等材料强度等级进行设置,设置过程中可以使用批量设置、材质复制、恢复默认等功能。

混凝土等级:按结构总说明输入各层混凝土的等级,数据对各个楼层相关构件的属性起作用。可以通过选择要修改的楼层,在材质设置中进行板和梁等构件等级参数的设置,修改后的参数将以红色显示。也可通过修改楼层名称(如图3-7"0"基础层)后的混凝土等级等来进行整体的修改和调整。

砖等级:按结构总说明输入各层砖的等级,对各个楼层相关构件的属性起作用,设置如混凝土等级的操作。

砂浆等级:按结构总说明输入各层砂浆的等级,对各个楼层相关构件的属性起作用,设置如混凝土等级的操作。

批量设置：当几层楼的某构件所用混凝土等级、砖等级、砂浆等级是一样的，可以采取批量设置的功能进行设置，如图3-8所示。

材质复制：如果其他楼层与此楼层的混凝土等级、砖等级、砂浆等级等相同，则可以快速地将设置好的材质参数信息用材质复制功能复制到其他楼层中，选择需要复制的楼层，点【确定】即可，如图3-9所示。

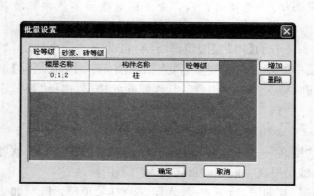

图3-8　批量设置

图3-9　材质复制

恢复默认：如果混凝土等级等材质属性修改后想返回到默认的参数，则可点击【恢复默认】命令来恢复材质参数的默认设置。

### 3.1.5　标高设置

定义好"楼层设置后"点击【下一步】，软件会进入到标高设置界面，也可以在软件工具条中点击 ✍ 弹出该对话框，如图3-10所示。

1）标高形式

构件高度可以选择采用楼层标高或者工程标高的形式表示，便于根据图纸实际标注灵活设置，支持分层分类分构件设置。软件默认基础层用的是工程标高，且不能修改。基础层以外的都是楼层标高，可以根据需要更改成工程标高。

楼层标高：每一层构件的标高都是相对于该层楼地面的标高。如二楼的窗台标高相对二层地面的高度是900,900就是楼层标高的表达数值。

工程标高：是相对于一层（即底层）地面（+0.000）的标高。如二楼的窗台标高是3900，是相对于一层地面+0.000的高度。3900就是工程标高的表达数值。

因此，操作者可以根据工程实际情况对构件选择相应的标高表达形式，以便准确定位构件位置。

若操作者需要修改某一层的构件标高形式（基础层除外），如将一层柱的"楼层标高"换成"工程标高"，只要选择一层点击构件名称旁的【标高形式】里的【楼层标高】，下拉换成【工程标高】即可，如图3-11所示。该设置一般是在工程建模中遇到需要更换标高形式的构件时再进行调整的,因此新建工程可以暂时不用调整。

图 3-10 标高设置

图 3-11 更换标高的设置

2)恢复默认

如果构件标高形式修改后想返回到默认的参数,则可点击【恢复默认】命令来恢复标高形式的默认设置。

## 3.2 土建算量软件基本操作

拿到一套完整的图纸,造价人员需要对图纸进行分析,首先应了解工程的基本特征,如本工程的建筑面积、结构类型、设计地坪标高和楼层相关信息等;然后了解工程的施工参数,如土壤类别、混凝土等级等信息,掌握施工内容和工艺,分析案例工程各层包含的构件;最后必须了解软件建模的整体思路。

### 3.2.1 土建算量软件建模基本操作

在第 2 章里介绍了土建算量软件三种建模顺序,推荐初学者首先定义构件属性,再绘制算量平面图,操作步骤如图 3-12 所示。

### 3.2.2 建模前的设置

1)选项设置

(1)工程自动保存时间的设置

选择土建算量软件菜单栏中【工具】→【选项】,弹出如图 3-13 所示的对话框,选择【自动保存】,读者可以根据自己的需要,在输入框内保存相应的间隔分钟数即可。

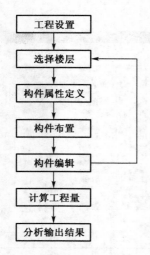

图 3-12　建模操作步骤

图 3-13　工程自动保存时间的设置图

注意:自动保存时间如果太短,频繁地保存图形,会影响绘图速度;自动保存时间如果太长,如果出现死机等意外情况,会对操作者造成一定的损失。将自动保存时间设置为 15 分钟最佳。

(2) 鼠标右键操作习惯的设置

在软件的绘图区域点击鼠标右键,在弹出的对话框上点击【选项】按钮,然后选择【自定义右键单击】,得到如图 3-14 所示的对话框,进行符合自己操作习惯的选择,完成后,选择【应用并关闭】按钮。

图 3-14　自定义右键的设置

提示:按照设置项进行设置,可以减少操作过程中的一些步骤,从而提高绘图速度。

技巧:如果操作者使用的是中间带有滚轴的鼠标,在绘图区域内点一下,滚动滚轴,图形随之放大或缩小(相当于实时放缩);按住滚轴,出现一个"手形"的小图标,左右移动,图形会随之左右移动(相当于平移)。

2）实体捕捉

对象捕捉将指定点限制在现有对象的确切位置上，例如中点或交点。使用对象捕捉可以迅速定位对象上的精确位置，而不必知道坐标或绘制构造线，是输出精确图形的一个必要手段，也是提高绘图速度的一个途径。

（1）捕捉方式的设置

鼠标右键单击【功能开关】中【对象捕捉】按钮，弹出如图 3-15 所示的菜单，在弹出的菜单中选择【设置】，进入【草图设置】对话框，如图 3-16 所示，根据经验，工程图绘制过程中，最常用的是交点与垂点，选择这两点，单击【确定】，完成对象捕捉设置。

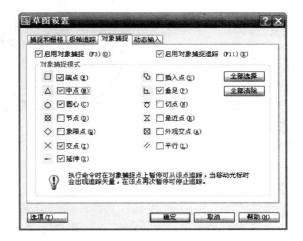

图 3-15　对象捕捉菜单　　　　图 3-16　对象捕捉的设置

（2）临时捕捉方式的设置

绘图过程中，会遇到一些临时点如圆心点、中点的捕捉，可以使用如下方法：按住 Ctrl 键，单击右键，会弹出捕捉点的快捷对话框，可以根据操作者的需要对要捕捉的点进行设置。如要捕捉中点，用鼠标左键点击图 3-17 中的"M 中点"即可。至此，工程前期设置工作完成。

提示：关于此项命令的操作，会在建模过程中经常用到。

### 3.2.3　数字建模法（数字精灵）

1）鼠标手势使用方式

各主构件下拉菜单的子目录中，各分构件命令旁边分别对应了一个相应的手势，如图 3-18 所示，利用鼠标手势可进行建模操作。如进行布柱：点击【点击布柱】旁边对应的手势，软件会自动跳出【点击布柱】命令，见图 3-19 所示。

图 3-17　捕捉点的快捷对话框

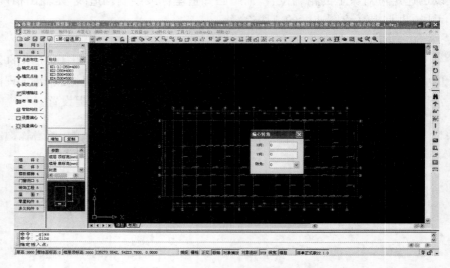

图 3-18 鼠标手势          图 3-19 鼠标手势点击布柱对话框

2）数字键使用方式

在左边中文工具栏中，主构件名称的旁边分别对应了相应的数字，如图 3-20 所示。

主构件下拉菜单的子目录中，分构件命令旁边也分别对应了相应的数字，如图 3-21 所示。

| 轴　　网 0 |
| 柱　　体 1 |
| 墙　　体 2 |
| 梁　　体 3 |
| 楼板楼梯 4 |
| 门窗洞口 5 |
| 装饰工程 6 |
| 屋　　面 7 |
| 零星构件 8 |
| 多义构件 9 |

图 3-20 主构件的数字键

| 柱　　体 1 |
| 点击布柱 →0 |
| 轴交点柱 ←1 |
| 墙交点柱 ↑2 |
| 梁交点柱 ↓3 |
| 梁墙轴柱 ↗4 |
| 布暗柱 ↖5 |
| 智能构柱 ↙6 |
| 柱墙梁齐 ↘7 |
| 设置偏心 ⌐8 |
| 批量偏心 ⌐9 |

图 3-21 子目录的数字键

在绘图时，可以在中文工具栏里面单击右键，选择快手小图标如图 3-22 所示。然后根据上面的数字进行输入来完成绘图命令。如：画直线轴网，可以直接输入 00 回车，软件会自动弹出直线轴网命令。

在图 3-22 选择数字命令设置的时候，可以编辑数字如图 3-23 所示。这样，操作者可以根据自己的要求对主构件、主构件下拉菜单的子目录进行修改来完成数字绘图。

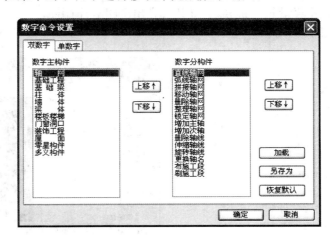

图 3-22　快手小图标的选择　　　　　　　图 3-23　数字命令设置

### 3.2.4　保存工程

为了方便以后查询所做的工程情况,操作者在工程设置或者软件建模的过程中可以执行菜单栏或工具栏的保存命令,从而保存所做工程的相关信息。

1)新建工程保存

进入到算量的欢迎界面,点击【新建工程】,软件会自动跳出保存对话框,输入工程名点击【保存】既可。

2)操作过程中的保存

操作过程中的保存有以下几种情况:

(1)进入到鲁班算量界面,可点击工具栏 ▦ 进行工程的保存工作。

(2)执行菜单栏中【工程】→【保存】命令,可以保存工程的内容。

(3)执行菜单栏中【工具】→【选项】命令,可以设定工程自动保存的间隔分钟数和确定是否每次保存都创建备份,如图 3-13 所示。

(4)执行菜单栏中【工程】→【另存为】命令,可以将工程存为其他工程,当遇到相同或者类似工程时可直接使用。

## 3.3　LBIM 导入和导出

如果一个单项工程,操作者只想建一次模型,最方便快捷的方式是:先在土建、钢筋算量软件中某个平台上做好,然后再导入另一个平台。如果是有多项工程,有很多相同的构件,这时先做好了一个工程,可以在算量平台中将所有构件属性保存,以便运用至其他工程的算量中,实现数据共享。

　　LBIM 全称为 Link Building Information Modeling，中文名称为建筑信息模型的共享，土建算量软件将导入 LBIM、导出 LBIM、输出造价合并为导出导入，简化了操作界面。如图 3-24 所示。

图 3-24　LBIM 导入和导出

### 3.3.1　导入 LBIM 文件

　　执行菜单中【工程】→【导入 LBIM】命令，弹出【打开】对话框（如图 3-25 所示），选择需要导入的 LBIM 文件，点击【打开】按钮。

　　弹出【导入方式选择】对话框（如图 3-26 所示），可以选择工程整体导入和选择楼层导入两种方式。

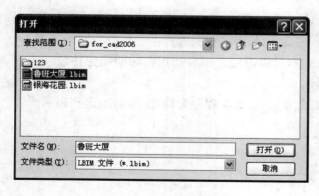

图 3-25　导入 LBIM 文件　　　　　　　　　图 3-26　导入方式选择

1）工程整体导入

　　选择工程整体导入，目标工程的所有楼层设置信息、图形以及构件属性信息将被清空，点击【下一步】进入"构件选择"对话框（如图 3-27 所示），可以在下拉框中选择指定导入后构件对应的类型，例如可以将鲁班钢筋中的剪力墙指定为土建算量的混凝土内墙。最后点击【完成】，软件即可根据设定自动导入 LBIM 文件。

**图 3-27 选择工程整体导入**

2）楼层导入

选择楼层导入，目标工程所选择构件的图形将被清空，如图 3-28 所示。点击【下一步】进入"楼层对应"对话框，可以选择将源工程的楼层指定到目标工程的相应层，例如可将源工程的 1 层导入到目标工程的 2 层，如图 3-29 所示。

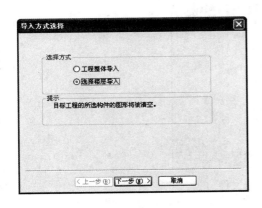

**图 3-28 选择楼层导入**

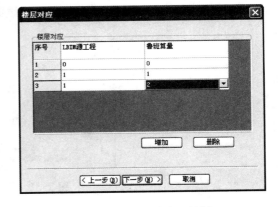

**图 3-29 "楼层对应"对话框**

点击【下一步】进入"构件选择"对话框（如图 3-27 所示），操作方法同"工程整体导入"，最后点击【完成】，软件即可根据设定自动导入 LBIM。

注意：钢筋 2012（预算版）与土建 2012（预算版）共享构件中，部分构件断面不同，无法互导，执行导入操作后，软件将在工程文件夹下创建 LBIMlog_In. txt 文档，记录未导入的构件，如果源工程中存在由于断面不同而未能导入的构件，则在导入完成后自动打开该文档。

### 3.3.2 导出 LBIM 文件

软件可以将当前工程的建筑模型信息导出成 LBIM 文件，供安装算量和钢筋软件导入使用，执行菜单中【工程】→【导出 LBIM】命令，打开【另存为】对话框（如图 3-30 所示）。

选择或输入文件名称，点击【保存】，命令行提示：选择第 1 根轴线，点选一根轴线，命令行提示：选择第 2 根轴线，点选第二根与其相交的轴线，软件自动完成导出 LBIM 文件。

图 3-30    导出 LBIM 文件

### 3.3.3    输出造价

执行菜单中【工程】→【输出造价】命令,弹出【另存为】对话框(如图 3-31 所示),导出的 tozj 文件可输入造价软件使用。

图 3-31    导出的 tozj 文件

## 本章小结

本章介绍了在工程建模之前必要的用户模板、工程概况、算量模式的选择、楼层设置、标高设置等的流程;同时说明了土建算量软件建模基本操作,建模前的基本设置和数字精灵的使用方法,阐述了软件启动时新建工程、打开工程及保存工程的方法。本章中算量模式的选择、楼层层高、工程标高的设置,是建模前重要的步骤,掌握好这些步骤,能为后面的正确建模奠定基础;设置好文件正确的保存路径有利于避免日后找不到文件等不必要的麻烦;同时,掌握 LBIM 文件的导入和导出有利于减轻造价工作者的负担。

## 复习思考题

1. 鲁班土建算量软件安装前,需要确认哪两款软件的安装?这两款软件都需要安装吗?

2. 鲁班土建算量软件中"用户模板"有什么作用?

3. 鲁班土建算量软件楼层设置中"0"是什么意思?如何设置地下室 1 层?如何设置 12~18 层为标准层?3、5~7、9~11 同时为标准层又该如何设置?

# 4   土建图形法建模命令详解

**教学目标**

通过本章的学习,熟悉轴网的建立,掌握土建算量软件中骨架构件——柱、墙、梁的建模方法;掌握寄生构件——门窗洞、装饰工程、基础构件等建模方法;掌握面域构件——屋面、楼板、装饰工程等建模方法;掌握其他构架——零星构件、多义构件等建模方法;熟悉软件楼层复制选择、构件属性定义、构件编辑、构件显示控制等模型编辑功能;掌握软件计算、编辑其他项目、增量计算等软件计算功能。

## 4.1   轴网的绘制

轴网是由建筑物主要构件的定位轴线组成的图形,轴网线从形状上分为直形轴线和弧形轴线,两者可以交互出现;从定位的范围来看,可以归类为主轴线和辅轴线,主轴线一般跨层不变,是主框架构件的定位线,辅轴线是为了临时定位局部的建筑构件而产生的。软件中约定每个楼层都具有独立的轴网,不同楼层可分别独立创建轴网,也可以通过楼层复制功能进行跨层复制其他楼层的轴网。

### 4.1.1   基本操作

土建三维算量软件提供在预算图中创建、删除和编辑各种类型轴网的多种操作功能,下面介绍几种常用操作功能的基本操作,以帮助读者实现轴网的顺利绘制。

1) 直线轴网

(1) 直线轴网说明

在中文工具栏中点击 `井直线轴网 →0` 命令,弹出如图 4-1 所示的对话框,对话框中的直线轴网说明见表 4-1。

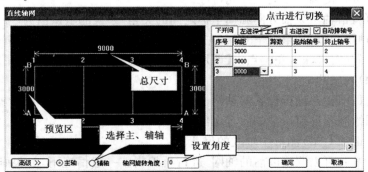

图 4-1   【直线轴网】对话框

表 4-1　直线轴网说明

| | |
|---|---|
| 预览区 | 显示直线轴网,随输入数据的改变而改变,"所见即所得" |
| 上开间 | 图纸上方标注轴线的开间尺寸 |
| 下开间 | 图纸下方标注轴线的开间尺寸 |
| 左进深 | 图纸左方标注轴线的进深尺寸 |
| 右进深 | 图纸右方标注轴线的进深尺寸 |
| 自动排轴号 | 根据起始轴号的名称,自动排列其他轴号的名称。例如:上开间起始轴号为 S1,上开间其他轴号依次为 S2、S3…… |
| 高级 | 轴网布置进一步操作的相关命令 |
| 主轴、辅轴 | 主轴对各楼层都起作用,在当前楼层建立会在各层显示,在任意一层修改主轴,其余楼层的轴网会被连动修改;辅轴只对当前楼层起作用,在当前层布置辅轴,其他楼层不会显示该辅轴 |
| 轴网旋转角度 | 输入正值,轴网以下开间与左进深第一条轴线交点逆时针旋转;输入负值,轴网以下开间与左进深第一条轴线交点顺时针旋转 |
| 确定 | 各个参数输入完成后可以点击【确定】,退出直线轴网设置界面 |
| 取消 | 取消直线轴网设置命令,退出该界面 |

注意:将"自动排轴号"前面的钩去掉,软件将不会自动排列轴号名称,操作者可以任意定义轴的名称,并支持输入特殊符号。

(2)使用直线轴网里的【高级】命令

点击【高级】选项命令,对话框展开如图 4-2 所示,高级命令下有以下几项操作:

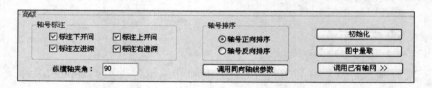

图 4-2　直线轴网高级操作对话框

轴号标注:四个选项,如果不需要某一部分的标注,用鼠标左键将其前面的"√"去掉即可。

轴号排序:可以使轴号正向或反向排序。

纵横轴夹角:指轴网纵轴方向和横坐标之间的夹角,系统的默认值为 90°。

调用同向轴线参数:如果上下开间(左右进深)的尺寸相同,输入下开间(左进深)的尺寸后,切换到上开间(右进深),左键点击【调用同向轴线参数】,上开间(右进深)的尺寸将拷贝下开间(左进深)的尺寸。

初始化:使目前正在进行设置的轴网操作重新开始,相当于删除本次设置的轴网。执行该命令后,轴网绘制图形窗口中的内容全部清空。

图中量取:量取 CAD 图形中轴线的尺寸。

调用已有轴网:可以调用以前的轴网,进行再编辑。一般情况下,如果画好的轴网在图形中被删掉时可以通过该功能找回来。

（3）操作步骤

① 执行"建直线轴网"命令。

② 光标会自动落在下开间"轴距"上，按图纸上的尺寸输入下开间尺寸，输入完一跨，按回车键，会自动增加一行，光标仍落在"轴距"上，依次输入各个数据。

③ 点击【左进深】按钮，同②的方法。

④ 点击【上开间】按钮，同②的方法。

⑤ 点击【右进深】按钮，同②的方法。

提示：a. 输入上、下间间或左、右进深的尺寸时，要确保第一根轴线从同一位置开始，例如同时从 A 轴或 1 轴开始，有时需要人工计算一下尺寸。

b. 输入尺寸时，最后一行结束时如果多按了一下回车键，会再出现一行，鼠标左键点击一下那一行的序号，点击鼠标右键，在出现的菜单中选【删除】即可。

⑥ 轴网各个尺寸输入完成后，如图 4-3 所示，点击【确定】，回到软件主界面，命令行提示：请确定位置。在"绘图区"中选择一个点作为定位点的位置，如果回车确定，定位点可以确定在 0,0,0，即原点上。

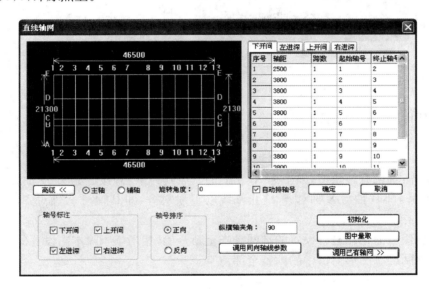

图 4-3　轴网示意图

2）弧线轴网

（1）弧线轴网说明

在中文工具栏中点击 弧线轴网←1 命令，弹出如图 4-4 所示的对话框，对话框中的弧线轴网说明见表 4-2。

表 4-2　弧线轴网说明

| 预览区 | 显示弧线轴网，随输入数据的改变而改变，"所见即所得" |
|---|---|
| 圆心角 | 图纸上某两条轴线的夹角 |
| 进深 | 图纸上某两条轴线的距离 |

**续表 4-2**

| 高级 | 轴网布置进一步操作的相关命令 |
|---|---|
| 主轴、辅轴 | 同新建轴网 |
| 内圆弧半径 | 坐标 X 与 Y 的交点 0 与从左向右遇到的第一条轴线的距离 |
| 确定 | 各个参数输入完成后可以点击确定退出弧线轴网设置界面 |
| 取消 | 取消弧线轴网设置命令,退出该界面 |

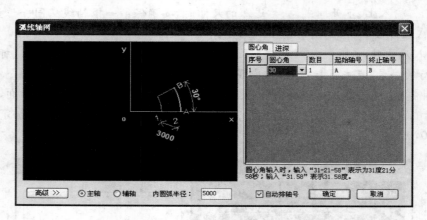

**图 4-4 【弧线轴网】对话框**

(2) 使用弧线轴网里的【高级】命令

展开【高级<<】命令,有以下几个选项:

轴号标注:两个选项,如果不需要某一部分的标注,用鼠标左键将其前面的"√"去掉。

轴网对齐:轴网旋转角度,以坐标 X 与 Y 的交点 0 为中心,按起始边 A 轴旋转;终止轴线以 X 轴对齐,即 B 轴与 X 轴对齐;终止轴线以 Y 轴对齐,即 B 轴与 Y 轴对齐;轴号排序可以使轴号正向或反向排序。

初始化:使目前正在进行设置的轴网操作重新开始,相当于删除本次设置的轴网。执行该命令后,轴网绘制图形窗口中的内容全部清空。

图中量取:量取 CAD 图形中轴线的尺寸。

调用已有轴网:操作步骤与直线轴网相同。

3) 拼接轴网

点击左边中文工具栏中 拼接轴网 图标,可以将指定的两组轴网对齐拼接。操作步骤如下:

(1) 光标变为小方框,正向或反向框选轴网,选中后再点击一下左键,被选中的轴网变成虚线,点击鼠标右键确认,此轴网为原轴网。

(2) 用左键选取原轴网中的一个相交点(该点应与目标轴网中的一点重合)。

(3) 用左键选取指定目标轴网中要与原轴网相交的一点。

(4) 用左键选取指定原轴网中的另一个相交点(该点应与目标轴网中的另一点重合)。

(5) 用左键选取指定目标轴网中要与原轴网相交的另一点。

(6) 点击鼠标右键确认。

（7）再点击鼠标右键确认，完成此命令。

注意：确认在对齐的过程中是否按照两个目标位置之间距离与两个原始位置之间距离的比值，缩放所选择到对象（操作步骤第（7）步），一般回答"N"。

4）锁定轴网

点击左边中文工具栏中 $\boxed{\text{锁定轴网 √6}}$ 图标，命令行提示：轴网已锁定。此时本层图形界面中的轴网就已处于锁定状态，无法进行修改和删除等。再次点击 $\boxed{\text{锁定轴网 √6}}$ 图标，则命令行提示：轴网已解锁。处于解锁状态的轴网可进行相应的修改和删除等。

5）增加主轴

点击左边中文工具栏中 $\boxed{\text{增加主轴 ↘7}}$ 图标后，首先用左键选取一条参考轴线，参考轴线与插入的目标轴线相互平行；其次输入偏移距离，输入目标轴线与参考轴线的距离，右键确认，如图 4-5 所示；最后输入新轴线的编号＜＊/＊＞，此时可以输入新轴线编号，再回车确认，也可以使用软件右键确认默认的轴线编号。

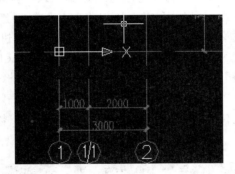

图 4-5　增加主轴示意图

提示：输入偏移距离，请注意正负号，"＋"表示新增的轴线在原来轴线的右方或上方，"－"则反之。

6）增加次轴

点击左边中文工具栏中 $\boxed{\text{增加次轴 ⌐8}}$ 图标，则命令行提示：指定起点【R－选择参考点，A－弧形辅轴】。如果绘制弧形的轴线，在命令行输入 A（和 CAD 中绘制弧线相似）；如果绘制直形轴线，那么直接点击第一点，再点击第二点，输入新轴名，然后再确定轴号标注于轴线哪一侧（标注于起点，直接回车；标注于终点，输入 Z；标注于两端，输入 L）。

7）更换轴名

点击左边中文工具栏中 $\boxed{\text{更换轴名 ⌐}}$ 图标后，选择目标轴网的一条轴线，输入新轴线的编号，回车确认。

提示：更换轴名只能一次修改一根轴线，因此对于有上下开间或左右进深的，需要依次修改，不要遗漏。建议在刚生成轴网时就按图纸修改相应的轴线名称。

## 4.1.2　案例讲解

××综合办公楼工程案例的概况见附录建施图一中的设计说明。根据该工程建筑施工图中各层平面图和建筑结构图中的基础平面图建立各层的轴网。

1）建立基础层轴网

该工程基础层的轴网为直线轴网,基础平面布置图中轴网的下开间和上开间的定位轴线编号及轴线间距完全相同,左进深和右进深的定位轴线编号及轴线间距也完全相同,"开间"和"进深"的具体数据如表4-3所示。

表4-3　基础层主体轴网数据列表

| 下开间 | ①～② | ②～③ | ③～⑤ | ⑤～⑦ | ⑦～⑧ | ⑧～⑩ | ⑩～⑫ | ⑫～⑬ |
|---|---|---|---|---|---|---|---|---|
| | 2500 | 3800 | 7600 | 7600 | 6000 | 7600 | 7600 | 3800 |
| 左进深 | A－B | B－C | C－D | D－E | | | | |
| | 6000 | 2100 | 6000 | 7200 | | | | |

使用【轴网】菜单下的【直线轴网】命令,根据基础平面布置图分别录入"开间"和"进深"的数据(见表4-3),按照前面介绍的操作方法进行数据录入。首先录入"上开间"的数据,在录入的过程中,由于定位轴线编号的不连续,所以将"自动排轴号"前面的"√"去掉,这样操作者可以根据图纸自己编排轴线编号。录入完"下开间"和"左进深"的数据后,由于"下开间"和"上开间"的定位轴线编号及轴线间距完全相同,"左进深"和"右进深"的定位轴线编号及轴线间距也完全相同,展开【高级<<】命令,点击【调用同向轴线参数】,"上开间"和"右进深"的数据和轴线编号也设置好了。设置好轴网数据后,点击【确定】返回软件主界面,在"绘图区"中选择一个点作为定位点的位置,如果回车确定,定位点可以确定在0,0,0即原点上,建好的轴网如图4-6所示。

图4-6　××综合楼基础层轴网

2）建立其他楼层轴网

预算图的绘制不同于手工算量由下而上的计算顺序,可以首先选择参照性较强的标准层建立轴网,并在此基础上布置相应构件,然后可以使用【构件】菜单中的【复制楼层】的命令,将轴网和需要复制的构件及其做法一并复制到其他楼层,然后再通过编辑修改,快速完成绘制轴网和相应构件的操作,具体操作参见后面章节中【复制楼层】的操作方法。

××综合楼共四层楼,一层平面图的轴网最复杂,二层、三层、四层的轴网可以通过复制一层轴网,然后通过编辑修改完成,屋顶的轴网可以通过调用已有轴网(一层平面图的轴网),然后修改"进深"的数据完成。

一层平面图的轴网建立过程同基础层轴网的建立。

## 4.2　主要构件建模详解

建模技术是将现实世界中的物体及其属性转化为计算机内部可数字化表示,可分析、控制和输出的几何形体的方法。当我们使用土建图形算量软件计算建筑工程的工程量时,要求在土建图形算量软件界面中建立一个既包括建筑施工图内容又包括结构施工图内容的工程模型图,这个过程就是建模。根据建好的模型,可以导出工程项目的工程量清单等报表。

### 4.2.1　柱体基本操作与案例讲解

1)基本操作

(1)点击布柱

点击左边中文工具栏中 点击布柱 命令图标(柱子定义参见属性定义——柱子),系统自动跳出一个"偏心转角"的对话框(如图 4-7),此处可以输入柱子的旋转角度(默认转角为0°,输入正值柱子逆时针旋转,输入负值柱子顺时针旋转)。输入角度后鼠标光标离开转角输入对话框并点击左键,对话框变灰,在图上选择需要布置柱子的插入点,点击插入柱子。若无更改则此转角值保持不变,可连续布置此种转角的柱子。此方法布置的柱子如图 4-8所示。

图 4-7　柱偏心转角的设置

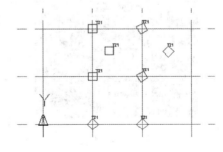

图 4-8　转角柱子

(2)墙交点柱

点击左边中文工具栏中 墙交点柱 命令图标(柱子定义参见属性定义——柱子),命令行提示"请选择第一点",点击确定第一点,命令行提示"请选择对角点",再选择对角点以框选需要布置柱子的范围。在所框选范围内的所有墙交点处自动布置柱子,且柱子随该处墙体自动转角对齐布置。此方法布置的柱子如图 4-9 所示。轴交点布柱和梁交点布柱方法与墙交点布柱操作方法一致。

(3)梁墙轴布柱

点击左边中文工具栏中 [梁墙轴柱 ↗4] 命令图标(柱子定义参见属性定义——柱子),命令行提示"请选择柱子基点";在图上选择需要布置柱子的插入点,点击插入柱子。点选柱子基点位于墙中线或梁中线或轴线上,则柱子布置在墙中线或梁中线或轴线上(如有重合则优先级别:梁>墙>柱),并且随该墙或梁或轴自动转角对齐布置;点选柱子基点位于非墙中线或梁中线或轴线上,则柱子自动水平布置。此方法布置的柱子如图4-10所示。

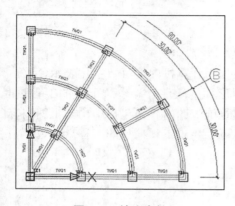

图4-9　墙交点柱

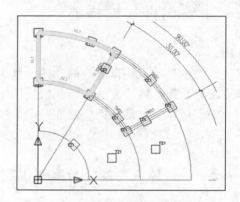

图4-10　梁墙轴布柱

(4)暗柱

点击左边中文工具栏中 [布暗柱 ↖5] 图标,在图中鼠标左键框选墙体的交点,选取暗柱的位置,至少要包含一个墙体交点,如图4-11所示。被框中墙体有一段变虚,输入该墙上暗柱的长度,回车确认,再输入其余各段墙体上暗柱的长度,输入完成后回车确认,如图4-12所示。

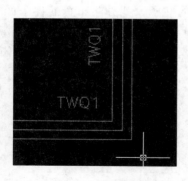

图4-11　墙体交点

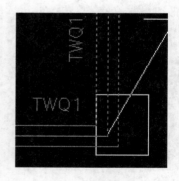

图4-12　暗柱的布置

提示:该交点有多少段墙体,就连续的有多少个此命令。重复前面的步骤,可以输入多个暗柱。

(5)智能构柱

点击左边中文工具栏中 [智能构柱 ↙6] 图标,弹出如图4-13所示的对话框。在属性设置中可以设置墙宽及构造柱的尺寸,并可以根据工程说明中构造柱的形成条件选择生成方式,点击 [🖱] 按钮,可以框选布置范围,点击【确定】后,软件会根据设置智能布置构造柱。

(6)柱梁墙对齐

点击左边中文工具栏中 [柱梁墙齐 ↘7] 图标,命令行提示"请选择构件边线",点选柱、墙、梁边线确定基准线,此时右下角出现如图 4-14 所示的对话框,可以输入构件离该基准线的距离。输入正值,构件往基准线偏移正距离;输入负值,构件往基准线偏移负距离。命令行提示"请选择构件边线",点选需要与此基准线对齐的柱、墙、梁构件;点选中的柱、墙、梁构件自动根据偏移距离与此基准线对齐;命令循环,可以选择多个构件与此基准线对齐,按 Esc 退出命令。

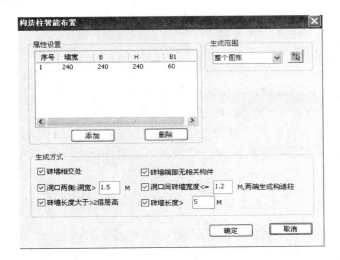

图 4-13　智能构柱

图 4-14　设置偏移距离

注意:在执行【柱梁墙对齐】命令将柱对齐外墙时,先执行【显示控制】将墙外包线、内墙中的天棚、地面关掉。因为执行【柱梁墙对齐】命令时,要选择的外墙线与墙外包线、内墙中的天棚、地面与内墙线在同一位置,这样操作容易引起混淆。

(7) 设置偏心

点击左边中文工具栏中 设置偏心ㄱ8 图标,软件显示所有柱子当前 b1、b2 数值和 h1、h2 数值,并用尺寸线标注,如图 4-15 所示。

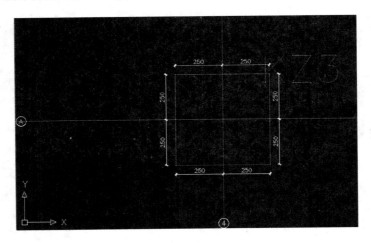

图 4-15　柱子不偏心时的布置图

设置偏心时直接点击图 4-15 中柱子周围需要偏移边的标注尺寸线，软件弹出如图 4-16 所示的对话框，输入柱子偏心设置的 b1(或 b2)数值和 h1(或 h2)数值(不输入数值则默认该方向上不偏心)，进行偏心参数的输入，点击【确定】后该柱自动按所输入偏心参数调整至偏心位置。

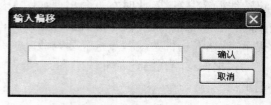

图 4-16　输入偏移

注意：该命令也适用于矩形独基与矩形桩基。

(8) 批量偏心

点击左边中文工具栏中 ▦批量偏心 ⌐9 图标，软件弹出输入偏心参数对话框(如图 4-17)。

输入柱子偏心设置的 b1(或 b2)数值和 h1(或 h2)数值(不输入数值则默认该方向上不偏心)，输入后鼠标光标离开偏心参数输入对话框并点击左键，对话框变灰。在图上选择需要偏心设置的柱子，点击该柱子，则该柱自动按所输入偏心参数调整至偏心位置。可框选多个柱子，同时对它们进行偏心设置。

注意：该命令也适用于矩形独基与矩形桩基。

(9) 柱随基顶

点击左边中文工具栏中 ♨ 柱随基顶(G) 图标，命令行提示"请选择要调整的柱："，命令选项：S 可选择同名的柱，Tab 切换增加移除状态；选择需要调整的柱子，右键确定，命令行提示"请选择相关的基础："；选择相关的基础，右键确定，柱子自动调整底面延伸至该基础顶面，命令结束。

注意：选择基础时仅能单选基础，选择完成后柱子将按照该基础的标高下伸。

(10) 区域基顶

点击左边中文工具栏中 ▦ 区域基顶(R) 图标，命令行提示"请框选范围"和"选择对象："，框选需要调整的柱子，右键确定，柱子自动寻找其下基础并调整底面延伸至该基础顶面，弹出图 4-18 界面显示有多少个柱调整完成，关闭后命令结束。

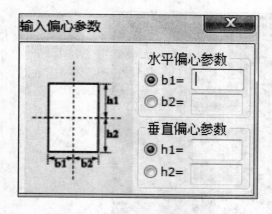

图 4-17　【输入偏心参数】对话框

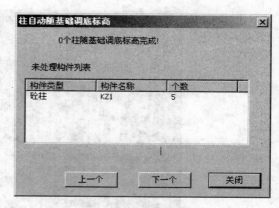

图 4-18　柱随基顶调整标高

2）案例讲解

在案例的结构施工图中找到结施图 06 为框架柱平面布置图，图中有 5 种不同的柱子，柱表中有这 5 种柱子不同标高时的截面和配筋情况说明，平面图里标明了这 5 种柱子的偏心情况。

（1）柱子的属性定义

将界面调至一层，根据图中的信息首先绘制轴网，然后根据 CAD 图中的信息，首先将柱子属性定义到软件中，如图 4-19 所示。

属性栏中需要修改的参数：

柱子名称（KZ1）：应与图纸标注相同，以便后续反查，此项不做强制要求，因与工程量不相关；

柱截面尺寸（350 mm×400 mm）：必须与图纸相同；

套清单：根据截面尺寸分项，如图 4-19 所示。

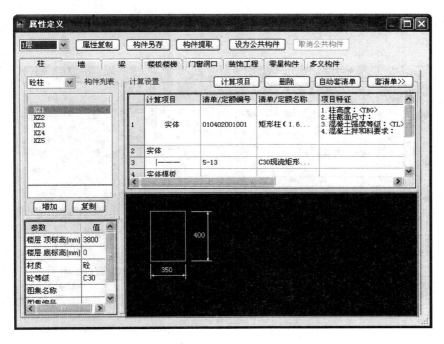

图 4-19　柱子的属性定义

（2）柱子的布置

以 KZ3（2/A 轴交点）为例，如图 4-20 所示，讲解柱的布置。

点击 点击布柱 命令，在属性栏中选择 KZ3，左键选择柱子的基点（即 2/A 轴交点），右键确认即完成布置，CAD 图纸上显示 KZ3 均发生偏心，所以在 KZ3 布置完成后均应进行偏心处理。

由于该案例 KZ3 数量较多，所以进行批量偏心。点击左边中文工具栏中 批量偏心 r9 图标，在弹出的输入偏心参数对话框中输入柱子偏心设置的 b1（或 b2）数值和 h1（或 h2）数值，输入后鼠标光标离开偏心参数输入对话框，并点击左键，对话框变灰。在图上选择需要偏心设置的 KZ3,则 KZ3 柱自动按所输入偏心参数调整至偏心位置。可框选多个柱子,同时对它们进行偏心设置。其他各点的柱子布置类似进行。如图 4-21 所示。

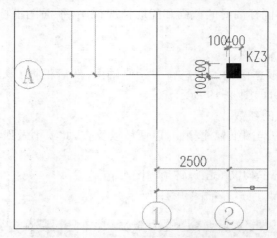

**图 4-20 2/A 轴交点 KZ3 尺寸标注图**

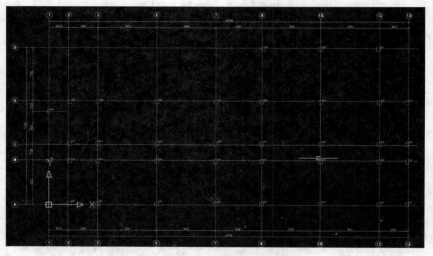

**图 4-21 一层柱子的布置**

××综合楼共四层楼,CAD 图纸中柱子的布置分三个不同的标高段,各标高段的柱平面图相同,所以可使用【构件】菜单中的【复制楼层】命令,将一层的轴网和需要复制的柱子及其做法一并复制到其他楼层,然后再通过编辑修改,快速完成绘制轴网和柱的操作。有关操作参见后面章节中【复制楼层】的操作。

## 4.2.2 墙体基本操作与案例讲解

1) 基本操作

(1) 绘制墙

① 点击左边中文工具栏中 [绘制墙→0] 图标。墙的详细定义参见墙属性定义。

注意：平面上，同一位置只能布置一道墙体，若在已有墙体的位置上再布置一道墙体，新布置的墙体将会替代原有的墙体。

命令行提示："第一点【R-选参考点】"，同时弹出一个浮动式对话框，如图4-22所示。

鼠标放在图4-22中的"左边、居中、右边"时，会提示相应的图例，如图4-23所示。

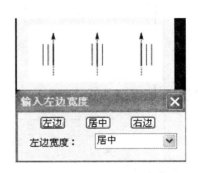

图4-22　输入左边宽度对话框　　　　图4-23　输入左边宽度图例

左键点取左边【属性工具栏】中要布置的墙的种类（也可以绘制好墙体后再到属性工具栏中点取要布置的墙的名称），此时要注意墙的种类要选择正确，不然计算结果可能有误。

提示：双击构件名称或构件的图形，可以直接进入到【构件属性定义】，所有构件都通用。

② 在绘图区域内，左键依次选取墙体的第一点、第二点等；也可以用光标控制方向，用数字控制长度的方法来绘制墙体。

③ 在绘制过程中，发现前面长度或位置错了，则可以在命令行中输入U，回车，退回至上一步，或左键点击，退回至上一步。

④ 绘制完一段墙体后，命令不退出，可以再重复②～④的步骤。

技巧：绘制墙时，有些点不好捕捉，可以将墙多绘制一点，在墙相交处，软件会自动将墙分段，只需将多余的墙删除即可。

绘制的弧形墙体TWQ1，使用参考点R方法（见表4-4）布置的TNQ1如图4-24所示。

表4-4　参考点R方法

| R-选参考点 | 适用于没有交点，但知道与某点距离的墙体。方法：按键名R，回车确认，左键选取一个参考点，光标控制方向，键盘中输入数值控制长度，回车确认 |
|---|---|
| C-闭合<br>A-圆弧 | C：绘制两点以上时，按键名C，回车确认，形成闭合区域<br>A：按键名A，回车确认，左键选取弧形墙中线上的某一点，绘制弧形墙体 |
| 左边宽度 | 墙体如果是偏心的，绘制过程中可以输入左边宽度，完成偏心过程。要想一次布置多段偏心墙体，绘制方向必须保持一致，即同为顺时针或逆时针 |

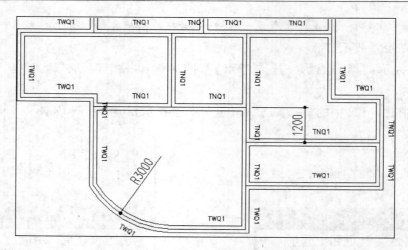

图 4-24　墙体示意图

（2）轴网变墙

点击左边中文工具栏中 轴网变墙 ←1 图标，此命令适用于至少有纵横各两根轴线组成的轴网。正向框选或反向框选轴网，选中的轴线会变虚，选好后回车确认；在左边属性工具栏中选择墙体名称；确定裁减区域〈回车不裁减〉，如需要，可直接用鼠标左键反向框选剔除不需要形成墙的红色的线段，可以多次选择，选中线段变虚（如果选错，按住 Shift，再用鼠标左键反向框选错选的线），选择完毕回车确认。图 4-25 所示为轴网变墙。

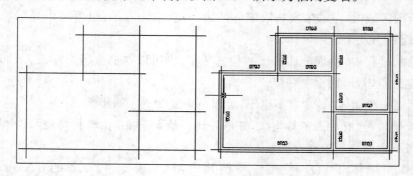

图 4-25　轴网变墙

（3）轴段变墙

点击左边中文工具栏中 轴段变墙 图标。此命令适用于至少有纵横各两根轴线组成的轴网。在左边属性工具栏中选择墙体名称，然后点选某一轴端，选中的轴线会变色，选好后回车确认。

（4）线段变墙

点击左边中文工具栏中 线段变墙 ↓3 图标. 此命令就是将直线、弧线变成墙体，这些线应该是事先使用 AutoCAD 命令绘制出来的。

用鼠标左键框选目标或选取目标，必须是直线或弧线，可以是一根或多根线。目标选择好后，在左边属性工具栏中选择墙体名称，回车确认。命令不结束，重复前一步骤，完毕后回车退出命令，如图 4-26 所示。

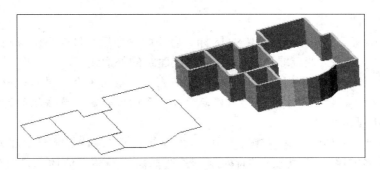

图 4-26 线段变墙

注意:使用这种方法要变成墙的线应该位于墙的中心上,这样就不用再偏移墙了。

(5)口式布墙

点击左边中文工具栏中 口式布墙 图标,此命令适用于某一由轴线围成的封闭区域。在左边属性工具栏中选择墙名称,然后点击某一由轴线围成的封闭区域,围成这一区域的轴线变色,可继续点击其他区域,区域选择完毕后回车或右键确认。

(6)布填充体

点击左边中文工具栏中 布填充体 图标。

① 左键选中需要布填充体的墙。

② 输入填充体离墙体起点的距离。

③ 输入填充体离墙体端点的距离。

④ 在左边的属性工具栏中调整填充墙的顶标高与底标高及相关属性。

⑤ 命令不结束,重复步骤②~④,布置完毕后,回车退出命令。

提示:卫生间、厨房间部分的素混凝土防水墙可以用填充墙绘制;墙体上壁龛可以用填充墙绘制,填充墙不用套定额,将填充墙用移动的命令移动到墙体的内边线即可,如图 4-27 所示。

(7)设置山墙

点击左边中文工具栏中 设置山墙 图标。鼠标左键选取两端高度不同的墙体,可以是多段墙体(墙体的名称可以不同,但必须是在同一直线上),回车确认;输入第一点的墙顶标高,回车确认;输入第二点的墙顶标高,回车确认。如图 4-28 所示。

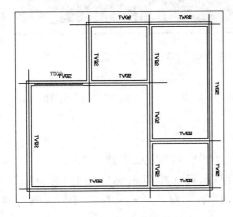

图 4-27 填充墙的绘制

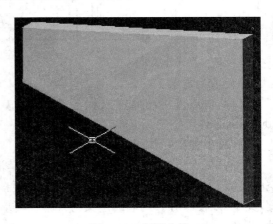

图 4-28 设置山墙

（8）形成外墙外边线

点击左边中文工具栏中 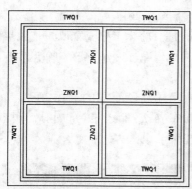 图标。启动此命令后软件会自动寻找本层外墙的外边线（如图 4-29）并将其变成绿色，从而形成本层建筑的外边线。

注意：此命令针对所有外墙（包括 0 墙），所有内墙边线均不会变绿。此命令对间壁墙形成的封闭区域无效。该命令主要是形成建筑面积，布置外墙装饰，形成板的前置命令。

（9）墙底随基础顶高

点击左边中文工具栏中 墙随基顶 命令，命令行提示"请选择要调整的墙体"，命令选项：S 可选择同名的墙，Tab 切换增加移除状态；选择需要调整的墙体，右键确定，命令行提示"请选择相关的基础："；选择相关的基础，右键确定，柱子自动调整底面延伸至该基础顶面，命令结束。

注意：此命令只在 0 层适用，且只针对墙底下垂直投影的基础有效。

2）案例讲解

在案例的建施图中找建施 02 为一层平面图，图中墙体内外墙采用 200 mm 厚多孔砖砌块，局部轻质隔墙采用 120 mm 厚多孔砖砌块。

（1）墙体的属性定义

点击 进入属性定义，如图 4-30 所示。

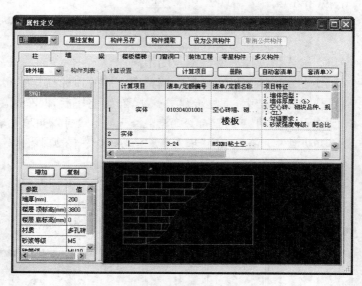

图 4-29　形成外墙外边线　　　　图 4-30　墙体的属性定义

需设置的参数：

名称：可以直接用厚度来标注墙体，便于检查墙厚是否有误。根据图纸可知墙厚为 200 mm，名称可定义为 ZWQ200。

墙厚：根据实际情况修改成 200。

套清单：点击 套清单>> 按钮，在弹出的"套清单、定额"窗口中，双击选择"010304001001 空心砖墙、砌块墙"，如图 4-30 所示。为方便核对工程量，可在项目名称后加上"砖材质，厚度，类型"以便区分。内墙的定义与外墙一样。注意，该案例有 200 mm 厚和 120 mm 厚两种不同的墙厚。

（2）墙体的布置

我们以 1/A－B 轴外墙为例（图 4-31），讲解墙体的绘制。

点击 绘制墙→0 命令，选择属性定义中刚才定义好的 ZWQ200，根据命令行提示，左键选择第一点（A/1 轴交点），再左键选择下一点（B/1 轴交点），右键确认，即可完成此段外墙的绘制，如图 4-32 所示。

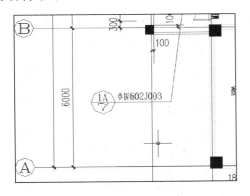

图 4-31　建施 02 中的 1/A－B 轴外墙

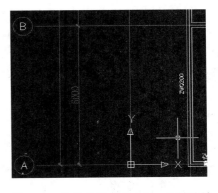

图4-32　软件布置好的 1/A－B 轴外墙

注意：如果墙体绘制错误，可以利用构件编辑栏里面的 ⊠ 构件删除命令删除墙体，再修改。

内墙和其他墙体的绘制方式同上，绘制完备后的一层墙体如图 4-33 所示，其他各层墙体的绘制与一层类似。

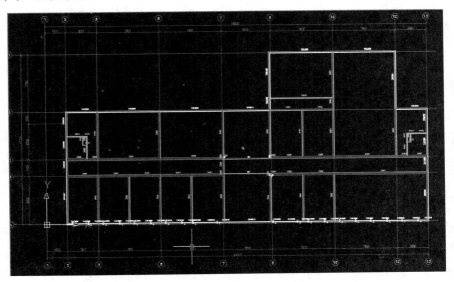

图 4-33　一层墙体

### 4.2.3　梁体基本操作与案例讲解

1）基本操作

轴网变梁、轴段变梁、线段变梁、口式布梁与墙的操作方法完全相同，可参照 4.2.2

节墙。

（1）连续布梁

点击左边中文工具栏中 连续布梁 图标。梁的详细定义参见属性定义——梁。

注意：平面上，同一位置只能布置上一道梁，若在已有梁的位置上再布置一道梁，新布置的梁将会替代原有的梁。

① 命令行提示："第一点【R-选参考点】"，同时弹出一个浮动式对话框，如图 4-34 所示；鼠标放在图 4-34 中的"左边、居中、右边"时，会提示相应的图例，如图 4-35 所示。

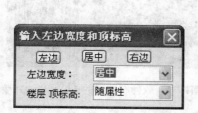

图 4-34 输入梁左边宽度和顶标高

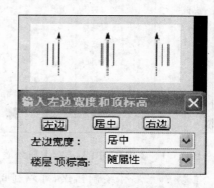

图 4-35 输入梁左边宽度和顶标高图例

② 左键点取左边【属性工具栏】中要布置的梁的种类（也可以布置好梁后再到属性工具栏中点取要布置的梁）。

③ 在绘图区域内，左键依次选取梁的第一点、第二点等。也可以用光标控制方向，用数字控制长度的方法来绘制梁。

④ 在绘制过程中，发现前面长度或位置错了，则可以在命令行中输入 U，回车，退回至上一步，或左键点击 ，退回至上一步。

⑤ 绘制完一段梁后，命令不退出，可以再重复步骤②～④。

⑥ 布置完毕后，按 Esc 键退出命令。

（2）布圈梁

圈梁要布置在墙体上，因此必须有墙体存在。点击左边中文工具栏中 圈梁 图标，软件提示两种布置形式，如图 4-36 所示。

① 选择【自动生成】

选择自动生成，软件会自动弹出对话框，属性设置对话框中选择定义墙体的厚度和对应的圈梁高度，点击【确定】，软件会自动按照定义好的墙体厚度生成圈梁。若部分墙体已经有圈梁，软件会自动跳出对话框，可自由选择生成方式，生成方式有保留原有圈梁和覆盖原有圈梁两种。

② 选择【手动生成】

在左边属性工具栏中选择圈梁名称，左键选取设置圈梁的墙名称，也可以鼠标左键框选需布置圈梁的墙体，选中的墙体会变虚，回车确认，如图 4-37 所示。

图 4-36　布圈梁方式

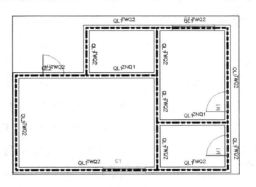

图 4-37　手动生成的圈梁

提示：圈梁断面增加了"随墙厚矩形断面"，可自动评定圈梁宽度。

（3）布过梁

过梁布置在门窗洞口上，因此必须有门窗洞口存在。点击左边中文工具栏中 <u>布过梁</u> 图标，软件提示两种布置方式，和布置圈梁的两种方式相同。

选择【自动生成】，则软件会根据门窗洞口宽度范围自动布置过梁功能，弹出对话框，如图 4-38 所示。再选择【高级】，则弹出如图 4-39 所示的对话框，进行宽度等参数的设置。

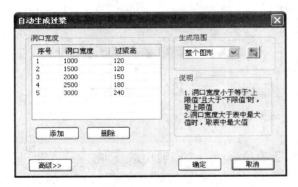

图 4-38　自动生成过梁对话框

图 4-39　自动生成过梁高级对话框

若选择【手动生成】，则左键选取门窗名称，选中的门或窗或洞口变虚，在左边属性工具栏中选择过梁名称，回车确认；命令不结束，重复前一步骤，完毕后，回车退出命令。如图 4-40 所示。

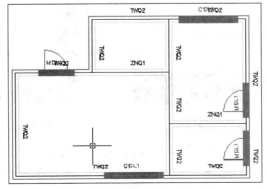

图 4-40　手动生成过梁

提示：过梁断面采用"随墙厚矩形断面"，可自动设定过梁宽度。

注意：门的过梁和窗的过梁要分两次布置。如果门窗删除，则软件会自动删除该门窗上的过梁。

（4）布窗台

窗台布置在窗或墙洞上，形成窗或墙洞是布置窗台的前提。

点击右边中文工具栏中的 布窗台 图标，在左边属性工具栏中选择窗台名称，左键选取设置窗台的窗名称，也可以鼠标左键框选需布置窗台的窗，选中的窗变虚，回车确认，软件会自动在窗上形成窗台，窗台名称显示在窗名称左边。如图 4-41 所示。

提示：窗台可以支持单侧突出墙面断面类型。当我们框选部分构件时，可以利用 F 键使用过滤器，进行构件的二次筛选。

（5）设置搁置

点击左边中文工具栏中的 设置搁置 命令，命令行提示选择过梁、窗台，选择构件后软件提示"输入起点处搁置长度"，输入相应的数据（如 200）后，软件提示"输入终点处搁置长度"，输入数据（如 200），则过梁搁置设置成功，图形界面出现如图 4-42 所示图形。

图 4-41 布窗台

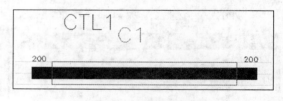

图 4-42 过梁搁置设置

注意：设置搁置新增窗台搁置功能，可以设置窗台的搁置长度。

（6）识别支座

布置好的梁为暗红色，表示处于无支座、无原位标注的未识别状态。如图 4-43 所示。

点击左边中文工具栏中 识别支座 图标，左键点选或框选需要识别的梁，选中的梁体变虚，回车确认即可。已识别的梁变成蓝色（框架梁）或灰色（次梁），如图 4-44 所示。

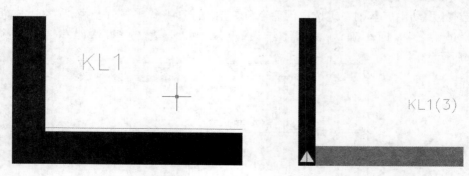

图 4-43 未识别状态的梁          图 4-44 已识别的梁

注意：已经识别过的梁经过移动等编辑后，需要重新进行支座识别。梁可以以框架柱、暗柱、梁及墙等为支座，逐根进行支座识别。识别支座也可批量进行，一次性将暗红色未识别的梁全部识别过来。

（7）编辑支座

点击左边中文工具栏中 编辑支座 图标，左键选中已经识别支座的梁，所选中的梁体变虚，左键点击支座位置，切换叉和三角确认是否为支座。如图 4-45 所示。

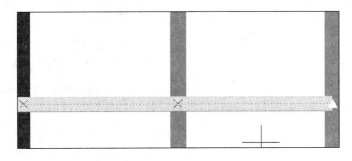

图 4-45　编辑支座

注意：编辑支座用于自动识别的支座与图纸不同，对已识别的支座删除或增加；在编辑支座时，显示黄色三角为有支座处，红色的叉为非支座标识。

（8）原位标注

点击左边中文工具栏中 原位标注 图标，左键点击已经支座识别过的梁名称，选中的梁体变虚，软件自动弹出属性对话框，点击跨截面、跨偏移和跨标高后面的三角标志，可修改梁相应的参数值，回车确认即可，如图 4-46 所示。

在原位标注状态下，左键双击梁的构件名称，弹出如图 4-47 所示对话框，可以修改梁的名称截面尺寸、顶标高设置等集中标注信息。点击名称右边的下拉菜单，直接输入已有的梁编号或点击名称右边的下拉菜单进行选择，相当于进行了一个名称更换，生成新的梁。

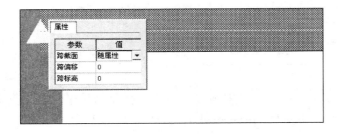

图 4-46　原位标注

图 4-47　修改梁

提示：软件新增原位标注功能，可以在平面状态下直接修改跨截面，赋给同一道梁不同的截面尺寸，不需要再打断梁。经过原位标注的梁体截面尺寸会自动显示在绘图区域中。原位标注里面的跨标高，是相对于该层的楼顶高度而言的。

（9）复制跨

点击左边中文工具栏中 复制跨 图标，左键点选支座识别过的梁体，选中的梁体变虚，左键点选已经原位标注好的需要复制的跨，梁体变成紫色，如图 4-48 所示。

点击需要被复制的跨，梁跨变成紫色，回车确认即可把原跨的截面属性信息调入被复制的梁跨，如图 4-49 所示。

图 4-48　选中复制的梁

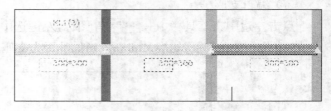

图 4-49　复制后的梁跨

提示：可以一次点选多跨需要被复制的梁,调入已经平法标注好的梁属性信息。复制跨命令暂时不支持挑梁。

（10）应用同名称梁

点击左边中文工具栏中 ┃应用同名┃ 图标,左键点选已识别过支座的梁,选中的梁体变虚,并弹出【应用同名称梁】对话框,如图 4-50 所示。

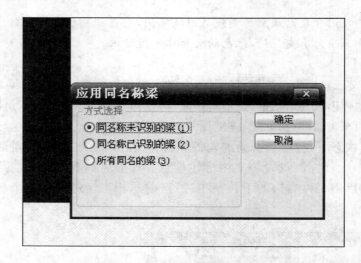

图 4-50　【应用同名称梁】对话框

① 同名称未识别的梁

选择"同名称未识别的梁",左键点击确定。图形中凡是和原梁名称相同且未识别的梁就会全部按照原梁的支座进行编辑,调入原梁跨的原位标注信息,如图 4-51 所示。

② 同名称已识别的梁

图形中凡是和原梁名称相同且已识别过的梁就会全部按照原梁的支座进行编辑,调入原梁跨的跨截面尺寸信息。

③ 所有同名的梁

图形中凡是和原梁名称相同的梁,无论已识别或未识别的梁都会重新按照原梁支座重新编辑。

提示：应用同名能够把符合所选条件的梁批量调入原梁的跨截面尺寸信息。

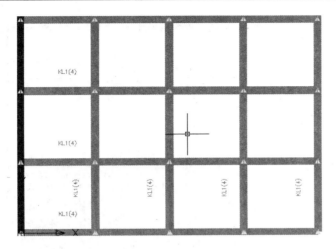

图 4-51 同名称未识别的梁

（11）设置拱梁

点击左边中文工具栏中 [设置拱梁] 图标,用鼠标左键选取需要进行拱形设置的梁,在命令行中有【输入拱高】的提示,输入想设置的拱高,回车确认。

注意:拱高应小于或等于梁长的一半。支座识别过的多跨梁,打断后才能设置拱梁。

（12）梁打断

左键点击 [区域断梁] 图标,命令行提示"请选择需要打断的梁",鼠标左键选取要打断的梁;然后根据命令行提示"选择打断方式:【H-手动打断】/<自动打断>"。

选择:①自动打断:为默认方式,该梁在与其他梁体相交的交点处自动断开;②手动打断:输入 H 并回车,可以在该梁中线上指定断点。根据需要选择手动还是自动打断,即可打断单根梁。

（13）梁合并

此命令可以将符合连通条件的梁连通成一根梁,左键点击 [梁合并] 图标,命令行提示【选择梁】;框选或点选要连通的梁,右键确定,符合条件的梁自动连通。

注意:梁连通条件必须符合梁类型相同、两根梁基线有且只有一个端点重合两个条件。

2）案例讲解

在案例的结构施工图中找到结施图 08 为二层楼面梁平面配筋图,该平面图中有框架梁 KZ(1～16,缺 6)、次梁 L(1～9)和悬挑梁 XL-1 三种类型的梁。

（1）梁的属性定义

根据二层楼面梁平面配筋图对梁进行属性定义。如图 4-52 所示。

属性栏中需要修改的参数:

梁名称(KL-1):应与图纸标注相同,以便后续反查,此项不做强制要求,因与工程量不相关。

截面尺寸(300 mm×650 mm):必须与图纸尺寸相同。

套清单:因为所有矩形梁和楼板一起浇筑,所以矩形梁根据顶板的厚度套取"有梁板"清单即可。

次梁的定义与主梁相同。

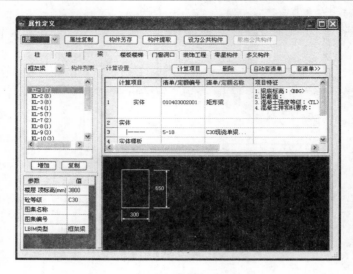

图 4-52　梁的属性定义

（2）梁的布置

以 KL-1（A/1～13 轴）的布置为例讲解梁的布置，如图 4-53 所示。

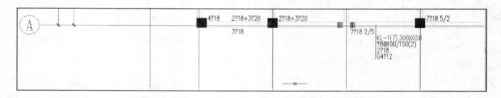

图 4-53　二层楼面梁平面配筋图 A/1～13 轴 KL-1

点击 绘制梁 命令，在属性栏中选择 KL-1，根据命令行提示，左键选择第一点（A/1 轴交点），再左键选择第二点（A/13 轴交点），点击右键或回车键完成此段梁体的布置，其余梁的布置方式与 KL-1 布置方式一样，根据平面图将梁布置完成，如图 4-54 所示，其他各层梁的布置方式与一层梁布置方式相同。

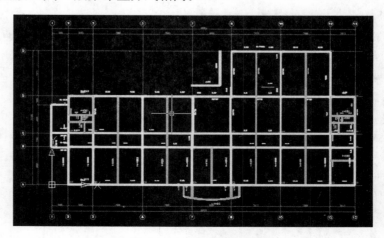

图 4-54　二层梁布置图

### 4.2.4  楼板楼梯基本操作与案例讲解

1）基本操作

形成楼板前可以在左边的属性工具栏中定义好不同属性的楼板，参见属性定义——楼板。

（1）形成楼板

点击左边中文工具栏中 ⟨形成楼板⟩ 图标，自动弹出【自动形成板选项】对话框，板可以按墙、梁形成。不同的生成方式如图 4-55 所示，在对话框中选择相应的选项。

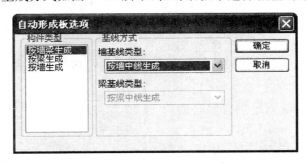

图 4-55  自动形成板选项

选择好构件类型与基线方式后，点击【确定】按钮。算量平面图中会按照所选择的形成方式形成现浇楼板，如图 4-56 所示。使用 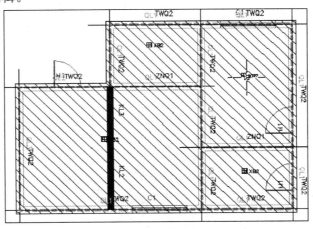【名称更换】功能，按图纸选取所形成的板进行替换，详见构件编辑。

图 4-56  形成现浇楼板

（2）绘制楼板

点击左边中文工具栏中 ⟨绘制楼板⟩ 图标，然后按照形成楼板的各个边界点依次绘制楼板。操作方法：命令行提示"请选择板的第一点【R-选择参考点】"，左键选取一点，命令行提示"下一点【A-弧线，U-退回】＜回车闭合＞"，依次选取下一点，最后一点可以回车表示闭合。

（3）框选布板

点击左边中文工具栏中 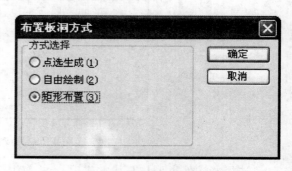框选布板 图标，寻找框选范围的最大封闭区域，按此区域生成楼板。操作方法：命令行提示"请选择要框选生成的区域，回车确认"，框选范围，按照此范围的最大封闭区域形成板。

提示：R－选参考点、A－圆弧、U－退回的含义与布置墙时的含义完全相同。

（4）布螺旋板

点击左边中文工具栏中 布螺旋板 图标，然后指定螺旋板圆心点，根据提示在起始边上点击确定螺旋板半径，最后点击确定终止边位置或直接输入螺旋角度，螺旋板绘制完毕（旋转超过360°的螺旋板只能采用直接输入角度的方式绘制）。

（5）布板洞

点击左边中文工具栏中 布板洞 图标后，自动弹出【请选择洞口的种类】对话框（如图4-57），选择一种方式，布置洞口。

点选生成：左键选取圆形洞口圆心的位置，输入半径。

自由绘制：左键选取第一点，依次选取其他的点，与自由绘制楼板方法相同。

矩形布置：左键选取矩形洞口的第一个角点，直接左键确定尺寸或者输入"D"确定尺寸，定义旋转角度输入"R"来确定。

图4-57　选择洞的种类

提示：R－选参考点、A－圆弧、U－退回的含义与自由绘制楼板时的含义完全相同。

注意：洞口的图形必须闭合。

楼板、楼地面、天棚位置图中虽然有洞口，但楼板、楼地面、天棚是否扣除洞口，与楼板、楼地面、天棚所套定额的计算规则定义中是否扣洞口有关，图4-58就是板扣掉中华人民共和国地图形状洞口后的效果。

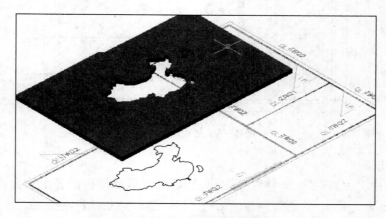

图4-58　布板洞效果图

（6）布预制板

点击左边中文工具栏中 📏布预制板 图标，在左边的属性工具栏中选取要布置的预制板。选择参考边界（墙/梁），如果预制板从墙或梁的边开始布板，且板的搁置长度为墙、梁的中心线时，用鼠标左键选取目标墙或梁的名称（选取的墙或梁应与板平行）。如果有别于上述情况，按键名"2"，鼠标左键选取边界的第一点及第二点（两点的连线平行于板边）。输入板的块数，回车确认。图形中会出现一个箭头及方形框，左键选取布板方向，如图 4-59 所示。

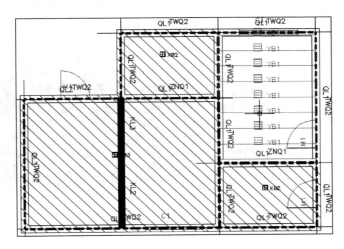

**图 4-59 布预制板**

（7）布楼梯

点击左边中文工具栏中 📏布楼梯 图标，命令行提示："输入插入点（中心点）："，左键选取图中一个点作为插入点；命令行再提示："指定旋转角度或【参照（R）】："。

① 指定旋转角度：输入正值，楼梯逆时针旋转；输入负值，楼梯顺时针旋转。

② 参照（R）：例如输入 10，回车确认，表示以逆时针的 10°作为参考，再输入 90，回车确认，即楼梯只旋转了 80°（90—10）。

可以在楼板的区域内布置楼梯，楼梯各个参数在属性定义对话框中完成，可参见属性定义——楼梯，楼板会自动扣减楼梯的。

2）案例讲解

（1）板、楼梯的属性定义

根据"二层结构布置及板配筋图"和"楼梯 1、楼梯 2 大样，门窗表"进入属性定义，对板与楼梯构件进行属性定义，如图 4-60 所示。

板属性栏中需要修改的参数：

板名称（XB1）：板在图纸中没有明确的名称，名字可以自主定义。

厚度：根据版图说明输入厚度 120。

套清单：因为所有矩形梁和楼板一起浇筑，所以楼板套取"有梁板"清单即可。

注意：为方便核对工程量，可以在项目名称后添加板的厚度和混凝土等级，如：平板（板厚内 C30）。

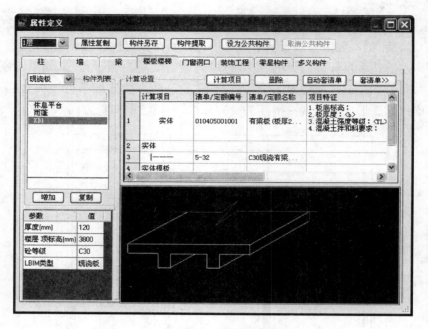

图 4-60　板的属性定义

楼梯属性栏中需要修改的参数：

楼梯名称：名称可以自主定义，不影响工程量的计算。

细部尺寸：可以根据图纸中的尺寸一一对应输入，如图 4-61 所示。

套清单：010406001001 直行楼梯，如图 4-62 所示。

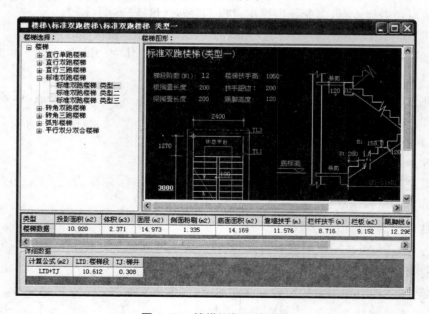

图 4-61　楼梯细部尺寸设置

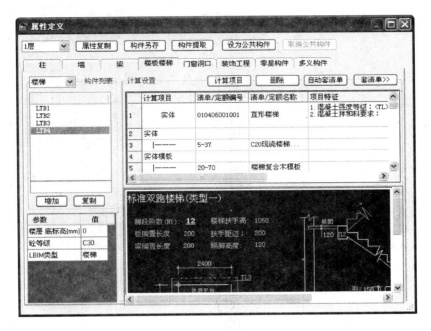

**图 4-62 楼梯套清单(属性定义)**

(2) 板、楼梯的布置

① 板的布置

执行 形成楼板→0 命令,根据本工程的特点(板厚均为 120 mm),可以选择【按墙生成】→【内墙按中线,外墙按外边线】,如图 4-63 所示,点击【确定】即可完成板布置。

**图 4-63 自动形成板选项**

板生成之后根据二层板配筋图需要调整 4 个位置的板的标高,那么我们首先需要用"分割板"命令将整块板进行分割。注意遵守外墙按外边线、内墙按中线的原则来分割;然后利用"高度调整 ⌊ᴴᴮ⌋ "命令将需要调整的板标高进行调整,其余没有生成板的位置可以利用自由绘制命令或矩形布板命令来布置。结果如图 4-64 所示。

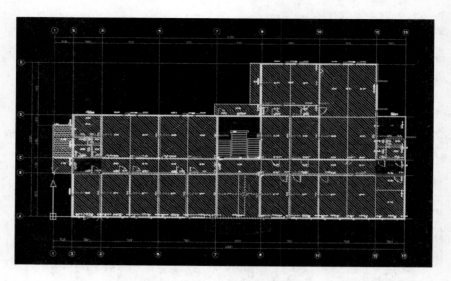

图 4-64 板的布置

② 楼梯（板）的布置

执行【楼梯】 🖉 布 楼 梯 ⌐ 8 命令，选择定义好的楼梯，根据命令行提示输入（指定）插入点即可，如图 4-65 所示。

提示：软件提供的构件布置机制十分灵活，使用者可根据工程不同情况选择相应方法。

例如现浇板的布置方式，可选择【自动生成】、【点选生成】、【自由绘制】等方式。另外，若所选定额楼梯计算规则按平面投影面积计算，此时可以用板（套楼梯定额）来代替楼梯，板、楼梯完成后见图 4-66 所示，其他楼层板和楼梯类似布置。

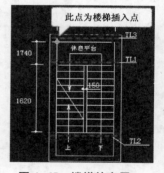

图 4-65 楼梯的布置

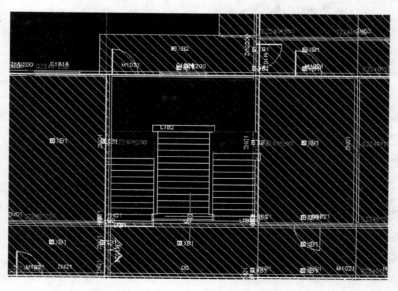

图 4-66 板、楼梯布置

### 4.2.5　门窗洞口基本操作与案例讲解

1) 基本操作

（1）布门

点击左边中文工具栏中  图标，可以在左边的属性工具栏中选择要布置的门或窗。左键选取加构件的一段墙体的名称，命令行提示："指定定位距离或【参考点（R）/插入基点（I）】"。

随意定位：用鼠标左键在相应位置拾取一点。

参考点：输入"R"，回车确认，改变定位箭头的起始点。

输入尺寸定位：鼠标移动确定好方向，直接在命令行输入尺寸。

注意：通常情况下，用户可以随意定位门或窗；参考点只在墙中线上选择，如果不在中心线上，命令行提示"请在墙中线上选择参考点"。

提示："布平飘窗"、"布墙洞"方法与"布门"完全相同。

（2）布窗

点击左边中文工具栏中 图标，方法与"布门"完全相同。

注意：有时窗的底标高可能会与软件默认的高度不同，需要在【属性工具栏】中调整一下，如图 4-67 所示，C1518 的底标高调整为 600。

（3）布转角飘窗

点击左边中文工具栏中 图标，可以布置转角飘窗。操作方法为：首先选择两道外墙的交角，内边线、中线、外边线的交角均可；然后输入一端转角洞口尺寸；再输入另一端转角洞口尺寸；命令不结束，可以再布置其他的转角飘窗，回车结束命令。布置好的飘窗、转角飘窗如图 4-68 所示。

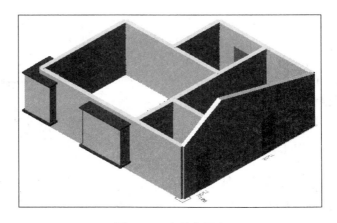

**图 4-67　窗属性调整**　　　　　　　　**图 4-68　布转角飘窗**

（4）布老虎窗

点击左边中文工具栏中 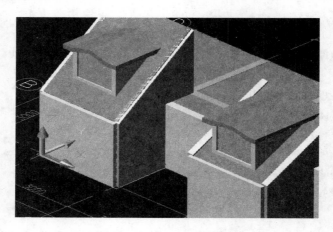布老虎窗 图标，左键点取左边【属性工具栏】中要布置的老虎窗的类型，根据命令行提示，选择相应的斜板，指定插入点（插入点默认为老虎窗下墙的中点），图 4-69 为布好的老虎窗。

图 4-69　布老虎窗

注意：老虎窗的布置一定要用斜板，插入点定位一定要准，后期操作不会随板调整斜度。

（5）开启方向

点击左边中文工具栏中 开启方向 图标，可以更改门窗在墙上的开启方向。

此命令启动后的操作步骤为：命令行提示【请选择门】，左键选取门，可以选中多个门，回车确认，命令行提示"按鼠标左键－改变左右开启方向。按鼠标右键－改变前后开启方向"。单击鼠标左键，改变门的左右开启方向；单击右键，改变门的前后开启方向。

2）案例讲解

在案例的建施图中找到建施 02 为一层平面图，在前面布置好墙体的基础上对一层的门窗进行布置。

（1）门窗的属性定义

窗的属性定义与门相同，因此下面以门为例进行讲述。

进入属性定义——门窗洞口。如图 4-70 所示。

属性中需要修改的参数：

门的名称：（FM1021）：尽量与图纸标注相同，以便后续反查，此项不做强制要求，因与工程量不相关。

截面尺寸（1000 mm×2100 mm）：必须与图纸尺寸相同，因为直接关系到工程量。

套清单：所有门窗根据材质套清单、定额，定义完成后点击【关闭】即可。

注意：为方便核对工程量，可以在项目名称后添加门窗名称与尺寸。

本工程门窗计量单位为既可以用"樘"也可以用"m²"，根据材质类型来划分项目。因为软件默认的单位是"樘"，若采用"m²"需要在套好的对应清单项后的"单位"里修改成"m²"。

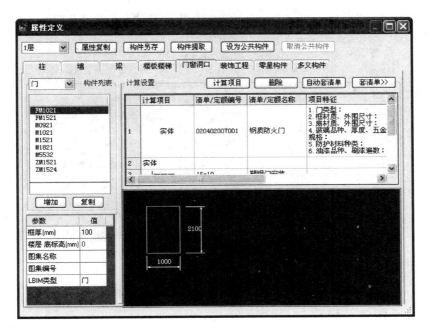

图 4-70 门的属性定义

（2）门窗的布置

门与窗的布置方法一样，以布门（M1524）为例。

首先点击 `□布 门→o` 命令，在命令属性栏中选择 M1524，左键选择需要布置门的墙体，根据图纸尺寸输入门框边到墙中线的边距，右键确定即可完成布置。如图 4-71 所示。

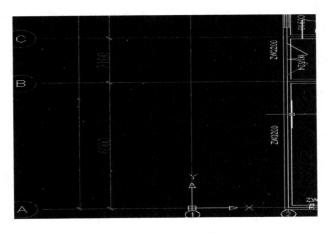

图 4-71 M1524 的布置

根据平面图将其余门窗布置到图形中，如图 4-72 所示，其余各层门窗类似布置。

注意：

① 通常情况下，用户可以随意定位门或窗。

② 参考点只在墙中线上选择，如果不在中线上，命令行提示"请在墙中线上选择参考点"。

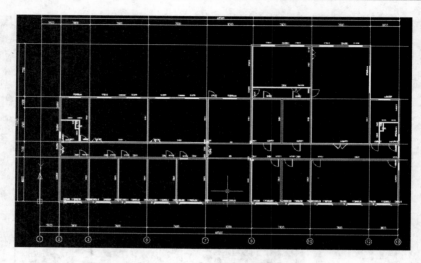

图 4-72 门窗布置图

### 4.2.6 屋面基本操作与案例讲解

1）基本操作

（1）形成轮廓

点击左边中文工具栏中 [形成轮廓] 图标后，命令行提示"请选择包围成屋面轮廓线的墙"，框选包围形成屋面轮廓线的墙体，右键确定；然后命令行再提示"屋面轮廓线的向外偏移量<0>"，输入屋面轮廓线相对墙外边线的外扩量（软件会自动记录上一次形成屋面轮廓线时输入的偏移尺寸，具体体现在命令行中），右键确定，形成坡屋面轮廓线命令结束。

注意：包围形成屋面轮廓线的墙体必须封闭。

（2）绘制轮廓

点击左边中文工具栏中 [绘制轮廓] 图标后，命令行提示"请选择第一点【R-选择参考点】"，左键选取起始点；然后命令行再提示"下一点【A-弧线，U-退回】<回车闭合>"，依次选取下一点，绘制完毕回车闭合，绘制坡屋面轮廓线结束。

（3）单坡屋板

点击左边中文工具栏中 [单坡屋板] 图标后，命令行提示"请选择坡屋面轮廓线"，左键选取一段需要设置的坡屋面轮廓线，右键确定；然后命令行再提示"输入高度"，输入屋面板高度，右键确定；最后命令行提示"输入坡度角：【I-坡度】"，输入屋面板坡度角（输入 I 确定，切换输入坡度），右键确定，软件自动生成单坡屋板，如图 4-73 所示。

（4）双坡屋板

点击左边中文工具栏中 [双坡屋板] 图标，命令行提示"请选择坡屋面轮廓线"，左键选取第一段需要设置的坡屋面轮廓线，右键确定；命令行提示"输入高度"，输入该屋面板高度，右键确定；命令行提示"输入坡度角：【I-坡度】"，输入该屋面板坡度角（输入 I 确定，切换输入坡度），右键确定；命令行提示"请选择坡屋面轮廓线"，左键选取另外一段需要设置的坡屋面轮廓线，右键确定；命令行提示"输入高度"，输入该屋面板高度，右键确定；命令行提示"输入坡度角：【I-坡度】"，输入该屋面板坡度角（输入 I 确定，切换输入坡度），右键确定，软件自动生成双坡屋板,如图 4-74 所示。

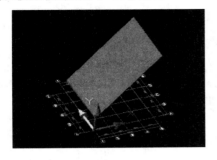

图 4-73  单坡屋板

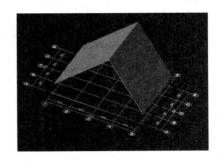

图 4-74  双坡屋板

(5) 多坡屋板

点击左边中文工具栏中 多坡屋板 图标后,命令行提示" 选择对象: ",左键选取需要设置成多坡屋板的坡屋面轮廓线,弹出【坡屋面板边线设置】对话框,如图 4-75 所示。设置好每个边的坡度和坡度角,点击【确定】按钮,软件自动生成多坡屋板,如图 4-76 所示。

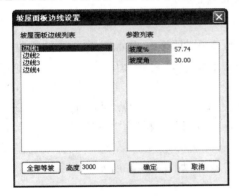

图 4-75  【坡屋面板边线设置】对话框

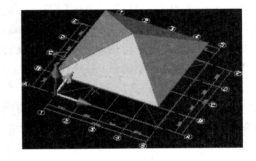

图 4-76  多坡屋板

(6) 布屋面

这里的屋面主要是指屋面的构造层,屋面的结构层可以使用"自动形成板"、"绘制楼板"等命令生成。点击左边工具栏中的 布屋面 命令,弹出如图 4-77 所示对话框,若选择随板生成方式,命令行提示选择板,选择斜板,则生成相应的自动随斜板变斜的屋面,如图 4-78 所示。

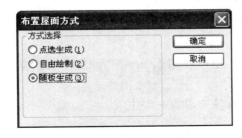

图 4-77  【布置屋面方式】对话框

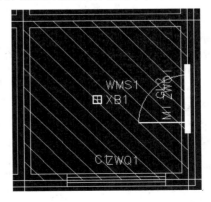

图 4-78  随板生成布屋面

若选择【自由绘制】,则可以依次按墙的边线绘制出屋面,如图 4-79 所示。

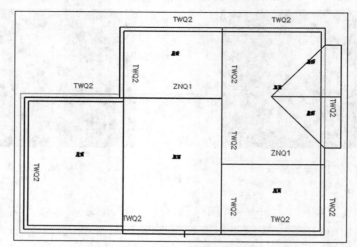

图 4-79　自由绘制屋面

(7) 设置翻边

点击左边中文工具栏中 ![设置翻边] 图标,命令行提示"请选择设置起卷高度的构件",算量平面图形中只显示屋面,其余构件被隐藏,左键选取要设置起卷高度的屋面,被选中屋面的边线变为红色;命令行提示"请选择要设置起卷高度的边",左键框选此屋面要起卷的边,可以多选,选好后回车确认;命令行提示"请输入起卷高度或点选两点获得距离",在命令行输入此边起卷的新的高度值,回车确认;命令不结束,命令行依然提示"请选择要设置起卷高度的边",可以继续选择其他屋面要起卷的边,如不需再选择,直接回车退出设置起卷高度的命令。设置卷起高度的屋面的边上有相应的起卷高度值,如图 4-80 所示。

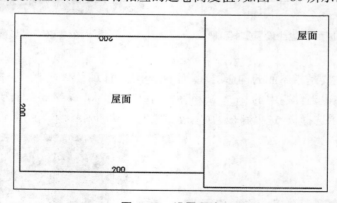

图 4-80　设置翻边

2) 案例讲解

在案例的建施图中找到建施 06、07、08、09,06 为屋顶平面图,07～09 为该综合楼的立面图。

(1) 属性定义

属性定义同"板",参见 4.2.4 节,坡屋面在软件中可以一键生成。

(2) 屋面板的做法

根据图纸分析坡度角(坡度值),我们可知坡度角为 30°。点击 ![形成轮廓 →0] 命令,形成屋面轮廓线,注意设置好正确的屋面偏移量,该偏移量为 500,如图 4-81 所示。

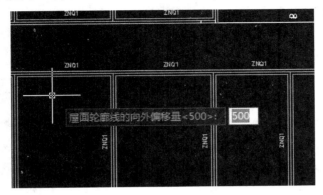

图 4-81　屋面偏移量的设置

　　根据图纸,选择生成双坡屋面或多坡屋面。本工程是多坡屋面,所以点击 多坡屋板 命令,在坡屋面板边线设置对话框里设置好每条边线的坡度值,如图 4-82 所示。点击【确定】即可形成坡屋面,如图 4-83 所示。

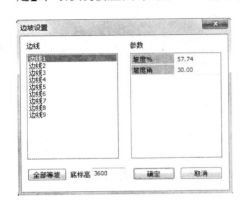

图 4-82　边坡设置

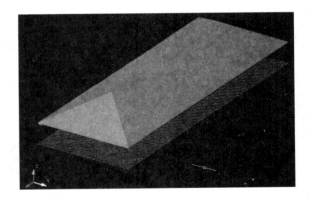

图 4-83　多坡屋面的形成

　　点击 （区域墙柱梁随板顶标高）命令,框选所有墙柱梁板,将坡屋面板下的墙柱梁一次性调整到位,如图 4-84 所示。

图 4-84　区域墙柱梁随板顶标高

### 4.2.7 装饰工程基本操作与案例讲解

1) 基本操作

（1）多房装饰

点击左边中文工具栏中  图标，软件右下弹出浮动对话框如图 4-85 所示，下拉选择楼地面、天棚的生成方式。命令行提示"请选择墙基线"，这时框选需要布装饰的房间的墙基线（可同时框选多个房间的墙基线），右键确定，软件自动在选中的墙基线围成的封闭房间生成装饰。

注意：房间装饰按全国统一的清单计算规则及多数省定额的计算规则，楼地面、天棚的默认布置方式从"按墙中线生成"修改为"按墙内边线生成"。

图 4-85 装饰选项

（2）单房装饰

点击左边中文工具栏中 单房装饰 图标，软件右下弹出浮动对话框如图 4-85 所示，下拉选择楼地面、天棚的生成方式；命令行提示：请点击房间区域内一点，这时在需要布置装饰的房间区域内部点击任意一点，软件自动在该房间生成装饰；可连续布置多个房间，右键退出命令。

注意：位于房间中部的洋红色框形符号 FJS1 为房间的装饰符号，棕红色向上三角符号 表示天棚，土黄色向下三角符号 表示楼地面。指向墙边线的洋红色空心三角符号 、 、 表示墙面、踢脚、墙裙，位于内墙线的内侧；若要修改已布置好的房间装饰，可使用"名称更换"命令，按图纸用已经定义好的房间替换刚生成的房间；房间装饰按全国统一的清单计算规则及多数省定额的计算规则，楼地面、天棚的默认布置方式从"按墙中线生成"修改为"按墙内边线生成"。

（3）布楼地面

点击左边中文工具栏中 布楼地面 图标，弹出对话框，进行布置楼地面方式的选择，如图 4-86 所示。

点选生成：按照提示，首先选择隐藏不需要的线条，然后点击房间边界内某点，以确定楼地面边界。

自由绘制：操作步骤与【绘制楼板】完全相同，适用于没有生成房间的楼地面也需要布置装饰的情况。自由布置的楼地面装饰符号为向下指向的实心三角形 DMS1 ，名称为所选择布置的楼地面装饰名称。

布置门下楼地面：按照提示，选择需要布置的门，确定，在其下自动生成一块自由绘制的楼地面，该楼地面长度等于门宽，宽度等于墙厚，适用于需要加算门下楼地面装饰的情况。

矩形布置：操作方式同"矩形布板"。

（4）布天棚

点击左边中文工具栏中 布天棚 图标，弹出对话框，进行布置天棚方式的选择，如图 4-87 所示。

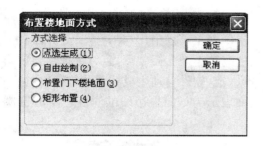

图 4-86 【布置楼地面方式】对话框

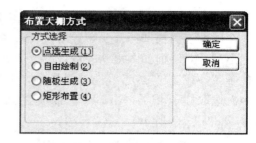

图 4-87 【布置天棚方式】对话框

点选生成:按照提示,首先选择隐藏不需要的线条,然后点击房间边界内某点,以确定楼地面边界。

自由绘制:操作步骤与【绘制楼板】完全相同,适用于没有生成房间的天棚也需要布置装饰的情况。

随板生成:按照提示,首先选择相关的板,命令行提示"是否按外墙外边线分割 Y/N:<N>"。根据需要输入 Y 或 N。注意:在此操作前须先形成外墙外边线,否则无法分割成几块天棚。

矩形布置:操作方式同"矩形布板"。

"布吊顶"的方法同"布天棚"。

(5) 墙面装饰

在属性工具栏选择好要布置的墙装饰名称,点击中文工具栏中 ▐ 墙面装饰 图标,界面右下角弹出浮动对话框,如图 4-88 所示,下拉选择墙裙、踢脚线类型。

命令行提示【选择对象】,左键点选需要布置装饰的墙边线,软件会在该墙线上自动生成所选择的装饰,命令重复,可多次选取墙边线布置,按 Esc 键退出命令。布置的墙装饰表示为指向墙边线的洋红色空心三角符号 ◁ NQS1 ,名称为所选择的墙装饰名称。

注意:内墙面、外墙面、墙裙、踢脚线的基层、面层计算项目现在可以选择"扣混凝土柱(不扣重叠边线)"、"扣梁(不扣重叠边线)"扣减项目。在此扣减规则设置,当墙面装饰和柱边线重叠时,不扣除重叠的装饰,如图 4-89 所示。

图 4-88 【选择墙裙、踢脚线】对话框

图 4-89 扣减规则设置

（6）柱面装饰

在属性工具栏选择好要布置的柱装饰名称，点击中文工具栏中 柱面装饰 图标，界面右下角弹出浮动对话框如图 4-90 所示，下拉选择柱裙、柱踢脚类型。命令行提示"选择需要装饰的柱子："，左键点选或者框选需要装饰的柱子，右键确定，软件自动生成柱子装饰，命令循环可多次选取柱子，Esc 退出命令。布置生成的柱装饰表示为指向柱边线的洋红色空心圆圈符号，如图 4-91 所示。

图 4-90 【选择柱裙、柱踢脚】对话框

图 4-91 柱装饰

（7）绘制装饰

在属性工具栏选择好要绘制的装饰，点击左边中文工具栏中 绘制装饰 图标；命令行提示"第一点【R-选参考点】："，这时点选输入需要绘制装饰的起点（或输入 R 选择参考点）；命令行提示"确定下一点【A-圆弧，U-退回】<回车结束>"，点选绘制装饰的下一点，（或输入 A 绘制圆弧，此时命令行提示"确定圆弧中间一点："，点选圆弧中间一点，再点选圆弧终点），命令提示循环，可连续绘制多段装饰。

绘制好的墙装饰表示为指向绘制装饰线条的洋红色实心三角符号 NQS1 ，名称为所选择的墙装饰名称；绘制好的柱装饰表示为指向绘制装饰线条的洋红色实心圆圈符号 ZMS1 ，名称为所选择的柱装饰名称。

注意：本命令仅支持外墙面、内墙面和柱面装饰的自由绘制；自由绘制的装饰将使用本身的属性信息，不会读取其所处位置的墙体或柱构件的信息。

提示："布保温层"、"绘制保温"方法同"绘制装饰"。

（8）外墙装饰

点击左边中文工具栏中 外墙装饰 图标，出现如图 4-92 所示的对话框。

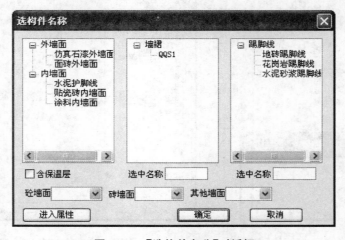

图 4-92 【选构件名称】对话框

在这里选择外墙装饰的墙面、墙裙和踢脚的名称即可,点击【进入属性】按钮,可进入属性定义界面修改装饰的属性定义。点击【确定】按钮,软件自动搜索外墙外边线并生成外墙装饰。生成的外墙装饰表示为指向墙边线的洋红色空心三角符号 ，名称为所选择的外墙装饰名称。

注意:生成外墙装饰的操作必须在形成或绘制完外墙外边线后才能进行;外墙面与内墙面的计算规则是不一样的,外墙装饰应该选用外墙面的内容。

提示:外墙保温布置方式同"外墙装饰"。

(9) 符号移动

点击左边中文工具栏中 符号移动 图标后,命令行提示"选择需要调整的楼板或者房间符号位置:",鼠标左键选取需调整位置的房间的符号。然后命令行再提示"移动到:",鼠标左键在目的地单击一下,即任务完成。

(10) 刷新装饰

点击左边中文工具栏中 刷新装饰 图标,软件自动处理那些脱离了原先所依附墙体、柱体的装饰,将它们转化成自由绘制的装饰,符号由原来的空心转变为实心。

(11) 生成立面

主体构件绘制完成后,可根据主体构件生成外墙立面装饰。支持的主体构件有:混凝土外墙、混凝土内墙、砖外墙、砖内墙、电梯井墙;框架梁、独立梁、次梁、圈梁;混凝土柱、砖柱等。

点击左边中文工具栏中 生成立面 图标,弹出如图 4-93 所示的对话框。可以选择楼层生成立面装饰,并可以在柱面生成规则、梁面生成规则中选择生成柱面、梁面装饰的条件,在生成洞口构件中可以选上需要扣除的构件。

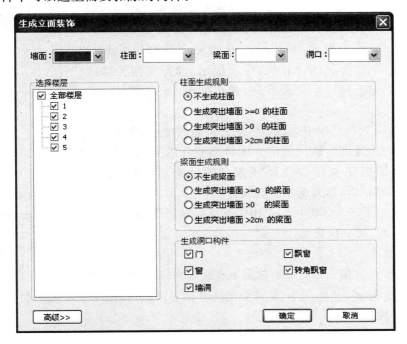

**图 4-93 【生成立面装饰】对话框**

点击 <u>高级>></u> 按钮,可在图4-93中选择生成墙、柱、梁、板实体,辅助查看、绘制三维外墙立面装饰,能生成构件实体的前提是该构件符合上述生成立面装饰所设置的条件。

在生成立面之后,立面装饰将单独形成一张DWG图纸,在楼层选择中会增加一个"立面装饰层"可供选择,如图4-94所示,这个楼层在工程设置中是没有的。

当在立面装饰层时,中文工具栏中只显示如图4-95所示的命令,可以对立面装饰构件进行编辑。

提示:软件新增"工作面状态",在工作面状态下,可以直接修改三维状况下的立面装饰和立面洞口。

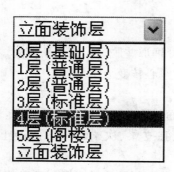

图4-94 选择立面装饰层

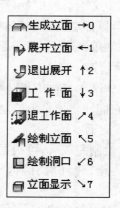

图4-95 立面装饰构件编辑命令

(12)展开立面

展开立面功能可使三维立面装饰以展开平面状态显示,在展开平面状态下可使用平面操作方式绘制和修改立面装饰。点击 <u>展开立面</u> 命令,根据命令行提示,选择立面装饰展开起始点,左键选择一个立面装饰,同时命令行提示,选择立面装饰展开终止点,再左键选择一个立面装饰,弹出如图4-96所示的对话框。

在图4-96所示对话框中选择需要展开立面的楼层,默认按逆时针方向展开,点击【确定】后,指定立面装饰展开的插入点即可,所选立面装饰根据插入点自动展开成平面状态,同时弹出如图4-97所示的对话框,即要退出立面展开的状态。如果要保存修改过的立面装饰,点击"√"即可。退出展开立面状态后,修改的立面装饰可返回至三维立面状态。

图4-96 【立面装饰展开】对话框

(13)工作面

工作面可以支持在三维显示的状态下直接编辑修改立面装饰或立面洞口。点击 <u>工作面</u> 命令,软件弹出工作面对话框,如图4-98所示,命令行提示选择线,左键点选一根轴线。

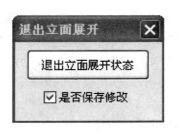

图 4-97　退出立面展开的状态

图 4-98　选择工作面

选线创造：工作面状态下，选择图形中任意一根轴线，图形中会显示三维的立面坐标，如图 4-99 所示。可以直接用绘制装饰或绘制洞口的方式布置其装饰。

三点创造：工作面状态下，选择任意能确定一个平面的三点，生成一个三维坐标，如图 4-100 所示。直接用绘制装饰或绘制洞口的方式布置其装饰即可，同选线创造。

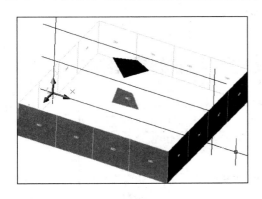

图 4-99　选线创造

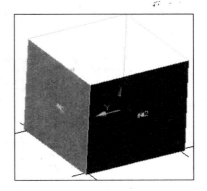

图 4-100　三点创造

（14）绘制立面

该命令是在里面装饰展开之后在展开面上进行装饰的绘制。选择 绘制立面 命令，弹出【绘制方式】对话框，如图 4-101 所示。自由绘制：与其他命令中的自由绘制方法相同。矩形绘制：与其他命令中的矩形绘制方法相同。"绘制洞口"方式与"绘制立面"相同，该命令用于扣减立面装饰。

（15）立面显示

点击【立面显示】，弹出【立面显示模式】选择对话框，如图 4-102 所示，用户可以自主选择立面显示模式。

图 4-101　【绘制方式】对话框

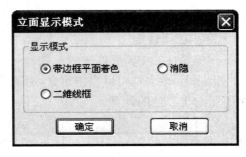

图 4-102　【立面显示模式】对话框

2）案例讲解

主体构件建模完成后,装饰部分就显得非常简单了。在鲁班软件中提供了单房间装饰和区域房间装饰两种布置房间的方法。位于房间中部的洋红色框形符号 ⊠ FJS1 为房间的装饰符号,棕红色的向上三角符号 ⊠ 表示天棚,土黄色的向下三角符号 ⊠ 表示楼地面。指向墙边线的洋红色空心三角符号 ▽ 表示墙面、踢脚、墙裙,位于内墙线的内侧。

（1）装饰工程的属性定义

根据建筑说明中的各房间部位装饰的做法,对装饰属性进行定义。

① 楼地面属性定义

楼地面属性栏中需要修改的参数:

楼地面名称:名称可以自主定义,为了后期布置方便,最好与工程中的装饰名称一致。名称不影响工程量的计算。

套清单:由于清单项目中名称比较笼统,一般可以在套好的清单项目名称后面加个括号标注,比如 020102002004 块料楼地面（防滑地砖地面）。

另外几种地面做法的属性定义也是一样的,如图 4-103 所示。

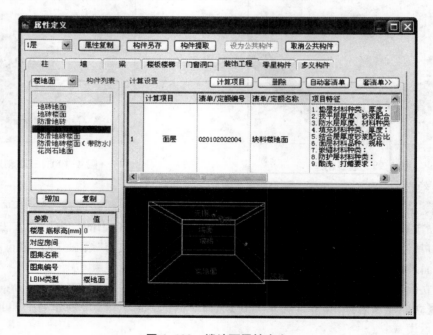

图 4-103　楼地面属性定义

② 天棚属性定义

天棚属性栏中需要修改的参数:

天棚名称:名称可以自主定义,为了后期布置方便,最好与工程中的装饰名称一致。名称不影响工程量的计算。

套清单:由于清单项目中名称比较笼统,一般可以在套好的清单项目名称后面加个括号标注,比如 020301001001 天棚抹灰（乳胶漆平顶）。

另外几种地面做法的属性定义也是一样的,如图 4-104 所示。

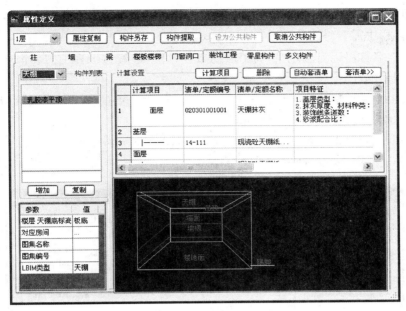

图 4-104　天棚属性定义

③ 内墙面属性定义

内墙面属性栏中需要修改的参数：

内墙面名称：名称可以自主定义，为了后期布置方便，最好与工程中的装饰名称一致。名称不影响工程量的计算。

套清单：由于清单项目中名称比较笼统，一般可以在套好的清单项目名称后面加个括号标注，比如 020506001001 抹灰面油漆（涂料内墙面）。

另外几种地面做法的属性定义也是一样的，如图 4-105 所示。

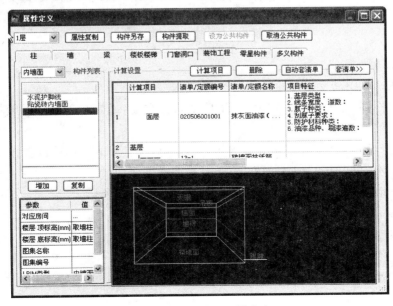

图 4-105　内墙面属性定义

④ 踢脚属性定义

踢脚属性栏中需要修改的参数:

踢脚名称:名称可以自主定义,为了后期布置方便,最好与工程中的装饰名称一致。名称不影响工程量的计算。

套清单:由于清单项目中名称比较笼统,一般可以在套好的清单项目名称后面加个括号标注,比如 020105001001 水泥砂浆踢脚线。

高度:根据说明要求设置高度(水泥砂浆踢脚线高 150 mm)。

另外几种地面做法的属性定义也是一样的,如图 4-106 所示。

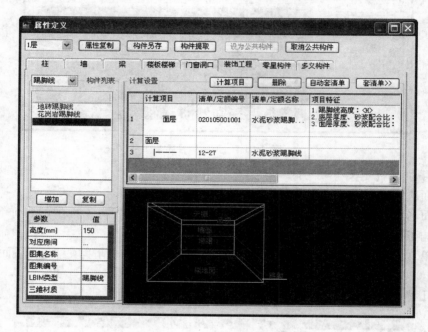

**图 4-106 踢脚属性定义**

⑤ 外墙面属性定义

外墙面属性栏中需要修改的参数:

外墙面名称:名称可以自主定义,为了后期布置方便,最好与工程中的装饰名称一致。名称不影响工程量的计算。

套清单:由于清单项目中名称比较笼统,一般可以在套好的清单项目名称后面加个括号标注,比如 02040506001002 抹灰面油漆(仿真石漆外墙面)。

另外几种地面做法的属性定义也是一样的,如图 4-107 所示。

⑥ 外墙保温的属性定义

保温层属性栏中需要修改的参数:

保温层名称:名称可以自主定义,为了后期布置方便,最好与工程中的装饰名称一致。名称不影响工程量的计算。

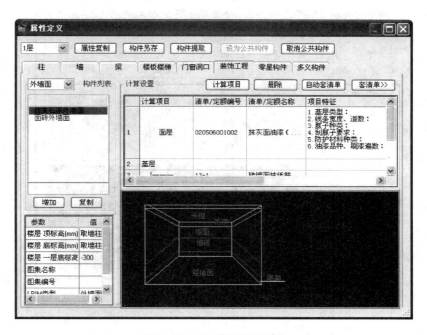

**图 4-107　外墙面属性定义**

套清单——如 010803003001 保温隔热墙,如图 4-108 所示。

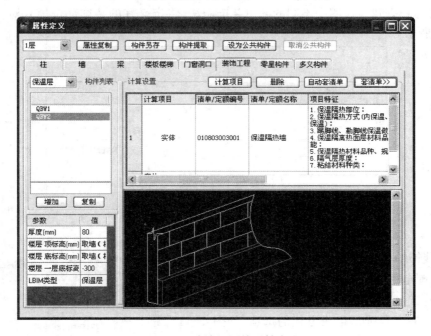

**图 4-108　外墙保温的属性定义**

⑦ 房间的属性定义

根据建筑平面图中每个房间的名称及说明中每个房间的装饰做法定义房间的属性,如图 4-109 所示。

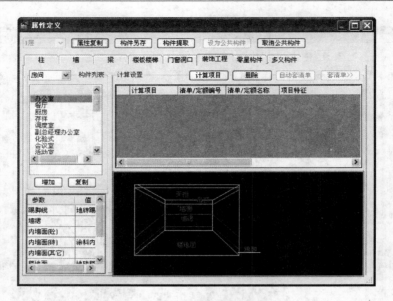

图 4-109　房间的属性定义

房间属性栏中需要修改的参数：

外墙面名称：名称按照图纸实际房间名称来定义。一般如果装饰做法一致的房间只需要定义一个即可。如卧室、起居室的做法一致，那么只定义一个卧室。

套做法：根据建筑说明中不同的部位装饰做法，将定义好的装饰部位填入对应房间，如图 4-110 所示。

| | | 1 | 防滑地砖地面〈带防水层〉 | 卫生间 |
|---|---|---|---|---|
| 三 | 地面 | 2 | 花岗石地面 | 办公楼门厅、走廊 |
| | | 3 | 地砖地面 | 其他房间、楼梯〈用防滑地砖〉 |
| 四 | 楼面 | 1 | 防滑地砖楼面〈带防水层〉 | 卫生间 |
| | | 2 | 地砖楼面 | 走廊、房间、楼梯〈用防滑地砖〉 |
| 五 | 屋面 | 1 | 高分子卷材防水〈不上人〉保温屋面 | 具体位置详见立面图 |

图 4-110　套做法

（2）装饰的布置

① 以配电室的装饰为例，讲解房间的装饰布置。

首先点击 ⊡ 单房装饰 ←1 命令，选择要布置的房间（配电室）。右下角弹出生成方式的选项，如图 4-111 所示。选择好合适的生成方式（按软件默认即可）后，在需要布置的房间内点击一下左键即可。软件自动根据房间形状生成设置好的装饰，如图 4-112 所示。

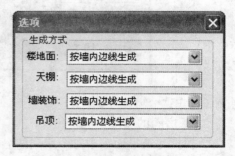

图 4-111　生成方式选项

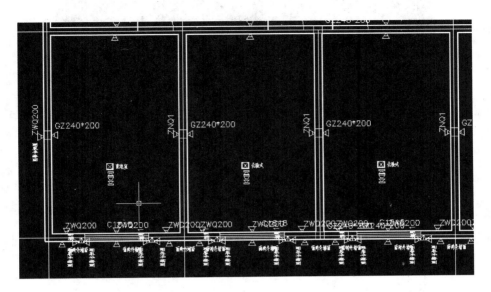

图 4-112　配电室装饰布置

根据平面图要求将装饰布置到图形中即可,如图 4-113 所示。

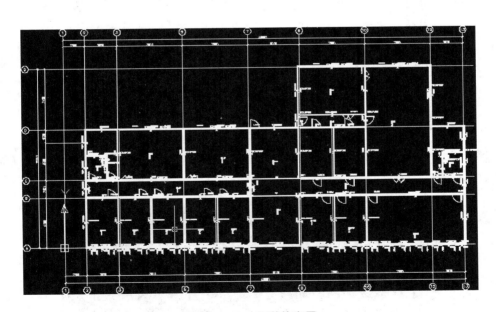

图 4-113　一层装饰布置

② 外墙装饰的布置

a. 外墙保温的布置

首先点击墙体命令里的 形成外边 命令,将外墙外边线形成完毕。选择装饰命令里的 外墙保温 命令,软件自动根据外墙外边线布置外保温,如图 4-114 所示。

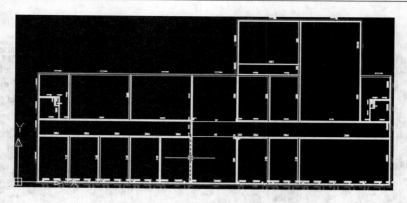

**图 4-114　布置外墙保温**

b. 外墙装饰的布置

首先点击 外墙装饰 命令，软件自动弹出外墙装饰的设置框，如图 4-115 所示。

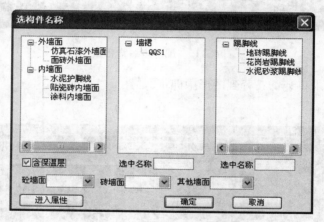

**图 4-115　外墙装饰的设置框**

注意要勾选上【含保温层】选项，让外墙涂料布置在保温外侧。点击【确定】即可布置完成，如图 4-116 所示。

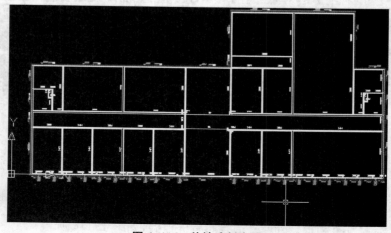

**图 4-116　外墙涂料布置**

局部部位零星装饰可采用单独布天棚、楼地面、墙面的方法来进行操作；门下楼地面执行【布楼地面】命令，在弹出的对话框中选择【布置门下楼地面】，单击【确定】，属性工具栏中选择相应的楼地面，鼠标在绘图区域选择所有符合要求的门，确认即可。需要注意的是，在定义门下楼地面装饰属性时，计算规则扣减项目中选择不扣主墙。

### 4.2.8　零星构件基本操作与案例讲解

1）基本操作

（1）墙布挑件

本命令 墙布挑件 主要是用于在墙上布置阳台、雨棚和空调板等出挑构件，且出挑件必须是已经预定义好断面形式的。

① 出挑构件

出挑件的形状并不都是矩形或正方形，因此需要时要自定义出挑件断面。执行下拉菜单中【属性】→【自定义断面】命令，弹出如图 4-117 所示的对话框。

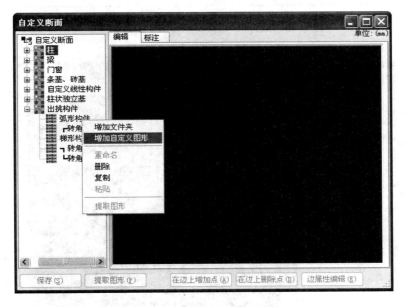

**图 4-117　【自定义断面】对话框**

鼠标左键点击【出挑构件】前面的"＋"展开符号，软件默认设置好的出挑件就会显示出来，点击鼠标右键，出现右键菜单，选择"增加自定义图形"，如图 4-117 所示。软件会自动增加一个有四个节点的图形，假如我们要布置的出挑件的边有 8 个，这时需要增加节点，左键点击【在边上增加点】按钮，依次增加四个点，如图 4-118 所示。

点击一下【编辑】按钮，图形中间会出现一个蓝色夹点，如图 4-118 所示，这是定位点，将光标放到黄色夹点内，光标变为"十"字形，按住鼠标左键拖动黄色夹点，大致拖出断面的形状，并将蓝色定位点与转角点重合，如图 4-119 所示。点击一下【标注】按钮，输入各边的尺寸，再点击一下【编辑】按钮，回到编辑状态。

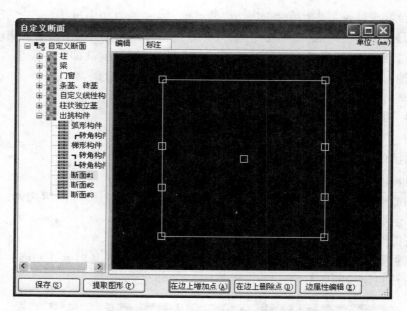

图 4-118　出挑件增加自定义图形的节点设置

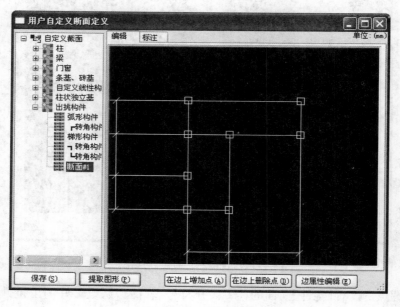

图 4-119　编辑断面

点击一下【边属性编辑】按钮,出现一个方框,方框放到哪条边上,这条边变为黄颜色,左键点击一下,出现如图 4-120 所示的对话框,对各边属性进行编辑设置,编辑完的图形见图 4-121 所示。点击一下【保存】按钮,即完成自定义断面设置。

注意:如果某条边为弧形,可以按"半径"、"拱高"、"角度"输入相关尺寸;如果边类型选择为靠墙,则表示没有栏板或栏杆。

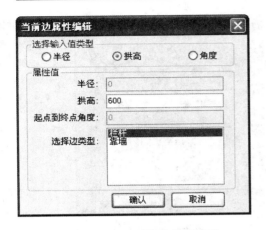

**图4-120　各边属性的编辑设置**　　　　**图4-121　自定义断面设置**

② 布置自定义出挑件

点击左边中文工具栏 [墙布挑件] 命令,命令行提示"请选择墙中线(墙边线):",点选需要布置出挑件的墙中线或墙边线;然后弹出如图4-122所示的对话框,选择定义好的"断面#1",确定,鼠标左键在墙线上选取点,以确定在墙线上的出挑位置。

注意:出挑方向跟随光标在墙线两侧动态显示,在墙线的哪一侧点击就向哪一侧出挑;有时出挑件的布置与墙绘制时的顺序有关,如果出现旋转不正确等情况,可以试着选择另外的相邻墙体来布置,布置好的自定义出挑件如图4-123所示。

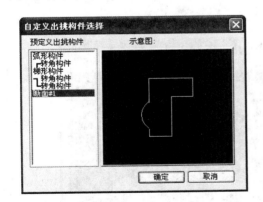

**图4-122　选择定义好的"断面#1"**

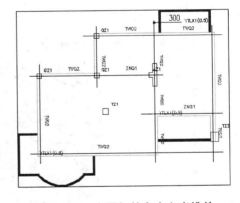

**图4-123　布置好的自定义出挑件**

(2) 绘制挑件

本命令支持在图上直接绘制出挑件。点击左边中文工具栏中 [绘制挑件] 图标,命令行提示"请选择插入点:",点击确定出挑件的插入点;命令行提示"确定下一点【A-圆弧,U-退回】<回车闭合>:",连续绘制出挑件的边线,右键确定自动闭合;命令行提示"请设置靠墙边:"点选或框选靠墙边,右键确定;命令行提示:"指定旋转角度,或【复制(C)/参照(R)】<0>:",输入旋转角度,确定,自由布置出挑件完毕。

(3) 布台阶

点击左边中文工具栏"零星构件"中 [布台阶] 图标,布置方法与"布楼梯"完全相同。台阶断面如图4-124所示。

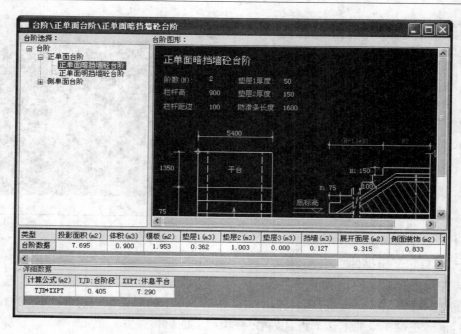

图 4-124　台阶断面设置

（4）布坡道

点击零星构件里面的 [布坡道] 图标,选择插入点,方法类似于布楼梯。坡道断面如图 4-125 所示。

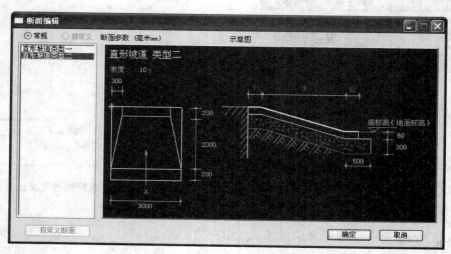

图 4-125　坡道断面设置

（5）布散水

此命令主要用于布置一层外墙处的散水,可以在属性定义中事先定义好散水的属性,参见属性定义——散水。

① 自动生成散水

点击左边中文工具栏中 [布散水] 图标,弹出【请选择布置散水方式】对话框,如图 4-126

所示,选择【自动生成】,软件则会自动寻找形成最大封闭区域的外墙外边线并沿其自动生成散水。

② 自由绘制散水

点击左边中文工具栏中 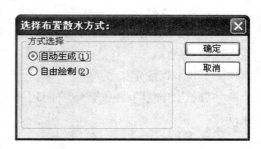 图标,弹出【请选择布置散水方式】对话框,如图 4-126 所示,选择【自由绘制】,确定。命令行提示"请选择第一点【R-选择参考点】:",点选绘制散水起点;命令行再提示"下一点【A-弧线,U-退回】:",按照图纸绘制散水;右键确定,软件自动沿绘制路径生成散水,命令循环,按 ESC 键退出。

图 4-126　布置散水方式

注意:自动生成或自由绘制的散水是一个整体,因此删除其中的某一段,整个散水将被删除。"布檐沟"方法与"自由绘制散水"完全相同,"布地沟"方法与"布散水"完全相同。

(6) 形成面积

点击左边中文工具栏中 形成面积 图标,启动此命令后图形中会自动根据外墙的外边线形成图形的墙外包线,形成后可以使用【构件显示】命令查看墙外包线形成情况。

注意:此命令主要是为简便计算建筑面积而设置的,计算建筑面积之前均要形成墙外包线;通过鼠标拖动夹点后,软件将其视为非软件自动形成的建筑面积,再次使用该命令后,将会重新生成另一块建筑面积。

(7) 绘制面积

点击左边中文工具栏中 绘制面积 图标,命令行提示"请选择建筑面积的第一点【R-选择参考点】:",左键选取起始点;命令行提示"下一点【A-弧线,U-退回】<回车闭合>",依次选取下一点,绘制完毕回车闭合,自由绘制建筑面积结束。

注意:此建筑面积非软件自动形成的建筑面积,使用形成建筑面积命令后,将会重新生成另一块建筑面积。

(8) 标准构件

【标准构件】命令可以将任意构件组合成一个标准构件,并且可以在任一层布置已定义好的标准构件。

在零星构件下点击【标准构件】命令,弹出如图 4-127 所示的对话框,点击【新增】,定义标准构件的名称,然后点击【提取图形】,框选要提取为标准构件的图形即可。

提取完之后,如果在任一层要布置该标准构件,那么点击标准构件命令,弹出如图 4-128 所示对话框,点击【布置】按钮即可布置该标准构件。

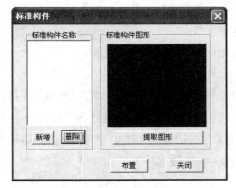

图 4-127　新增标准构件

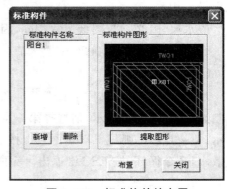

图 4-128　标准构件的布置

2）案例讲解

在案例的建施图中找到建施图 01—总说明、建施图 02——层平面图。

（1）布散水

① 散水属性定义

根据建筑说明在一层外墙周边布置散水的做法，对散水属性进行定义，如图 4-129 所示。

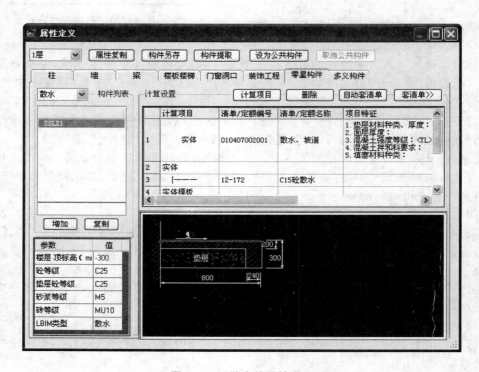

图 4-129　散水的属性定义

属性中需要修改的参数：

散水的名称：（SSLX1）：尽量与图纸标注相同，以便后续反查，此项不做强制要求，因与工程量不相关。

散水尺寸：必须与图纸尺寸相同，因为直接关系到工程量。

套清单：套 010407002001 散水清单、定额，定义完成后点击【关闭】即可。

② 散水的布置

点击左边中文工具栏中 布散水 图标，弹出【请选择布置散水方式】对话框，选择【自由绘制】，确定；命令行提示"请选择第一点【R-选择参考点】："，点选绘制散水起点；命令行再提示"下一点【A-弧线，U-退回】："，按照图纸绘制散水；右键确定，软件自动沿绘制路径生成散水，命令循环，按 ESC 键退出。完成后如图 4-130 中的散水所示。

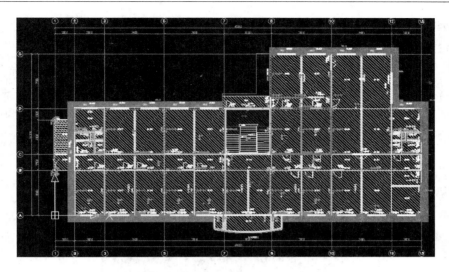

图 4-130　带散水的一层平面图

（2）布台阶

① 台阶属性定义

根据建筑说明台阶的做法，对台阶属性进行定义，如图 4-131 所示。

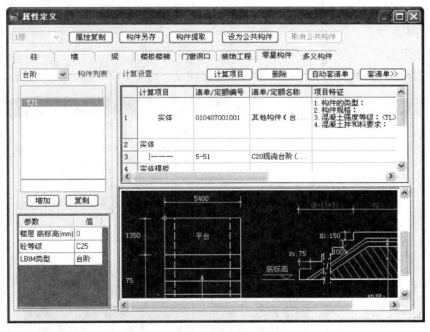

图 4-131　台阶的属性定义

属性中需要修改的参数：

台阶的名称：（TJ1）：尽量与图纸标注相同，以便后续反查，此项不做强制要求，因与工程量不相关。

细部尺寸：必须与图纸尺寸相同——一对应输入，输入方式同楼梯。

套清单：套 010407001001 台阶清单、定额,定义完成后点击【关闭】即可。

② 台阶的布置

点击左边中文工具栏【零星构件】中 [⊕布台阶] 图标,选择定义好的台阶,根据命令行提示输入(指定)插入点即可,如图 4-132 所示。

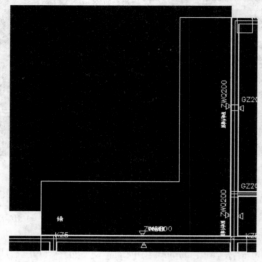

**图 4-132　台阶**

（3）布雨篷

① 属性定义

根据建筑说明雨篷的做法,对雨篷属性进行定义,如图 4-133 所示。

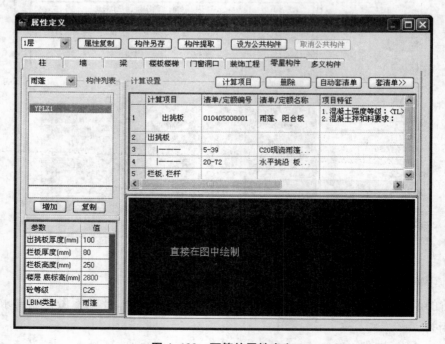

**图 4-133　雨篷的属性定义**

属性中需要修改的参数：

雨篷的名称：(YPL1)：尽量与图纸标注相同，以便后续反查，此项不做强制要求，因与工程量不相关。

细部尺寸：必须与图纸尺寸相同，因为直接关系到工程量。

套清单：套 010405008001 雨篷清单、定额，定义完成后点击【关闭】即可。

② 雨篷的布置

点击左边中文工具栏 墙布挑件 命令，命令行提示“请选择墙中线(墙边线)：”，点选需要布置雨篷的墙中线或墙边线；然后弹出对话框，选择定义好的“断面＃1”，确定，鼠标左键在墙线上选取点，以确定在墙线上的出挑位置。完成后如图 4-134 所示。

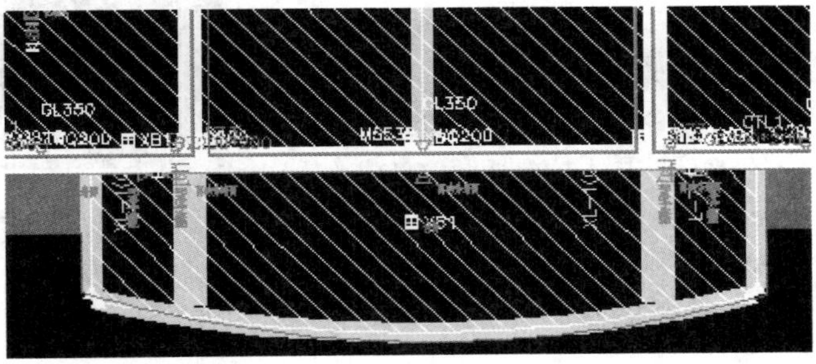


**图 4-134　雨篷**

(4) 素混凝土止水坎

① 属性定义

根据结构说明里的要求，厨房(卫生间)的墙身位置均设置同墙宽、同楼板混凝土强度等级的素混凝土翻边高 200 mm，可以用圈梁构件来布置，如图 4-135 所示。

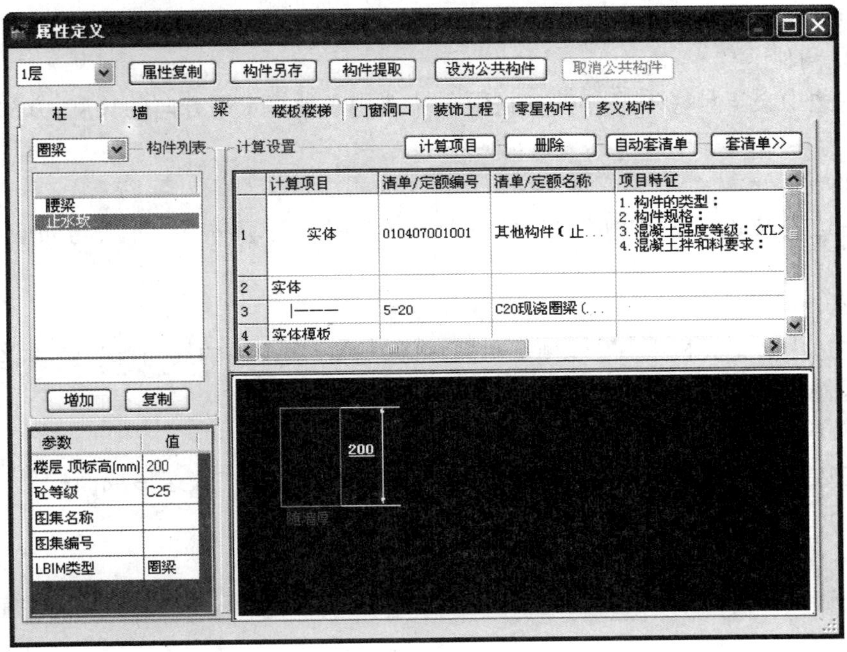


**图 4-135　止水坎的属性定义**

止水坎（圈梁代替）属性栏中需要修改的参数：

名称：名称可以自主定义，为了方便审图以及核查工程量，推荐明确标注止水坎的名称，名称不影响工程量的计算。

顶标高：根据工程说明中的高度，将圈梁顶标高设置成 200。

尺寸高度：将梁高度设置成 200，宽度默认是随墙厚的。

套清单：010407001001　其他构件（止水坎，C25 混凝土）。

② 素混凝土止水坎的布置

首先点击 |圖布 圈 梁 ﾍ5| 命令，选择定义好的圈梁。选择厨房（卫生间）位置的墙体，点击右键即可完成布置，如图 4-136 所示。

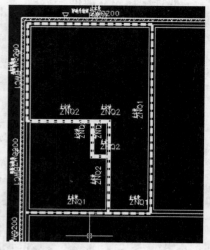

图 4-136　止水坎的布置

## 4.2.9　多义构件基本操作

多义构件是用来代替那些复杂的但计算却很简单的构件的。例如：罗马柱，并不需要计算混凝土，但是却需要统计出个数，那么只要用点构件代替就可以了；很复杂的台阶，但只需要计算出投影面积就可以了，那么可以布置一个面构件来代替即可。

1）布点构件

点击左边中文工具栏中 |· 布点构件| 图标，主要用于计算个数：左键选取实体点的插入点；命令不结束，继续选择，回车结束命令。

2）布线构件

点击左边中文工具栏中 |— 布线构件| 图标，主要用于计算水平方向的长度，方法与布散水完全相同。

3）布体构件

点击左边中文工具栏中 |圖布体构件| 图标，主要用于计算体积，方法与布点构件完全相同。

4）变线构件

点击左边中文工具栏中 |— 变线构件| 图标，可将 CAD 图形中的线（直线、弧线、多段线）直接变成线构件，方法与线段变墙完全相同。

5）变面构件

点击左边中文工具栏中 |圖变面构件| 图标，可通过点选的方式快速形成面构件，方法与布楼地面—点选生成相同。

6）布体构件

点击左边中文工具栏中 |圖布体构件| 图标，主要用于计算体积，方法与布点构件完全相同。

7）变面构件

点击左边中文工具栏中 ▢变面构件 图标，可通过点选的方式快速形成面构件，方法与布楼地面—点选生成相同。

### 4.2.10    基础工程基本操作与案例讲解

1）基本操作

（1）桩基础

点击左边中文工具栏中 ▯桩基础 图标，用于布置其他桩基和挖孔桩，方法与布置独基完全相同。

注意：桩基暂不支持三维显示；其他桩和挖孔桩合并为"桩基础"，可以在属性工具栏选择桩基类型。

（2）独立基础

点击左边中文工具栏中 ▯独立基础 图标，用于绘制独立基础、承台。点击图标后自动弹出【选择布置方式】对话框，如图 4-137 所示有三种方式可选择：

图中选择柱：如果独基、承台上有柱，可以在图中选相关的柱。

输入柱名称：输入要布置的独基、承台上的柱的名称，软件会自动布置上独基、承台。

选择插入点：如果要布置的独基、承台上没有柱，直接由相应的点来确定其位置。

软件默认为"图中选择柱"，点击【确定】，选择图中相应的柱，可以选择一个柱，也可以选择多个柱，选择好后，回车确认，软件自动布置好独基。

注意：暗柱上布置独基只能选用"选择插入点"的方式。

布置的独基（灰色）的三维图形如图 4-138 所示；柱状独立基新增自由设置顶、底标高的功能。

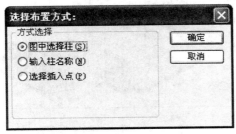

图 4-137    独立基础布置方式

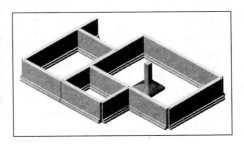

图 4-138    独立基础三维图

（3）条形基础

点击左边中文工具栏中 ▯条形基础 图标，用于绘制条形基础。

① 混凝土条基

点击条形基础命令，在属性工具栏选择混凝土条基。左键选取布置条基的墙名称，也可以左键框选，选中的墙体变虚，回车确认；条基会自动布置在墙体上，再根据实际情况，使用【构件名称更换】命令更换不同的条基。布置的条基（灰色）的三维图形如图 4-139 所示。

② 砖石条基

点击条形基础命令，在属性工具栏选择砖石条基。左键选取布置砖基的墙的名称，也可以左键框选,选中的墙体变虚,回车确认;砖基会自动布置在墙体上,再根据实际情况,使用【名称更换】命令更换不同的砖基。布置的砖基(青色)的三维图形如图 4-140 所示。

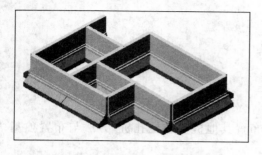

图 4-139　混凝土条基三维图形

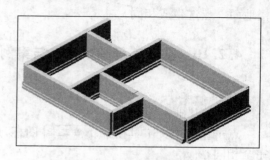

图 4-140　砖基的三维图形

（4）满堂基础

点击左边中文工具栏中 满堂基础 图标。自动弹出【请选择布置满基方式】对话框,如图 4-141 所示。有四种选择方式:

自动形成:从墙体的中心线向外偏移一定距离后自动形成满堂基础。方法:软件提示"请选择包围成满基的墙"时,回车确认;软件提示"满堂基础的向外偏移量＜120＞"时,输入数值,回车确认。

自由绘制:按照确定的满堂基础各个边界点,依次绘制。方法:与布置板——自由绘制方法完全相同。

选择【自由绘制】这种方式,依次捕捉交点,最后一点回车闭合。布置的满堂基础(粉色)的三维图形如图 4-142 所示。

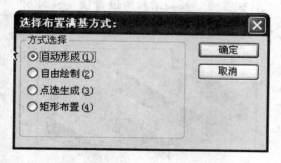

图 4-141　布满基方式

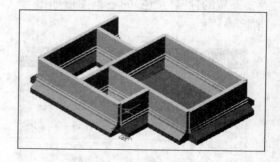

图 4-142　满堂基础三维图形

提示:满堂基础软件新增自主设置顶、底标高的功能。

（5）设置边界

点击左边中文工具栏中 设置边界 图标,主要是针对有些满堂基础的边界成梯形或三角形状,或相邻的满堂基础有高差而需要底边变大放坡。

首先,图形中除满堂基础,其他构件被隐藏掉,左键选取要设置放坡的满基;被选择的满堂基础变为红色,左键选取要设置放坡的边,可以选择多条边,回车确认;弹出【定义满基边界形式】对话框,如图 4-143 所示。

图 4-143　【定义满基边界形式】对话框

界面中的【添加】按钮：表示在"已定义的满基边界形式"中增加一个"放坡"。

【修改】按钮：表示修改在"已定义的满基边界形式"所选中的放坡/无放坡的名称。

【删除】按钮：表示删除在"已定义的满基边界形式"所选中的放坡/无放坡。

点击【添加】，添加"放坡"形式，输入 a、b 值，如图 4-144 所示；设置好的满堂基础放坡的三维图形如图 4-145 所示。

图 4-144　添加"放坡"形式

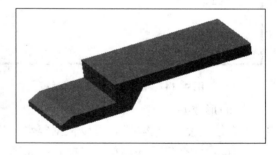

图 4-145　满堂基础放坡的三维图形

（6）设置土坡

点击左边中文工具栏中 设置土坡 图标。图形中除满堂基以外的其他构件被隐藏，只显示满堂基础，左键选择要设置土方放坡的满堂基础；被选择的满堂基础变为红色，左键选择要设置放坡的边，可选择多条边，回车确认；弹出【土方放坡】对话框，如图 4-146 所示，将 放坡随属性 的"√"去掉，就可在"土方工作面宽度"和"土方放坡系数"中设置相应的参数了。那么之前没有选择的边的土方放坡随满基属性定义挖土方附件尺寸中的设置。该命令可以对满堂

图 4-146　设置土坡

基设置土方放坡，当遇到满堂基几条边土方放坡系数不同或者只有几条边需要设置土方放坡时，可以单独对其进行设置。

注意：该命令只能用于满堂基的土方放坡。

（7）集水井

点击左边中文工具栏中 〔集水井〕 图标，用于绘制集水井、电梯井等。命令行提示"输入插入点（中心点）："，直接用鼠标左键选取井的插入点；命令行提示"输入旋转角度："，直接输入角度，回车确认即可。

注意：构件"井"是不能三维显示的。

（8）布置井坑

首先在属性定义中设置坑深，点击 〔布置井坑〕 图标，出现如图 4-147 所示【选择坑类型】对话框，选择异型可以自由绘制。

然后根据 CAD 图形自由绘制集水井坑构件，该构件可生成三维实体，如图 4-148 所示。井坑的顶标高自动根据所在满基的顶标高确定，当井坑在斜满基或多个满基上时，取标高最高点为其顶标高。

注意：当井坑不在满基范围内时，不形成井坑实体。

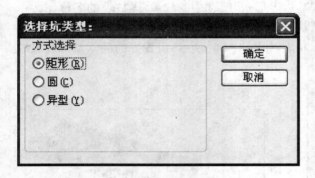

图 4-147 【选择坑类型】对话框

图 4-148 集水井坑三维实体

（9）形成井

在绘制完井坑构件后，可以根据集水井的剖面图来设置集水井。

点击 〔形成井〕 图标，左键选择需形成集水井的井坑，出现如图 4-149 所示的【边坡设置】对话框。选择相应的边线，图中井坑对应的边线高亮显示，并可以设置其参数值，如图 4-150 所示。

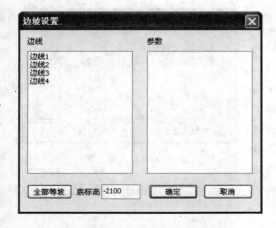

图 4-149 【边坡设置】对话框

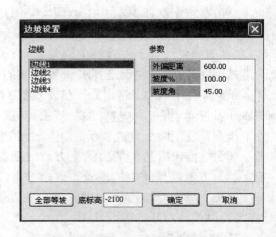

图 4-150 边线参数设置

外偏距离:是指井坑该边距集水井底边的水平距离。

坡度%:集水井该边的放坡系数。

坡度角:集水井该边的坡度角。

底标高:集水井的底标高。

以上参数值均可根据集水井的剖面图来确定。

注意:集水井的底标高设置不能超过所在满堂基的底标高;设置的集水井的底边不能超出满堂基的边线。

（10）绘制井

除了自动形成井外还可以自由绘制井。点击 绘制井 图标,可根据集水井剖面图进行自由绘制,绘制完成后,同样出现如图 4-150 所示对话框,操作同"形成井"。

（11）设置边坡

该命令可用于对集水井边的参数进行修改设置。在用形成井或绘制井命令完成对集水井的布置和设置后,如果发现之前的参数值设置有误,可重新进行修改设置。

点击 设置边坡 图标,根据命令行提示,左键选择需修改设置的实体集水井构件,再次弹出如图 4-150 所示对话框,可对每边参数重新进行设置。

2）案例讲解

案例的结施图 04 是基础平面布置图,该基础平面图中有 10 种不同尺寸的独立基础。

（1）独立基础属性定义

由 S3027－653－结施 04 可知,独立基础分为 J－1（3800 mm×3800 mm）,J－2（3900 mm×3900 mm）,J－3（2000 mm×2000 mm）,J－4（4300 mm×6700 mm）,J－5（2200 mm×2600 mm）,J－6（2500 mm×3000 mm）,J－7（1500 mm×2900 mm）,J－8（2400 mm×2400 mm）,J－9（3600 mm×6000 mm）,底标高－3.000 m。下面以独立基础（J－1）为例讲解基础的属性定义,进入【属性定义】,如图 4-151 所示。

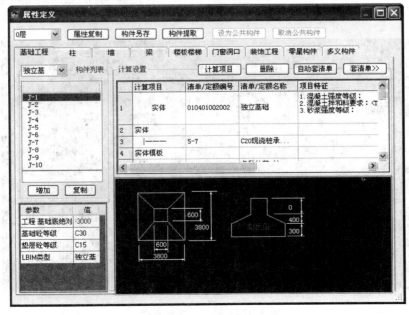

图 4-151　基础的属性定义

属性定义中需设置的参数：

名称(J-1)：尽量与图纸标注相同，以便后续反查，此项不做强制要求，因为与工程量不相关。

截面尺寸(3800 mm×3800 mm)：必须与图纸标注一致。

基础绝对底标高(-3000 mm)：必须与图纸标注一致，基础底绝对标高不含垫层厚度，并且为工程绝对标高。

混凝土等级：按照设计说明在工程设置——材质设置中统一定义。

独立基厚度：必须与图纸标注一致。

套清单：0104001002 独立基础，为方便对量，在清单名称"独立基础"后注明名称及截面尺寸。

(2) 独立基础图形绘制

下面以 J-1(3/A 轴交点)为例，讲解独立基础的画法。

首先点击 [独立基础 ←1] 命令，在弹出的对话框中选择"图中选择柱"，如图 4-152 所示，再点击【确定】。

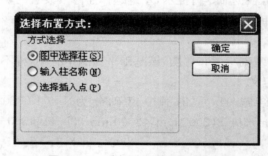

**图 4-152 选择独立基础布置方式**

左键选择 3/A 轴交点的 KZ3，右键确认即完成 J-1 的布置。

其他位置独立基础布置方法同上，全部布置完成后如图 4-153 所示。

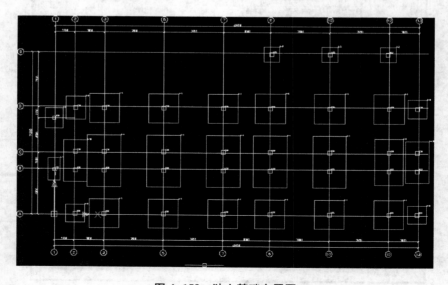

**图 4-153 独立基础布置图**

### 4.2.11　基础梁基本操作与案例讲解

1）基本操作

（1）绘制基梁

点击左边中文工具栏中 ［绘制基梁］ 图标，方法与梁体"绘制梁"的方法完全相同。

（2）轴网变梁

点击左边中文工具栏中 ［轴网变梁］ 图标，方法与梁体"轴网变梁"的方法完全相同。

（3）轴段变梁

点击左边中文工具栏中 ［轴段变梁］ 图标，方法与梁体"轴段变梁"的方法完全相同。

（4）线段变梁

点击左边中文工具栏中 ［线段变梁］ 图标，方法与梁体"线段变梁"的方法完全相同。

（5）口式基梁

点击左边中文工具栏中 ［口式基梁］ 图标，方法与"口式布梁"的方法完全相同。

（6）随满基高

点击左边中文工具栏中 ［随满基高］ 图标，命令行提示"选择要提取满基高度的基础梁"，点选或者框选基础梁，此时可以在浮动显示框中选择随满基顶还是随满基底，如图4-154所示。

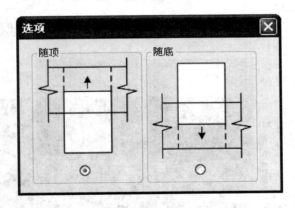

**图4-154　随满基高**

然后命令行再提示"选择相关的满基"，点选满堂基础，软件自动调整基础梁或柱状独立基标高（支持随斜满堂基调整高度变斜）。

（7）单梁打断

左键点击 ［单梁打断］ 图标，命令行提示"请选择需要打断的梁"，鼠标左键选取要打断的梁；然后根据命令行提示"选择打断方式：【H-手动打断】/＜自动打断＞"选择：

自动打断：为默认方式，该梁在与其他梁体相交的交点处自动断开。

手动打断：输入H并回车，可以在该梁中线上指定断点。

根据需要选择手动还是自动打断，即可打断单根梁。

（8）区域梁断

此命令可以将区域内相交的梁互相自动打断。左键点击 ［区域梁断］ 图标，命令行提示

"请选择要打断的梁";框选或点选要打断的梁,右键确定,选择的相交梁互相自动打断。

注意:不相交的梁体不会自动打断。

(9)梁连通

此命令可以将符合连通条件的梁连通成一根梁。左键点击 $\boxed{\text{梁连通}}$ 图标,命令行提示"请选择要连通的梁";框选或点选要连通的梁,右键确定,符合条件的梁自动连通。

注意:梁连通条件必须符合梁类型相同、梁名称相同、梁断面相同、梁标高相同、两根梁基线有且只有一个端点重合、两根梁基线必须位于平面内同一直线或曲线上这六个条件。

2)案例讲解

打开案例的结施图 07,该图是标高在−0.050 梁平面配筋图,该基础梁作为首层墙体的基础,图中有框架梁 KL(1−16,缺 6)和次梁 L(1−8)。

(1)梁的属性定义

根据−0.050 梁平面配筋图对梁进行属性定义,如图 4-155 所示。

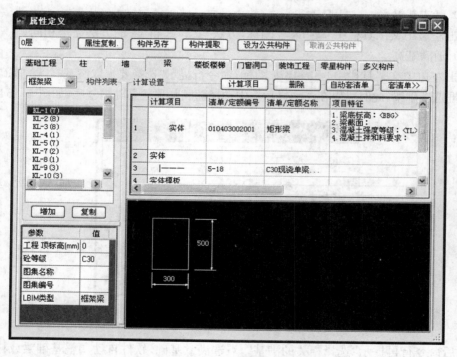

**图 4-155 梁的属性定义**

属性栏中需要修改的参数:

梁名称(KL−1):应与图纸标注相同,以便后续反查,此项不做强制要求,因为与工程量不相关。

截面尺寸(300 mm×500 mm):必须与图纸尺寸相同。

套清单:所有的梁根据顶板的厚度套取"平板"清单即可。

次梁的定义与主梁相同。

(2)梁的布置

点击 $\boxed{\text{绘制梁}}$ 命令,在属性栏中选择 KL−1,根据命令行提示,左键选择第一点

（A/1 轴交点），再左键选择第二点（A/13 轴交点），点击右键或回车键完成此段梁体的布置。其余梁的布置方式与 KL—1 布置方式一样，根据平面图将其余梁布置完成，如图 4-156 所示。

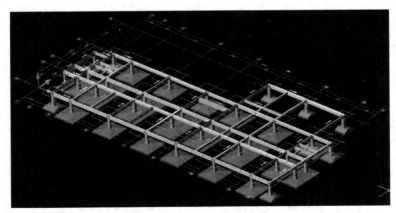

图 4-156 　基础梁布置图

## 4.3 　楼层选择与复制

通过点击软件菜单栏中的【工程】，选择【楼层选择】命令，可以进行不同楼层所有构件的复制，极大地提高建模速度。

### 4.3.1 　楼层选择

点击下拉菜单【工程】→【楼层选择】命令，弹出如图 4-157 所示【选择楼层】对话框界面，点选需要切换到的目标楼层，按【确定】，就可以切换到需要的楼层了。

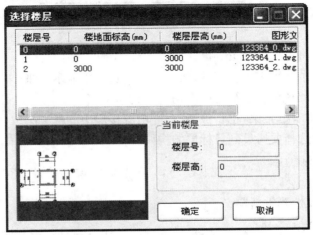

图 4-157 　菜单楼层选择

也可以在软件界面常用工具栏里楼层选择下拉框中直接选择目标楼层切换，见图 4-158 所示。

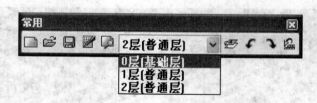

**图 4-158　工具栏楼层选择**

### 4.3.2　复制楼层

点击下拉菜单【工程】→【复制楼层】命令，弹出如图 4-159 所示【楼层复制】对话框界面，其中"源楼层"表示原始层，即要将那一层进行拷贝。

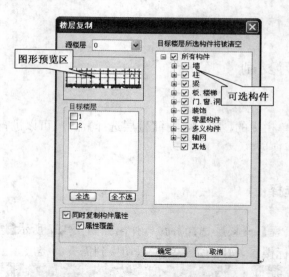

**图 4-159　【楼层复制】对话框**

目标层：表示要将源楼层拷贝到的楼层。

图形预览区：表示楼层中有图形的，将在图形预览区中显示出来。

所选构件目标层清空：表示被选中的构件进行覆盖拷贝。例如，"可选构件"中选了"框架梁"，即使目标层中有框架梁，也将被清空，并由源楼层中的框架梁取代。

可选构件：表示选择要拷贝到目标层的构件。

　　　　　表示此状态时，只复制源楼层的构件，不复制构件的属性，拷贝到目标层构件的属性要重新定义。

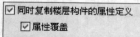　　　　　表示此状态时，复制源楼层的构件，也复制构件的属性。如果

目标层中构件已有属性,则将目标层中的构件属性覆盖掉。如果不勾选"属性覆盖",则只是在目标层中追加构件属性。

## 4.4　构件属性定义

进行构件属性定义是为了将构件有效地布置在土建算量软件中,真正建立有效的工程模型,保证工程量结果的正确性。

### 4.4.1　构件属性定义界面

点击下拉菜单【属性】→【属性定义】命令,打开【属性定义】对话框,如图 4-160 所示。与属性工具栏相比,【属性定义】的功能更集中、更强大。

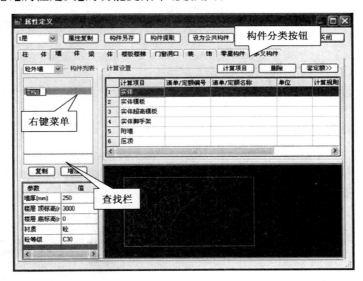

**图 4-160　构件【属性定义】对话框**

【属性定义】界面中各按钮功能见表 4-5。

**表 4-5　【属性定义】界面中各按钮功能**

| 按　钮 | 功　能 |
|---|---|
| 1层　▼ | 指定对哪一层的构件属性进行编辑,左键点击下拉框中可以选择 |
| 属性复制 | 构件属性复制按钮,对构件属性进行拷贝复制 |
| 构件另存 | 将当前构件存入构件模板 |
| 构件提取 | 提取构件模板中的同类构件属性至当前构件 |
| 设为公共构件 | 将构件设为全部楼层通用的公共构件 |
| 取消公共构件 | 取消该构件的公共属性(即变为普通的构件,属性修改时不再联动) |
| 帮助 | 需要时弹出帮助文件 |
| 关闭 | 对话框的内容完成后,退出,与右上角的"❌"作用相同 |

续表 4-5

| 按 钮 | 功 能 |
|---|---|
| 构件分类按钮 | 分为墙体、柱体、梁体、基础工程等九大类构件 |
| 砼外墙 ▼ | 每一大类构件中的小类构件,左键点击下拉按钮,可以选择 |
| 构件列表 | 小类构件的详细列表,构件个数多时,支持鼠标滚轮的上下翻动功能 |
| 右键菜单 | 点击右键,弹出右键菜单,对小类构件中的每一种构件重命名或删除 |
| 复制 | 对小类构件复制,复制的新构件与原构件属性完全相同 |
| 增加 | 增加一个新的小类构件,属性要重新定义,可以直接输入构件尺寸软件自动录入断面(适用构件:框架梁、次梁、圈梁、过梁、独立梁、基础梁、砖柱、混凝土柱、门、窗、墙洞,尺寸输入规则:只能输入矩形 a×b、圆形 d) |
| 属性参数、属性值 | 对应每一个小类构件的属性值,对应构件不同,属性项目会有所不同 |
| 构件断面尺寸修改区 | 对应每一个小类构件的断面尺寸 |
| 计算设置 | 主要是套定额、清单的设置,可以对其中的计算规则、计算项目等进行设置 |
| 单位选择 | 选择清单、定额单位为软件计算不支持单位自动报错 |
| 查找栏 | 模糊查找构件名称,即时显示 |

### 4.4.2 构件属性复制

点击【构件属性复制】按钮,弹出【构件属性复制向导】对话框,如图 4-161 所示。可以选择的方式有以下三种:

(1) 楼层间构件复制,点击【下一步】,弹出如图 4-162 所示对话框。

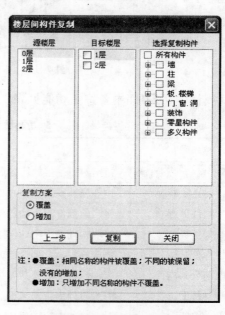

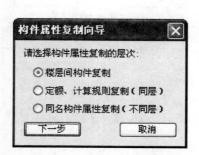

图 4-161 【构件属性复制向导】对话框     图 4-162 【楼层间构件复制】对话框

源楼层:选择哪一层的构件属性进行复制。

目标楼层:将源楼层构件属性复制到哪一层,可以多选。

选择复制构件:选择源楼层的哪些构件进行复制,可以多选。

复制方案:选有【覆盖】、【增加】两个单选项,下面有各项具体含义。

上一步:点击此按钮,可以回到【构件属性复制向导】对话框。

复制:点击此按钮,开始复制。

关闭:退出此对话框,与右上角的"❎"作用相同。

覆盖:相同名称的构件被覆盖,不同的被保留,没有的增加。例如,源楼层选择为 1 层,墙有 Q1、Q2、Q3,目标楼层选择为 2 层,墙有 Q1、Q4,覆盖后,则 2 层中的墙体变为 Q1、Q2、Q3、Q4。Q1 被覆盖,Q4 被保留,原来没有的 Q2、Q3 为新增构件。

增加:只增加不同名称的构件,不覆盖原有构件属性。例如,源楼层选择为 1 层,墙有 Q1、Q2、Q3、Q5,目标楼层选择为 2 层,墙有 Q1(与 1 层 Q1 不同),增加后,则 2 层中的墙体变为 Q1、Q2、Q3、Q5。Q1 保持不变,原来没有的 Q2、Q3、Q5 为新增构件。

(2)定额、计算规则复制(同层),点击【下一步】,弹出如图 4-163 所示对话框。

源构件:可以选择到某楼层中的大类构件中的小类构件的具体哪一个。

目标构件:要将源构件属性复制到哪一个构件中,可以多选。

计算项目显示区:显示已选中源构件的计算项目、定额编号、定额内容、计算规则等。

上一步:表示点击此按钮,可以回到【构件属性复制向导】对话框。

复制:表示点击此按钮,开始复制。

关闭:表示退出此对话框,与右上角的"❎"作用相同。

(3)同名构件属性复制(不同层),点击【下一步】,弹出如图 4-164 的对话框。

图 4-163 【定额、计算规则复制(同层)】对话框

图 4-164 【同名构件属性复制 (不同层)】对话框

注意:复制方案中必须选择一项,否则【同名构件属性复制】操作没有意义。

### 4.4.3　构件大类与小类

构件按其性质进行了细化,见表 4-6。不同种类的构件的计算规则也不相同。例如,混凝土外墙与混凝土内墙,布置墙体时,如果是外墙,就要使用混凝土外墙而不能用混凝土内墙,如果是内墙,就要使用混凝土内墙而不能用混凝土外墙,因为两者的计算规则不相同,错误使用会带来错误的结果。

表 4-6　构件大类与小类

| 大类构件 | 小类构件 |
|---|---|
| 墙体 | 电梯井墙、混凝土外墙、混凝土内墙、砖外墙、砖内墙、填充墙、间壁墙 |
| 柱体 | 混凝土柱、暗柱、构造柱、砖柱 |
| 梁体 | 框架梁、次梁、独立梁、圈梁、过梁 |
| 楼板楼梯 | 现浇板、预制板、拱形板、螺旋板、楼梯 |
| 门窗洞口 | 门、窗、飘窗、转角飘窗、墙洞 |
| 基础工程 | 满基、独基、柱状独基、砖石条基、混凝土条基、基础梁、集水井、人工挖孔桩、其他桩 |
| 装饰工程 | 房间、楼地面、天棚、踢脚线、墙裙、外墙面、内墙面、柱踢脚、柱裙、柱面、屋面 |
| 零星构件 | 阳台、雨篷、排水沟、散水、自定义线形构件 |
| 多义构件 | 点实体、线实体、面实体、实体 |

### 4.4.4　构件断面尺寸修改区

可以在该区域内直接修改构件断面的尺寸,左键点击相关断面的尺寸数据,弹出【修改变量值】对话框,输入新的数据即可,如图 4-165 所示;也可左键点击一下该区域,弹出【断面编辑】对话框,如图 4-166 所示。

图 4-165　构件断面尺寸修改

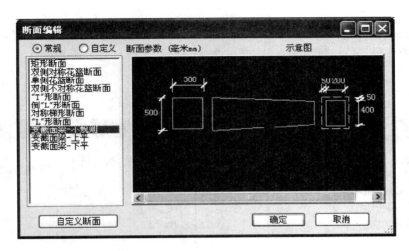

图 4-166　【断面编辑】对话框

构件断面可选择常规与自定义两大类,没有的断面可通过【自定义断面】添加,具体方法参见自定义断面。

### 4.4.5　计算设置

以混凝土外墙为例解释"计算设置"的各项含义,如图 4-167 所示。

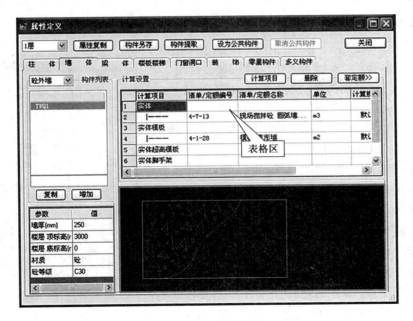

图 4-167　计算设置

计算项目:计算项目的显示控制,可以隐藏构件的部分计算项目。但请注意,计算项目如果已经套有定额子目,则该计算项目是不能隐藏的,计算项目显示控制框如图 4-168

所示。

提示：

（1）清单的项目特征可自由编辑，支持指定任一计算项目作为清单的计算项目计算，如图 4-169 所示。

（2）清单的计算规则、附件尺寸、结果编辑随计算项目的改变即时刷新。

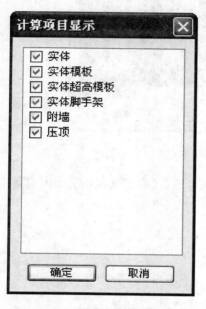

图 4-168　计算项目显示控制框

图 4-169　项目特征编辑

删除：用以删除已经套用的定额子目。左键点击一下定额子目，呈深蓝色，左键再点击【删除】按钮即可。

套清单、定额：套用清单、定额子目，对于要选择的定额子目，双击左键即可，如图 4-170 所示。

表格区：构件计算的详细设置，表格区内带有浅黄颜色的均是可以弹出对话框的按钮。

清单/定额编号：套用清单/定额的编号。

提示：在定额的编号空白处，可以直接输入所套定额的编号，回车即可。

清单/定额名称：套用的清单/定额的名称，左键双击清单/定额名称，就可以修改。

单位：构件计算的单位，会随清单/定额自动产生，可以修改，但要注意，构件的计算项目并不是支持所有的单位。如果单位错误，软件将会提示。

注意：每一项计算规则中都有该计算项目所支持的单位，如图 4-171 所示，用户使用前应加以了解。

图 4-170　套清单、定额子目

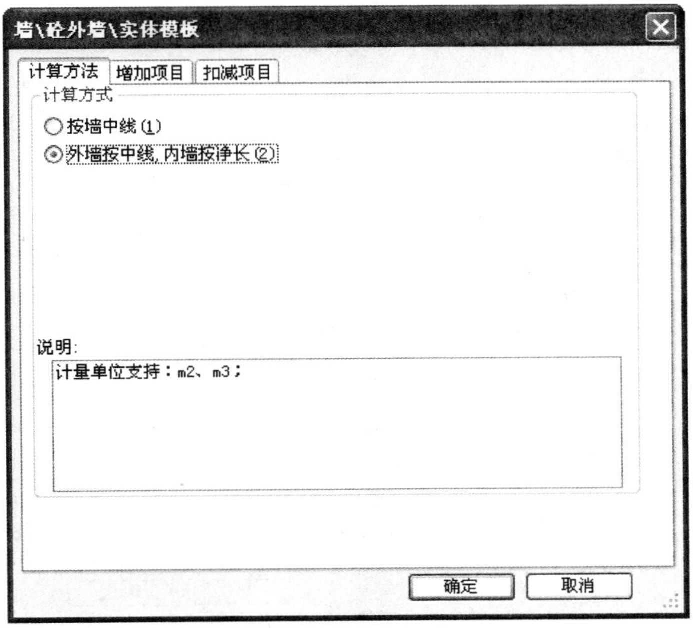

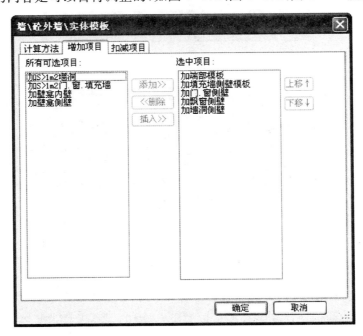

图 4-171　实体模板的计算方法选择

计算规则：针对构件的每一个计算项目，都有一个具体的计算规则，如混凝土外墙的实体模板的计算规则如图 4-171 所示。计算规则设置中的"计算方法"、"增加项目"、"扣减项目"修改过后如果要恢复到软件默认的状态，可以点击【恢复默认】按钮。其中"增加项目"、"扣减项目"中的内容是可以自行调整的，如图 4-171、图 4-172、图 4-173 所示。

图 4-172　实体模板增加项目选择

**图 4-173 实体模板扣减项目选择**

注意:有的构件因计算项目的不同可能会没有"计算规则",有计算规则可能也会没有"增加项目"或"扣减项目"。

附件尺寸:构件计算项目的不同,有时需要附件尺寸加以辅助计算,构件的不同,附件尺寸的内容也会有所不同,如混凝土外墙的压顶的附件尺寸如图 4-174 所示。

| 附件尺寸 | 数值 |
|---|---|
| 压顶断面宽度(mm) | 300 |
| 压顶断面厚度(mm) | 120 |

**图 4-174 附件尺寸**

注意:如果压顶要计算面积,则可以不用输入"压顶断面宽度"这一参数。

计算结果编辑:即构件计算结果的量值调整,以墙的计算项目为实体举例,如图 4-175 所示。

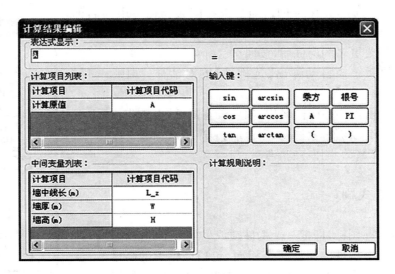

图 4-175  计算结果编辑

说明：

① A 表示按图形计算得到的结果，如果用数值来代替 A，例如输入 5，则表示此墙的计算结果均按 5m³ 得出，相当于直接输入工程量。

② A×1.2+3 表示此墙的计算结果均按 A 乘以 1.2 加 3 m³ 得出，相当于对工程量进行调整。

③ "表达式显示"中如果不输入任何数值或字母，软件强制默认为 A。

④ 中间变量：可以直接双击，利用中间变量在表达式中自由编辑。

## 4.5  构件编辑

在掌握了土建算量软件中骨架构件、寄生构件、面域构件、零星构件、多义构件等的建模方法后，对构件要进行细微调整时，可以利用构件编辑功能来执行。

### 4.5.1  名称更换

左键点击 图标，除了更换了构件的名称外，其他相应的属性也随之更改，比如构件所套的定额、计算规则、标高、混凝土等级等。操作步骤如下：

（1）左键选取要编辑属性的对象，被选中的构件变虚，可以选择单个，也可以选择多个。

（2）如果第一个构件选定以后，再框选所有图形，此时所选择到的构件与第一个构件是同类型的构件。同时，可以看状态栏的显示。按键名 Tab，可由增加状态变为删除状态。在删除状态下，左键再次选取或框选已经被选中的构件，可以将此构件变为未被选中状态。再按键名 Tab，可由删除变回增加。按键名 S，先选中一个构件如"M1"，再框选图形中所有的门,则软件会自动选择所有的 M1,即为选择同大类构件中同名称的小类构件。

（3）选择好要更名的构件后,按回车键确认。

（4）S 软件系统会自动弹出【选构件】的对话框,如图 4-176 所示。

（5）左键双击需要的构件名称,如果没有的话,左键点击【进入属性】按钮,进入到"构件属性定义"界面,再增加新的构件即可。

注意:可以互换的构件有:墙与梁;门与窗。

图 4-176 构件选择

### 4.5.2 格式刷

左键点击 图标,即把一个构件改成另外一个同类构件。这个构件与另外一个构件的属性完全相同（包括调整后的高度）。首先左键选取算量图形中的一个构件作为参考构件（或称原始构件）;再用左键选取要变成原始构件的其他同类构件;在浮动框中选择要刷新的属性或图形项目,单击右键确认结束,所选择到的构件将变为与原始构件相同的构件。

注意:允许只选择刷新目标构件的图形实际高度。

### 4.5.3 构件删除

左键点击 图标,此命令主要是删除已经生成的构件。左键选取要删除的构件,一次能选取图形中大类构件中的多个小类构件;回车结束。

注意:在使用该命令时,状态栏的作用与构件名称更换中状态栏的作用相同;使用 CAD 的删除命令删除构件可能会漏掉某些内容,因此请尽量使用本命令。

### 4.5.4 构件移动

左键点击 图标,此命令主要是移动已经生成的构件。选择构件,只允许单选。

分三类构件:

1）墙（墙上寄生构件——砖基、条基、圈梁）、梁、基础梁

鼠标左键选取要移动的构件名称;命令行提示"从点……",用鼠标左键选择移动基点;命令行再提示"从点……到……",可以直接用鼠标左键确定终点;也可以直接在命令行中输入需要移动的距离,回车确认。

注意:条基、圈梁是依附于墙体的构件,移动了该类构件后,需用"构件整理"。

2）柱、楼板、天棚、地面、屋面、零星构件、满堂基础、独基

鼠标左键选取要移动的构件名称;命令行提示"选择起始参考点【Z-直接输入偏移值】";"选择起始参考点":首先鼠标左键在算量平面图中确定起始参考点,再选取终点,然后鼠标左键要偏移方向的一侧,命令行中输入移动的距离,回车确认。"Z-直接输入偏移

值"：命令行中输入"Z"，回车确认，跳出【输入偏移值】对话框，输入相应的数值即可，如图 4-177 所示。

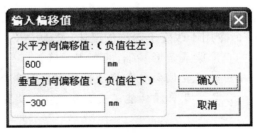

图 4-177　【输入偏移值】对话框

3）门、窗（门窗上寄生构件——过梁）、飘窗、洞

鼠标左键选取要移动的构件名称；命令行提示"请选择加构件的墙"，鼠标左键选取需放置构件的墙体的名称；命令行再提示"选择定位位置：F—精确定位"，方法与布置门相同。

### 4.5.5　构件复制

左键点击 图标，此命令是利用算量平面图中已有的构件，绘制一个新的同名称构件。构件复制为复合命令，该命令支持的构件有：柱、墙体、梁体、门窗、基础梁，条形基础等构件。

鼠标左键选取要复制的构件，房间除外。当所选构件种类不同时，操作方式也不一致，有两种方式：

（1）构件复制墙、梁、柱、基础梁、门窗、砖基、条基、满基构件时，操作方式与布置相应构件的布置方法相同。

（2）构件复制楼板、天棚、地面、零星构件、多义构件，操作方式与 CAD 中的移动命令（Move）操作相同。

注意：原复制墙、复制梁、复制基础梁命令整合为构件复制命令；构件复制命令增加命令行提示，软件会根据所选构件自动执行相应的复制条件。

### 4.5.6　设置转角

左键点击 图标，可以设置柱子及独立基的旋转角度。该命令适用于柱子、独立基础及桩基础。首先左键选取要旋转的柱子或独基，相同一个方向转动，可以选择多个构件；输入构件的转角，"90"，单位是角度（负值顺时针旋转，正值逆时针旋转），柱子将与其自身的中心为轴旋转。

注意：原柱子及独基中的设置转角命令整合为设置转角通用命令；构件复制命令增加命令行提示，软件会根据所选构件自动执行相应的命令；设置转角命令同样适用于桩基础。

### 4.5.7　设置偏向

左键点击 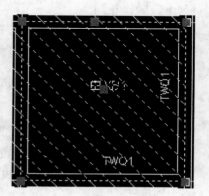 图标，该命令用于改变不对称的梁体、基础梁及条形基础的左右方向。鼠标左键选取需要进行偏向的直形梁或条形基础，回车表示确认。

注意：原梁体、条形基础中的设置偏向整合为设置偏向复合命令；可以选择多段梁（梁的名称可以不同，但必须是直形梁），目前该功能不支持弧形梁；设置偏向命令同样适用于基础梁。

### 4.5.8　偏移构件

左键点击 图标，该命令用于偏移梁体、基础梁、墙体的偏移。根据命令行提示左键选择需要偏移的墙体、基础梁、梁体，然后输入一个偏移的距离，指定偏移方向右键或回车确认即可。

注意：原设置偏移（墙）、设置偏移（梁），偏移基梁整合为偏移构件；构件复制命令增加命令行提示，软件会根据所选构件自动执行相应的偏移命令。

### 4.5.9　变斜构件

左键点击 图标，该命令用于满堂基础、基础梁、梁、楼板、天棚、吊顶、屋面的变斜设置。

### 4.5.10　增加夹点

夹点是实体上具有特定意义的特征点，是为了方便快捷地进行编辑，由 Autodesk 提供的一个方法和途径。如对于面状构件，想对构件某一条边上的部分范围进行偏移，则左键点击 图标，选择需要增加夹点的对象，进行以下操作（以楼板为例）：执行【增加夹点】命令，图形中只剩下楼板图形，左键选取要增加点的板；在某条边上左键选取一下，会增加一个夹点，如图 4-178 所示；拖动图中新增的夹点与外墙的边点重合，即完成偏移调整。

注意：楼地面、天棚、屋面、板、板洞、建筑面积、天井七个构件的夹点设置合为一个。

图 4-178　增加夹点的楼板

### 4.5.11　高度调整

左键点击 图标，对个别构件进行高度调整，可调整的构件是指属性中带有标高的构件。弹出【高度调整】对话框,如图 4-179 所示。

构件选择:点击此按钮,左键选取要调整高度的构件。

标高:根据构件的不同,会有顶标高、低标高,输入新的数值。

高度随属性一起调整:选取此项,构件的高度取构件属性默认值。

提示:构件经过高度调整,在算量平面中构件的名称颜色变为深蓝色。

### 4.5.12 构件块复制、构件块粘贴

左键点击构件编辑菜单中的构件块复制命令,支持楼层中部分构件的复制、粘贴到其他楼层或其他工程,属性同时拷贝,与图形关联,使用方法和 CAD 带基点复制类似;命令行提示【选择对象】,鼠标左键选择要复制的构件,右键确认;命令行再提示"选择插入点或【直接复制至指定楼层(C)】:",选择插入点;或者输入 C 回车,弹出如图 4-180 所示的窗体,选择目标楼层,确定,软件将自动把所选构件复制至目标楼层;在当前层,其他楼层或者其他工程左键点击构件编辑菜单中的构件块粘贴命令;命令行提示:【请选择插入点】,选择插入点,命令完成。

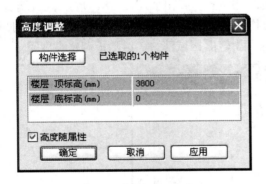

图 4-179 【高度调整】对话框

图 4-180 【块复制】对话框

注意:构件块粘贴后,一定要使用"构件整理"。

### 4.5.13 构件延伸

该命令类似 CAD 中延伸操作。点击 ▣ 图标,命令行提示"选择延伸的边界",点选需要的线作为延伸的边界,右键确定;命令行再提示"选择要延伸的构件",点选需要延伸的构件,该构件自动延伸到指定的延伸边界,Esc 退出命令。

注意:本命令适用于墙、梁、装饰构件的延伸。

### 4.5.14 构件闭合

该命令类似 CAD 中倒角操作。点击 图标,命令行提示"选择第一个构件",点选第一个构件,右键确定;命令行再提示"选择第二个构件",点选第二个构件,两个构件自动延伸到它们中线的虚交点处,倒角命令结束。

注意:本命令适用于墙、梁、装饰构件的倒角。

### 4.5.15 构件伸缩

该命令类似轴线伸缩操作。点击 图标,命令行提示"选择伸缩构件:",点选要改变长度的构件;命令行再提示"伸缩",点击要伸缩到的边界即可。

注意:本命令适用于所有线型构件。

### 4.5.16 区域墙、柱、梁随板顶高

点击下拉菜单【编辑】→【区域墙、柱、梁随板顶高】命令,此命令可以自动调整选择的墙、柱、梁的标高,使其构件高度调整到该墙、柱、梁所处位置处板的板底。点击命令后,命令行提示"请框选范围",框选要提取的墙或柱或梁;右键确定,弹出如图4-181所示"区域墙、柱、梁随板调整高度"对话框,显示当前共有多少个构件调整高度成功,列表中未处理构件支持图中反查,其操作同搜索结果的图中反查,点击【关闭】按钮,区域墙、柱、梁随板调整高度完毕。

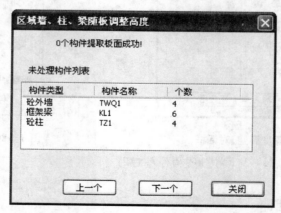

**图 4-181 【区域墙、柱、梁随板调整高度】对话框**

注意:当梁跨过多块板的时候,软件实现了跨板的梁自行打断,并分别随板调整高度。

### 4.5.17 墙、柱、梁随板顶高

左键点击 图标,此命令用以调整斜板下面的墙、柱、梁的标高,使其构件高度到斜板底。首先左键选取要提取的墙或梁或柱;然后左键选取相关的斜板;命令行提示"柱或墙或

梁提取板面成功"。

注意：每一次只能调整同一类别的构件；斜板交界处连通的墙体应在交界处用 0 墙断开，斜板交界处每侧的连通梁要分开绘制，取不同的名称。

### 4.5.18 装饰、保温随板调高

左键点击 🔲 图标，此命令用以自动调整斜板下面墙面、柱面装饰的标高。

注意：操作方法与墙柱梁随板调整高度相同。

### 4.5.19 屋面天棚随板调整高度

左键点击 🔲 图标，此命令用以自动调整斜板下面的天棚及整斜板上面的屋面的标高。操作方法与墙、柱、梁随板调整高度相同。

注意：有斜屋面的结构，天棚是随着斜屋面板变化的，因此绘制天棚要以屋面的水平投影为参考。

### 4.5.20 区域整理

左键点击 🔲 图标，为了快速显示，在一些构件发生变更以后，系统不自动更新图面，当用户认为图形显示不正常时，可以执行此命令。如执行墙体移动命令后，圈梁可能没有随墙体一起移动，使用该命令后，圈梁会自动移动到原来的墙体上；墙体移动后，房间的范围未随之改变，使用该命令后，房间的区域范围会随之改变。

注意：构件整理不能够整理楼板、天棚和楼地面，即墙体移动了，原有楼板、天棚和楼地面并不随之改变。

### 4.5.21 构件分割

左键点击 🔲 图标，根据命令行提示，选择需分割的构件，回车确认后开始绘制分割线，绘制完后再次回车确认，软件会根据分割线划分的区域自动将其进行分割。

注意：该命令只支持面类构件，且分割线不能自交。

### 4.5.22 构件合并

左键点击 🔲 图标，根据命令行提示，选择要进行合并的面类构件，确认后区域有重叠的同名同高度的面类构件合并成一个整体。

注意：斜面（如斜板、斜天棚）暂时不支持合并。

## 4.6 构件显示控制

通过构件显示可以检查显示所建模型的情况,从而发现模型存在的问题与不足,以帮助进行构件的修改。

### 4.6.1 构件显示

左键点击  图标,弹出如图 4-182 所示对话框(支持快捷键 Ctrl+F 切换该窗体的开关)。

构件显示控制:控制显示九大类构件中的每一小类构件,有的构件会有边线控制。

跨层构件显示:控制单独显示跨层构件。

CAD 图层:控制显示 CAD 图纸中的一些图层,主要在 CAD 转化时使用(导入 CAD 电子文档后软件会自动刷新构件显示控制目录树)。

调用:调用用户保存的习惯性使用的图层显示状态。

保存:对于当前图层状态可以保存为模板以便调用。

注意:点击【调用】按钮,可以调用保存的图层显示框架,如图 4-183 所示;调用与保存工程的区别在于图中文件名的变化,保存时文件名处是灰色的。

图 4-182 构件显示控制

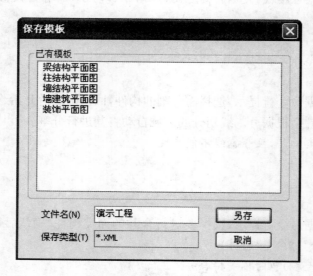

图 4-183 【保存模板】对话框

### 4.6.2   打开指定图层

左键点击 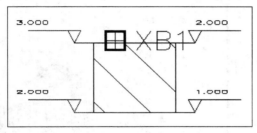 图标,用以打开被隐藏的图层。这个命令多在 CAD 的转化及描图时使用。十字光标变为方框,同时被隐藏的图层显示出来,左键选取要打开图层即可,可以多选。

### 4.6.3   隐藏指定图层

左键点击 图标,用以隐藏图层。这个命令多在 CAD 的转化及描图时使用。十字光标变为方框,左键选取要隐藏图层即可,可以多选。

### 4.6.4   标高查看

左键点击 图标,用以查看某个构件的标高,左键选择需要查看的构件即可出现标高标注,如图 4-184 所示。

图 4-184   标高查看

### 4.6.5   三维显示

执行下拉菜单【视图】→【三维显示】→【整体】命令,弹出如图 4-185 所示对话框,可以将整个工程三维显示。

整体三维显示时,只需在构件显示控制里面进行构件的显示选择。如选择墙等构件,则显示墙等。此操作如同在平面状态时的显示控制功能。

注意:整体三维显示后,只需直接使用楼层切换功能即可切换到平面状态,不需要再点选 命令了;整体三维显示对话框中增加是否重新生成三维实体选项,首次查看三维实体后可取消勾选,以缩短再次整体三维显示的时间。

图 4-185   【三维显示】对话框

### 4.6.6 本层三维显示

左键点击  图标,如图 4-186 所示,可以按需要选择本层三维显示的项目。

### 4.6.7 三维动态观察

左键点击 图标,可以使用此命令从不同方向观察三维图形,使用户可以看到当前楼层所建模型的三维图形,并可依此三维图形检查图形绘制的准确性。出现一个包住三维图形的圆,按住鼠标左键,可以自由旋转三维图形,如图 4-187 所示。

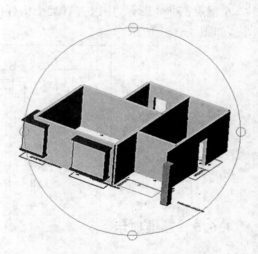

图 4-186 【本层三维显示】对话框          图 4-187 三维动态观察

### 4.6.8 全平面显示

左键点击 图标,用以取消本层三维显示或将算量平面图最大化显示,使用户可以恢复原来平面图的视角。

注意:有时绘制图形或调入 CAD 图纸时,可能会存在一个距离算量平面图很远的点,执行"全平面显示",算量平面图变得很小,一般沿着屏幕的四边寻找即可找到那个点,左键点选这个点,按键名 Delete,删除即可。

### 4.6.9 实时平移

左键点击 图标,算量平面图区域内出现移屏符号,类似于手的形状,按住鼠标左键,可以左右、上下移动图形。与按住鼠标中间滚轮作用一致。

### 4.6.10　实时缩放

左键点击 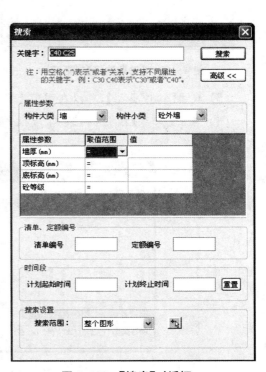 图标,算量平面图区域内出现移动符号,按住鼠标左键,上下移动,可以放大或缩小图形。与上下滚动鼠标中间滚轮作用一致。

### 4.6.11　窗口缩放

左键点击 图标,光标提示"指定第一角点",按住鼠标左键,框选一部分图形,这部分图形可以被放大。

## 4.7　构件计算

建立好工程模型后需要对所有构件进行计算后才能导出相应的工程量清单表。

### 4.7.1　搜索

左键点取 图标,此命令主要用途是搜索算量平面图中的构件,统计出构件的个数,并且可以对搜索到的构件进行图中定位反查。点击命令后弹出如图 4-188 所示的【搜索引擎】对话框,输入要搜索的构件的名称,可以不用区分大小写。也可以点击【高级】按钮展开界面,设定更详细的搜索条件,如图 4-188 所示。

构件大类:选择构件大类。

构件小类:选择构件小类。

属性参数:根据构件小类显示相应的属性参数。

取值范围:包括<>=和≠。

值:软件默认值或者输入数值。

计划起始时间:选择构件的开始时间信息。

计划终止时间:选择构件的结束时间信息。

清单、定额编号:输入清单或定额编号。

搜索范围:搜索整个图形或框选的当前范围。

图 4-188　【搜索】对话框

注意：

（1）点击计划起始时间后面的方框，弹出日期选择对话框，如图 4-189 所示，选择搜索构件的时间信息，计划终止时间操作方法同计划起始时间是一样的。

（2）如果需要修改已经选择的计划起始或计划终止时间，直接点击重置清楚已有数据。点击【搜索】按钮，软件自动搜索整个当前算量平面图，并将搜索结果罗列出来，如图 4-190 所示。

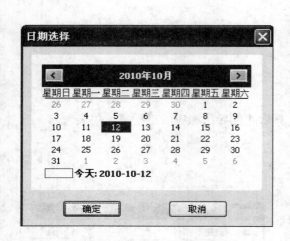

图 4-189 【日期选择】对话框

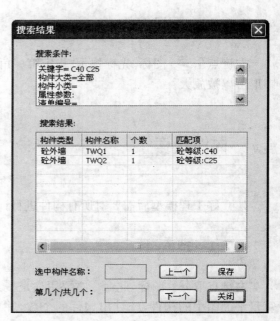

图 4-190 搜索结果显示

（3）双击【构件类型】，可以在图形上定位到该构件，点击下一个继续定位。

（4）点击【保存】按钮，出现对话框，如图 4-191 所示，可以将结果保存为 txt 文本文件。

图 4-191 保存搜索结果

### 4.7.2 计算模型合法性检查

左键点取 ![umbrella icon] 图标,此命令主要用来检查计算模型中存在的对计算结果产生错误影响情况,目前能够检查的项目如图4-192所示。如果出现了以上问题,系统会以日志形式给予提示。

合法性检查的结果可以进行图中反查,可以迅速定位并找到不合法的项目以便修改,如图4-193所示。此命令可自动帮你检查到未封闭墙、梁及构件重叠等的区域,并进行图中反查定位。检查到未封闭墙体或梁的那段区域则会变为红色。

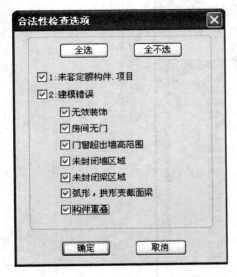

**图 4-192 【合法性检查选项】对话框**

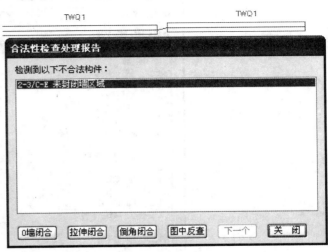

**图 4-193 图中反查**

对于查找出的墙、梁未封闭区域,增加了0墙闭合、拉伸闭合、倒角闭合三种闭合方式,用户可手动选择,解决未封闭区域的建模问题。对于符合查找条件的非法构件,合法性检查后,反查结果时会高亮显示非法构件,如图4-194所示。

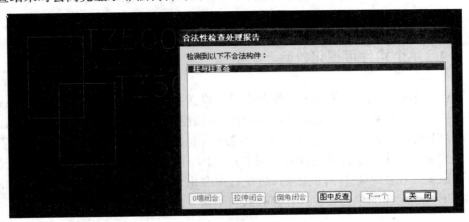

**图 4-194 显示非法构件**

注意：鲁班算量土建版将检查墙封闭区域时的墙中线断开距离增大至 500 mm，检查"未封闭梁区域"，与检查"未封闭墙区域"功能一致，检查没有与其他梁中线连接且以梁中心线端点为圆心，500 mm 半径之内存在其他梁端点的区域；此时若点击【关闭】，红线则自动消失。所以，如果想边查找边修改，则不用关闭该对话框。

### 4.7.3　漏项检查

点击工具栏中工程量里的漏项检查，软件弹出如图 4-195 所示的对话框，可选择常规项目查漏或自定义项目的查漏。若所选查漏构件在绘图区域没有绘制，软件会列项显示。

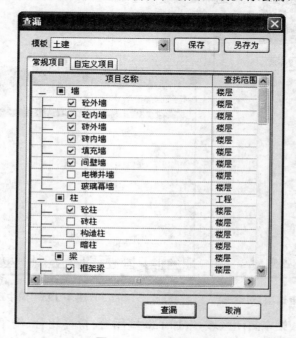

图 4-195　漏项检查

提示：用户可以点击【高级检查】，通过自定义的变通方式或编辑其他项目，提取子目中没有显示的项目。

### 4.7.4　单个构件可视化校验

左键点取 🔍 图标，选择算量平面图中已经设置好定额子目的构件，可以对该构件进行可视化的工程量计算校核。首先选取一个构件，只能单选；若该构件套用了两个或两个以上的定额，则软件会自动跳出【当前计算项目】对话框让用户选择所选构件的定额子目，如图 4-196 所示。双击需要校验的计算项目（或选中项目，按【可视化校验】按钮），系统将在图形操作区显示出工程量计算的图像，命令行中会出现此计算项的计算结果和计算公式，图 4-197 即为墙实体的单独校验及计算公式与结果。

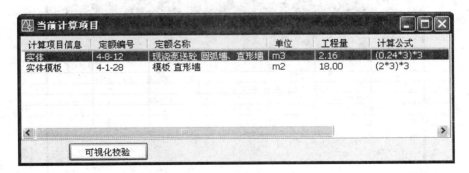

图 4-196 【当前计算项目】对话框

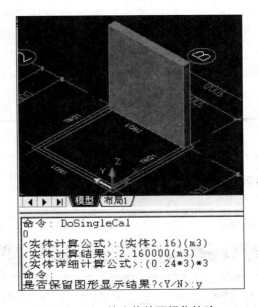

图 4-197 墙实体的可视化校验

提示:如果要保留图形,按键名 Y,回车确认,就可以执行三维动态观察命令,自由旋转三维图形。

### 4.7.5 区域校验

左键点取 图标,框选需要查看工程量的范围,右键确定,弹出如图 4-198 所示对话框,可以对已经计算过工程量的工程进行区域工程量查看。

条件统计:与"工程量计算书"中的条件统计类似,其中还可根据计算项目统计。

显示/隐藏明细:可以展开区域工程量查看明细构件工程量信息。

输出 Excel:可以将区域校验的内容输出成 Excel 表格。

注意:区域校验命令使用之前一定先要对工程量进行计算。

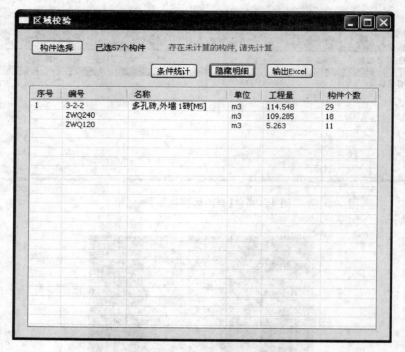

图 4-198 【区域校验】对话框

## 4.7.6 编辑其他项目

左键点击  图标，出现对话框，如图 4-199 所示。

图 4-199 【编辑其它项目】对话框

（1）点击【增加】按钮，会增加一行。鼠标双击自定义所在的单元格，会出现一下拉箭头，点击箭头会出现下拉菜单。可以选择其中的一项，软件会自动根据所绘制的图形计算出结果。

（2）场地面积：按该楼层的外墙外边线，每边各加 2 m 围成的面积计算或者按照建筑面积乘以 1.4 倍的系数计算。

（3）土方、总基础回填土、总房心回填土、余土：在基础层适用，总挖土方量是依据图形以及属性定义所套定额的计算规则、附件参数汇总的。

① 余土＝总挖土方－总基础回填土－总房心回填土。

② 总基础回填土＝总挖土方－基础构件总体积－地下室埋没体积（地下室设计地坪以下体积）。

③ 总房心回填土＝房间总面积×房心回填土厚度（会自动弹出房心回填土厚度对话框）。

④ 软件内设有地下室时无房心回填土。

（4）外墙外边线长度、外墙中心长度、内墙中心长度、外墙窗的面积、外墙窗的周长、外墙门的面积、外墙门侧的长度、内墙窗的面积、内墙窗的周长、内墙门的面积、内墙门侧的长度、填充墙的周长、建筑面积，只计算出当前所在楼层平面图中的相应内容。

（5）单击【计算公式】空白处，出现一个按钮，点击后光标由十字形变为方形，进入可在图中读取数据的状态，根据所选的图形，出现长度、面积或体积。如图 4-200 所示。

（6）在"计算公式"空白处输入数据，回车，计算结果软件会自动计算好。

（7）点击【打印报表】按钮，会进入到"鲁班算量计算书"中。

（8）点击【保存】按钮，会将此项保存在汇总表中，点击【退出】会关闭此对话框。

图 4-200　【结果选择】对话框

提示：选中一行或几行增加的内容，可以执行右键菜单的命令，有增加、插入、剪贴、复制、粘贴、删除六个命令。

（9）套定额按钮，定额查套的对话框，参见属性定义－计算设置套定额的操作过程。

提示：*【编辑其他项目】对话框为浮动状态，可以不关闭本对话框，而直接执行【切换楼层】命令，切换到其他楼层提取数据。*

### 4.7.7　查看本层建筑面积

左键点取 图标，用以查看本楼层的建筑面积，结果如图 4-201 所示。

注意：未形成建筑面积线（不包括自由绘制的建筑面积线），直接查看本层建筑面积，软件会自动形成本层的建筑面积线（如无法形成建筑面积线，则会弹出如图 4-202 所示提示）。

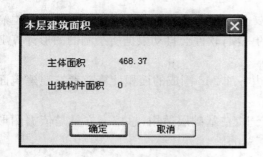

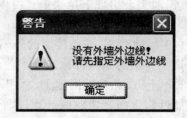

图 4-201 查看本层建筑面积          图 4-202 无法形成建筑面积线提示

### 4.7.8 面积系数

左键点取工程量命令中的 ![icon] 图标,软件默认状态,左键点选需要调整面积系数的阳台等出挑构件或是建筑面积线,即可修改出挑构件或建筑面积的面积系数。软件默认状态,自动生成或自由绘制的建筑面积系数是 1,出挑构件建筑面积系数是 0.5。

左键选取图中需调整系数的建筑面积线或出挑构件,可以多选,回车确认;命令行提示"建筑面积的计算系数",直接在命令行中输入新的系数,回车确认。

### 4.7.9 工程量计算

左键单击右侧工具栏【工程量计算】命令按钮 ![icon],弹出【综合计算设置】对话框(如图 4-203),选择要计算的楼层、楼层中的构件及其具体项目。

【工程量计算】可以选择不同的楼层和不同的构件及项目进行计算,计算过程是自动进行的,计算耗时和进度在状态栏上可以显示出来,计算完成以后,会弹出【综合计算监视器】界面(如图 4-204)显示计算相关信息,退出后图形回复到初始状态。

图 4-203 【综合计算设置】对话框

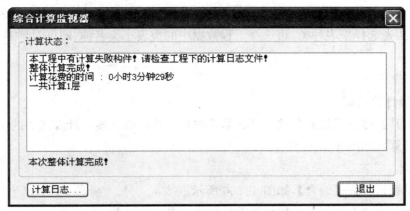

图 4-204 【综合计算监视器】界面

技巧:同一层构件进行第二次计算时,软件只会重新计算第二次勾选计算的构件和项目,第二次不勾选计算的其他构件和项目计算结果不自动清空。

比如第一次对一层的全部构件进行计算后,发现平面图中的有一根梁绘制错了,进行了修改,这时必须进行【构件整理】,查看相关构件是否产生影响,再进行【工程量计算】。但这时只需要选择一层的梁及与梁存在扣减关系的构件进行计算即可,不需对一层的全部构件进行计算。

### 4.7.10 报表打印

1)报表查看

在完成【工程量计算】命令后,点击下拉菜单中的【工程量】→【计算报表】或左键点击工具条中的 按钮,进入如图 4-205 所示土建算量报表。

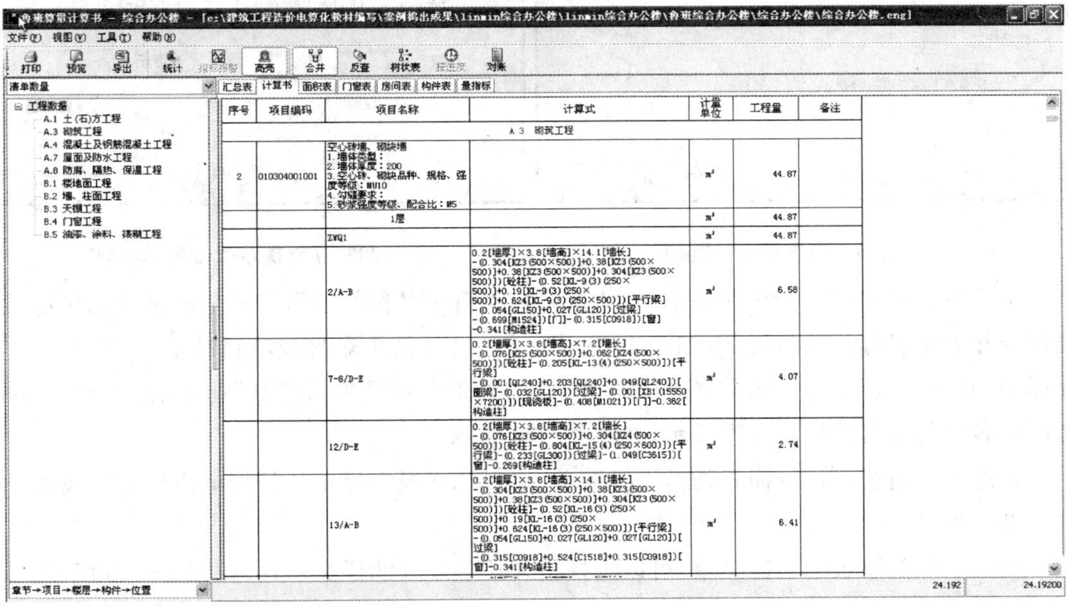

图 4-205 计算式带中文标注的汇总表

计算结果汇总的报表类型有汇总表、计算式、面积表、门窗表、房间表、构件表、量指标七种。操作方法先选择报表种类，再选择工程数据中的报表小类名称，即可看到需要的报表数据信息。

2) 报表设置

(1) 选择计算式标注

点击【工具】→【设置报表】→【计算式】，用户可以选择是否显示计算式中的中文标注，若是，则报表计算式如图 4-205 所示。

(2) 综合

点击【设置报表】→【综合】，如图 4-206 所示。

**自然单位**：报表结果保留小数位数默认数值或是定义位数。

**恢复默认**：报表计算结果小数位恢复默认，保留 2 位小数。

**特殊单位**：构件定额单位有系数时默认或设置保留小数位数。

**项目特征**：选择清单名称和项目特征分开或是合并为一列显示。

**高亮设置**：将计算结果为 0 的项目或是不符合指标的项目红色突出显示。

**注意**：点击特殊单位图标，用户可以自主设置小数位保留位数，如图 4-207 所示。

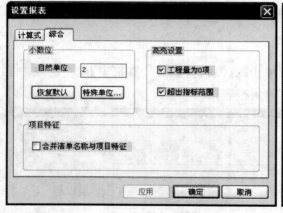
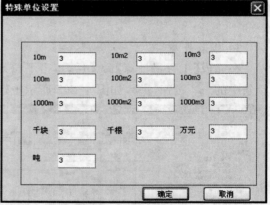

图 4-206  设置报表（综合）          图 4-207  【特殊单位设置】对话框

项目特征选项只在清单状态下显示，用来控制清单名称与项目特征是不是分列显示，若选择合并清单名称及项目特征，如图 4-206 所示，"合并清单名称及项目特征"前打上"√"，计算书如图 4-205 所示。若将图 4-206 中"合并清单名称及项目特征"前面的"√"去掉，那么清单名称与项目特征将分列显示，如图 4-208 所示。

点击左上角清单定额模式切换下拉菜单，可以选择报表显示的是清单或是定额模式，如图 4-209 所示。

点击左下角层级的下拉菜单，可以选择报表章节展开的详尽形式，如图 4-210 所示。

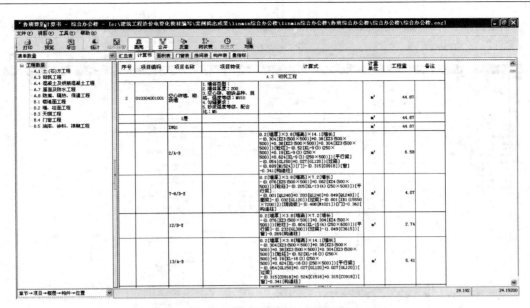

**图 4-208　清单名称与项目特征分列的汇总表**

**图 4-209　计价模式切换**

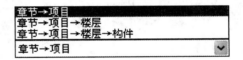

**图 4-210　报表章节展开形式**

点击工程量中的任意数值,按住 Ctrl 键点击需要累加求和的数值,报表右下方会自动汇总求和,算出选中数值的代数和,如图 4-211 所示。

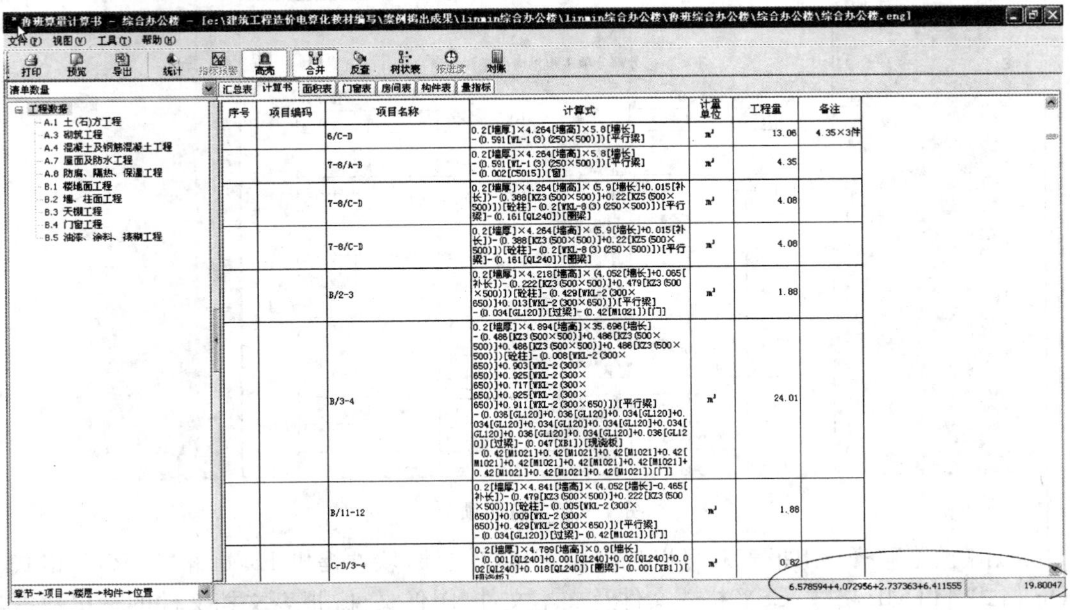

**图 4-211　自动汇总求和示意图**

建筑工程造价电算化

点击【汇总表】→【按进度】进入产值进度表，如图 4-212 所示，可以根据时间和施工段统计工程量。

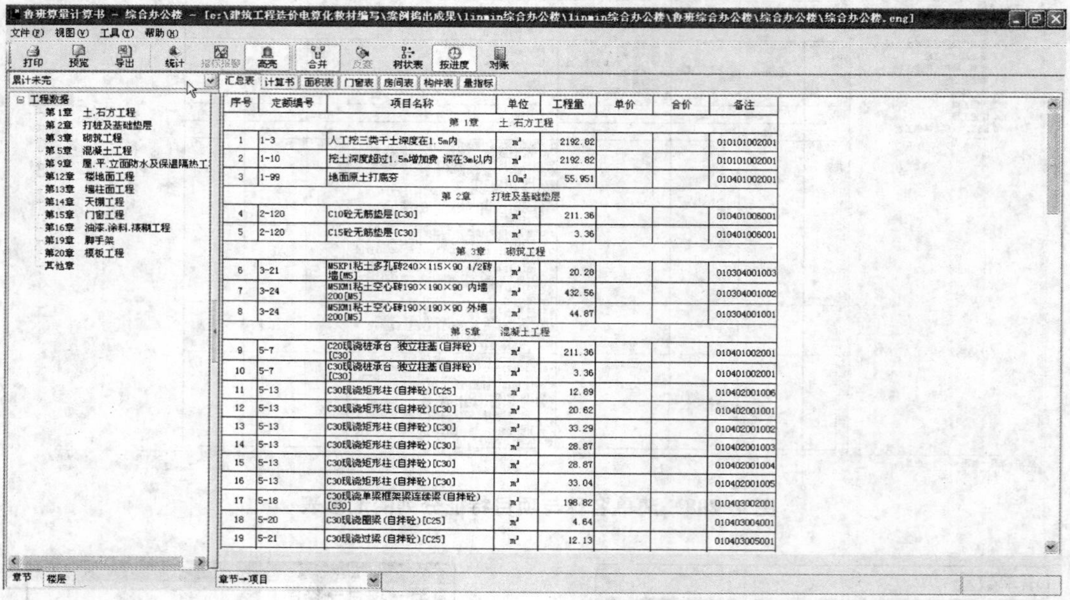

图 4-212　按进度统计工程量

3）报表预览

点击命令，可以在打印之前查看打印效果，如图 4-213 所示。

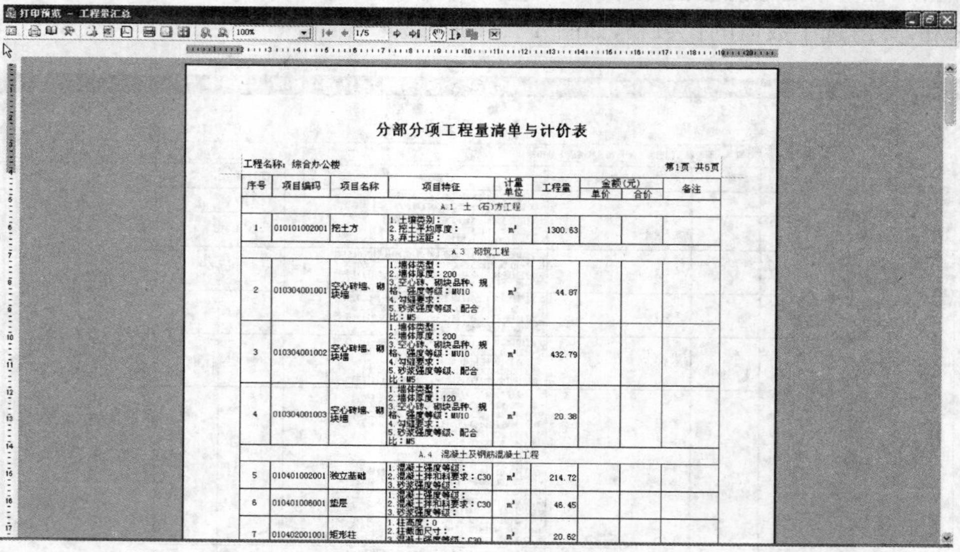

图 4-213　打印预览

点击【预览】→【导出报表】，可以选择预算接口文件，软件提供 Excel 格式、RTF 格式、PDF 格式、HTML 格式、CSV 格式文件及文本文件、图像文件、报表文档文件的输出数据，如图 4-214 所示。

150

图 4-214 选择导出报表格式

也可以点击下拉菜单【文件】→【导出到 excel(E)】,可将计算结果保存成 Excel 文件,输出到其他套价软件中使用。

4)报表打印

点击命令 ，可以打印报表,导出案例的工程量计算结果。

通过对本书案例进行建模,最后获得该案例的工程量计算结果,具体内容见表 4-7。

表 4-7 分部分项工程量清单与计价表

| 序号 | 项目编码 | 项目名称 | 计量单位 | 工程量 | 金额(元) | | 备注 |
|---|---|---|---|---|---|---|---|
| | | | | | 单价 | 合价 | |
| A.1 土(石)方工程 | | | | | | | |
| 1 | 010101001001 | 平整场地 | m² | 744.02 | | | |
| | 1-98 | 平整场地 | 10 m² | 102.28 | | | |
| 2 | 010101003001 | 挖基础土方(基坑) | m³ | 724.59 | | | |
| | 1-56 | 人工挖地坑三类干土深 3 m 内 | m³ | 1 411.39 | | | |
| 3 | 010101003002 | 挖基础土方(土方) | m³ | 622.49 | | | |
| | 1-3 | 人工挖三类干土深度在 1.5 m 内 | m³ | 1 005.21 | | | |
| | 1-10 | 挖土深度超过 1.5 m 增加费,深<3 m | m³ | 1 005.21 | | | |

**续表 4-7**

| 序号 | 项目编码 | 项目名称 | 计量单位 | 工程量 | 金额(元) | | 备注 |
|---|---|---|---|---|---|---|---|
| | | | | | 单价 | 合价 | |
| 4 | 010103001001 | 土(石)方回填 | m³ | 1 106.95 | | | |
| | 1-102 | 地面夯填回填土 | m³ | 20.38 | | | |
| | 1-104 | 基(槽)坑夯填回填土 | m³ | 2 222.29 | | | |
| | 1-92 | 单(双)轮车运土运距<50 m | m³ | 219.75 | | | |
| A.3 砌筑工程 | | | | | | | |
| 5 | 010304001001 | 空心砖墙、砌块墙(KM1 多孔砖,外墙200) | m³ | 160.19 | | | |
| | 13-154 | 钢丝网片 | m² | 427.07 | | | |
| | 3-24 | KM1 黏土空心 1 砖 190×190×90(M5 混合砂浆) | m³ | 160.19 | | | |
| | 19-2 | 砌墙脚手架外架子单排高12 m内 | 10 m² | 160.53 | | | |
| 6 | 010304001002 | 空心砖墙、砌块墙(KM1 多孔砖,内墙200) | m³ | 382.31 | | | |
| | 13-154 | 钢丝网片 | m² | 482.37 | | | |
| | 3-24 | KM1 黏土空心 1 砖 190×190×90(M5 混合砂浆) | m³ | 382.13 | | | |
| | 19-11 | 抹灰脚手架高超过 3.60 m,在 5 m 内 | 10 m² | 235.13 | | | |
| 7 | 010304001003 | 空心砖墙、砌块墙(KP1 多孔砖,内墙120) | m³ | 18.41 | | | |
| | 13-154 | 钢丝网片 | m² | 18.10 | | | |
| | 3-24 | KM1 黏土空心 1 砖 190×190×90(M5 混合砂浆) | m³ | 18.41 | | | |
| | 19-11 | 抹灰脚手架高超过 3.60 m,在 5 m 内 | 10 m² | 18.91 | | | |
| 8 | 010304001004 | 空心砖墙、砌块墙(120 厚墙垛,KP1 多孔砖) | m³ | 1.84 | | | |
| | 13-154 | 钢丝网片 | m² | 1.92 | | | |
| | 3-24 | KM1 黏土空心 1 砖 190×190×90(M5 混合砂浆) | m³ | 1.84 | | | |
| | 19-2 | 砌墙脚手架外架子单排高12 m内 | 10 m² | 1.79 | | | |
| A.4 混凝土及钢筋混凝土工程 | | | | | | | |
| 9 | 010401002002 | 独立基础 | m³ | 193.68 | | | |
| | 1-100 | 基(槽)坑原土打底夯 | 10 m² | 55.95 | | | |
| | 5-7 | C20 现浇桩承台独立柱基(自拌混凝土) | m³ | 193.68 | | | |

续表 4-7

| 序号 | 项目编码 | 项目名称 | 计量单位 | 工程量 | 金额(元) | | 备注 |
|---|---|---|---|---|---|---|---|
| | | | | | 单价 | 合价 | |
| | 20-10 | 各种柱基桩承台组合钢模板 | 10 m² | 12.98 | | | |
| 10 | 010401006001 | 垫层 | m³ | 46.45 | | | |
| | 2-120 | C10 混凝土无筋垫层[C15] | m³ | 46.45 | | | |
| | 20-1 | 现浇混凝土垫层基础组合钢模板 | 10 m² | 4.40 | | | |
| 11 | 010402001001 | 矩形柱(1.6 米以内,C30 混凝土) | m³ | 58.37 | | | |
| | 5-13 | C30 现浇矩形柱(自拌混凝土) | m³ | 58.37 | | | |
| | 19-13 | 单独柱、梁、墙、油(水)池壁混凝土浇捣脚手架 3.60 m 以上 | 10 m² | 137.13 | | | |
| | 20-26 | 现浇矩形柱复合木模板 | 10 m² | 43.68 | | | |
| 12 | 010402001002 | 矩形柱(1.6~2.5 之间,C30 混凝土) | m³ | 94.62 | | | |
| | 5-13 | C30 现浇矩形柱(自拌混凝土) | m³ | 94.62 | | | |
| | 19-13 | 单独柱、梁、墙、油(水)池壁混凝土浇捣脚手架 3.60 m 以上 | 10 m² | 209.97 | | | |
| | 20-26 | 现浇矩形柱复合木模板 | 10 m² | 68.19 | | | |
| 13 | 010402001003 | 矩形柱(构造柱,C25 混凝土) | m³ | 33.73 | | | |
| | 5-16.6 换 | (C25 混凝土 16 mm³ 2.5)构造柱 | m³ | 33.73 | | | |
| | 20-31 | 现浇构造柱复合木模板 | 10 m² | 39.00 | | | |
| 14 | 010403002001 | 矩形梁 | m³ | 6.04 | | | |
| | 5-18 | C30 现浇单梁框架梁连续梁(自拌混凝土) | m³ | 6.04 | | | |
| | 20-35 | 现浇挑梁,单梁,连续梁,框架梁复合木模板 | 10 m² | 5.24 | | | |
| 15 | 010403004001 | 圈梁 | m³ | 2.00 | | | |
| | 5-20 | C20 现浇圈梁(自拌混凝土) | m³ | 2.00 | | | |
| | 20-40 | 现浇圈梁,地坑支撑梁组合钢模板 | 10 m² | 2.12 | | | |
| 16 | 010403005001 | 过梁(C25 混凝土,门窗过梁) | m³ | 15.53 | | | |
| | 5-21 | C20 现浇过梁(自拌混凝土) | m³ | 15.53 | | | |
| | 20-43 | 过梁复合木模板 | 10 m² | 23.15 | | | |
| 17 | 010403005002 | 过梁(窗台梁) | m³ | 5.25 | | | |
| | 5-21 | C20 现浇过梁(自拌混凝土) | m³ | 5.25 | | | |

续表 4-7

| 序号 | 项目编码 | 项目名称 | 计量单位 | 工程量 | 金额(元) | | 备注 |
|---|---|---|---|---|---|---|---|
| | | | | | 单价 | 合价 | |
| | 20-43 | 过梁复合木模板 | 10 m² | 5.21 | | | |
| 18 | 010405001001 | 有梁板(板厚 200 以内,C30 混凝土) | m³ | 510.07 | | | |
| | 5-32 | C30 现浇有梁板(自拌混凝土) | m³ | 510.07 | | | |
| | 20-58 | 现浇板厚度<20 cm 组合钢模板 | 10 m² | 445.34 | | | |
| 19 | 010405001002 | 有梁板(斜屋面板) | m³ | 133.48 | | | |
| | 5-32 | C30 现浇有梁板(自拌混凝土) | m³ | 133.48 | | | |
| | 20-59 | 现浇板厚度 20 cm 内复合木模板 | 10 m² | 107.69 | | | |
| 20 | 010405007001 | 天沟、挑檐板 | m³ | 17.5 | | | |
| | 5-48 | (C20混凝土20 mm,32.5)天、檐沟竖向挑板 | m³ | 17.5 | | | |
| | 20-85 | 现浇檐沟,小型构件木模板 | 10 m² | 45.80 | | | |
| 21 | 010405008001 | 雨篷、阳台板 | m³ | 1.10 | | | |
| | 5-39 | C20 现浇雨篷板式(自拌混凝土) | 10 m² | 0.98 | | | |
| | 20-72 | 水平挑沿板式雨篷复合木模板 | 10 m² | 0.90 | | | |
| 22 | 010406001001 | 直形楼梯 | m² | 127.50 | | | |
| | 5-37 | C20 现浇楼梯直形(自拌混凝土) | 10 m² | 12.75 | | | |
| | 20-70 | 楼梯复合木模板 | 10 m² | 15.75 | | | |
| 23 | 010407001001 | 其他构件(止水坎,C25 混凝土) | m³ | 6.70 | | | |
| | 5-20 | (C20 混凝土 20mm 32.5)圈梁 | m³ | 6.70 | | | |
| | 20-41 | 现浇圈梁,地坑支撑梁复合木模板 | 10 m² | 8.01 | | | |
| 24 | 010407001002 | 其他构件(女儿墙 1,C25 混凝土) | m³ | 3.25 | | | |
| | 5-50 | C20 现浇小型构件(自拌混凝土) | m³ | 3.25 | | | |
| | 19-13 | 单独柱、梁、墙、油(水)池壁混凝土浇捣脚手架 3.60 m 以上 | 10 m² | 1.65 | | | |
| | 20-85 | 檐沟小型构件木模板 | 10 m² | 3.61 | | | |
| 25 | 010407001003 | 其他构件(台阶) | m² | 38.06 | | | |
| | 5-51 | C30 现浇台阶(自拌混凝土) | 10 m² | 3.81 | | | |

续表 4-7

| 序号 | 项目编码 | 项目名称 | 计量单位 | 工程量 | 金额（元） | | 备注 |
|---|---|---|---|---|---|---|---|
| | | | | | 单价 | 合价 | |
| 26 | 010407002001 | 散水、坡道 | m² | 89.42 | | | |
| | 2-105 | 3：7灰土垫层 | m³ | 6.23 | | | |
| | 12-172 | C15混凝土散水 | 10 m² | 8.94 | | | |
| A.7　屋面及防水工程 | | | | | | | |
| 27 | 010701001001 | 瓦屋面 | m² | 693.97 | | | |
| | 9-1 | 黏土瓦铺在挂瓦条上 | 10 m² | 69.40 | | | |
| 28 | 010702001001 | 屋面卷材防水 | m² | 810.78 | | | |
| | 9-31 | 双层SBS改性沥青防水卷材（冷粘法） | 10 m² | 81.08 | | | |
| | 12-15 | 水泥砂浆找平层（20 mm）混凝土或硬基层上 | 10 m² | 81.08 | | | |
| 29 | 010702003001 | 屋面刚性防水 | m² | 105.77 | | | |
| | 9-72 | C20细石混凝土防水屋面有分格缝40 mm | 10 m² | 10.58 | | | |
| 30 | 010703002001 | 涂膜防水（卫生间） | m² | 352.22 | | | |
| | 9-105 | 刷聚氨酯防水涂料三涂 | 10 m² | 35.22 | | | |
| 31 | 010703002002 | 涂膜防水（屋面） | m² | 105.77 | | | |
| | 9-105 | 刷聚氨酯防水涂料三涂 | 10 m² | 10.58 | | | |
| A.8　防腐、隔热、保温工程 | | | | | | | |
| 32 | 010803001001 | 保温隔热屋面 | m² | 799.73 | | | |
| | 9-216 | 屋面楼地面保温隔热聚苯乙烯泡沫板 | m³ | 15.71 | | | |
| | 9-238 | 附墙铺贴水泥珍珠岩板墙体保温隔热 | m³ | 2.12 | | | |
| B.1　楼地面工程 | | | | | | | |
| 33 | 020102001001 | 石材楼地面（花岗岩地面） | m² | 292.40 | | | |
| | 12-11 | C10混凝土不分格垫层 | m³ | 29.24 | | | |
| | 12-15 | 水泥砂浆找平层（20 mm）混凝土或硬基层上 | 10 m² | 29.24 | | | |
| | 12-18 | 细石混凝土找平层100 mm | 10 m² | 29.24 | | | |
| | 12-54 | 花岗岩干硬性水泥砂浆楼地面 | 10 m² | 29.24 | | | |
| 34 | 020102002001 | 块料楼地面 | m² | 821.80 | | | |
| | 12-11 | C20混凝土不分格垫层 | m³ | 82.18 | | | |

续表 4-7

| 序号 | 项目编码 | 项目名称 | 计量单位 | 工程量 | 金额（元）单价 | 合价 | 备注 |
|---|---|---|---|---|---|---|---|
| | 12-15 | 水泥砂浆找平层（20 mm）混凝土或硬基层上 | 10 m² | 82.18 | | | |
| | 12-18 | 细石混凝土找平层 100 mm | 10 m² | 82.18 | | | |
| | 12-90 | 300×300 地砖楼地面（水泥砂浆） | 10 m² | 82.18 | | | |
| 35 | 020102002002 | 块料楼地面 | m² | 652.82 | | | |
| | 12-15 | 水泥砂浆找平层（20 mm）混凝土或硬基层上 | 10 m² | 65.29 | | | |
| | 12-90 | 300×300 地砖楼地面（水泥砂浆） | 10 m² | 65.29 | | | |
| 36 | 020102002003 | 块料楼地面 | m² | 138.03 | | | |
| | 12-11 | C20 混凝土不分格垫层 | m³ | 13.80 | | | |
| | 12-18 | 细石混凝土找平层 100 mm | 10 m² | 13.80 | | | |
| | 12-90 | 300×300 地砖楼地面（水泥砂浆） | 10 m² | 13.80 | | | |
| 37 | 020102002004 | 块料楼地面 | m² | 222.67 | | | |
| | 9-112 | 平面防水砂浆 | 10 m² | 22.27 | | | |
| | 12-18 | 细石混凝土找平层 100 mm | 10 m² | 22.27 | | | |
| | 12-90 | 300×300 地砖楼地面（水泥砂浆） | 10 m² | 22.27 | | | |
| 38 | 020102002006 | 块料楼地面 | m² | 68.57 | | | |
| | 12-15 | 水泥砂浆找平层（20 mm）混凝土或硬基层上 | 10 m² | 6.86 | | | |
| | 12-18 | 细石混凝土找平层 50 mm | 10 m² | 6.86 | | | |
| | 12-90 | 300×300 地砖楼地面（水泥砂浆） | 10 m² | 6.86 | | | |
| 39 | 020105002001 | 石材踢脚线（花岗岩踢脚线，高 150） | m² | 1.81 | | | |
| | 12-60 | 花岗岩水泥砂浆踢脚线 | 10 m | 1.21 | | | |
| 40 | 020105003001 | 块料踢脚线（块料踢脚线，高 150） | m² | 248.71 | | | |
| | 12-102 | 地砖踢脚线（水泥砂浆） | 10 m | 165.81 | | | |
| 41 | 020106002001 | 块料楼梯面层 | m² | 94.74 | | | |
| | 12-15 | 水泥砂浆找平层（20 mm）混凝土或硬基层上 | 10 m² | 9.47 | | | |
| | 12-100 | 地砖楼梯（水泥砂浆） | 10 m² | 9.47 | | | |

续表 4-7

| 序号 | 项目编码 | 项目名称 | 计量单位 | 工程量 | 金额（元） | | 备注 |
|---|---|---|---|---|---|---|---|
| | | | | | 单价 | 合价 | |
| 42 | 020106003001 | 水泥砂浆楼梯面 | m² | 32.76 | | | |
| | 12-24 | 水泥砂浆楼梯 10 m² 水平投影面积 | 10 m² | 3.28 | | | |
| 43 | 020107001001 | 金属扶手带栏杆、栏板 | m | 44.23 | | | |
| | 12-158 | 不锈钢管栏杆不锈钢管扶手 | 10 m | 4.42 | | | |
| B.2　墙、柱面工程 | | | | | | | |
| 44 | 020202001001 | 柱面一般抹灰 | m² | 40.19 | | | |
| | 13-40 | 矩形混凝土柱、梁面抹混合砂浆 | 10 m² | 4.04 | | | |
| 45 | 020204003001 | 块料墙面（瓷砖内墙面） | m² | 913.20 | | | |
| | 13-1 | 砖墙面抹纸筋石灰砂浆 | 10 m² | 91.32 | | | |
| | 13-121 | 内墙面贴瓷砖 152×152 以上（干粉） | 10 m² | 91.32 | | | |
| 46 | 020204003002 | 块料墙面（面砖外墙面） | m² | 447.54 | | | |
| | 13-1 | 砖墙面抹纸筋石灰砂浆 | 10 m² | 44.75 | | | |
| | 13-112 | 墙面墙裙贴瓷砖 152×152 以内（干粉） | 10 m² | 44.75 | | | |
| B.3　天棚工程 | | | | | | | |
| 47 | 020301001001 | 天棚抹灰 | m² | 1451.41 | | | |
| | 14-111 | 现浇混凝土天棚纸筋石灰砂浆面 | 10 m² | 139.29 | | | |
| | 14-113 | 现浇混凝土天棚水泥砂浆面 | 10 m² | 10.80 | | | |
| | 19-7 | 满堂脚手架基本层高 5 m 内 | 10 m² | 131.87 | | | |
| 48 | 020302001001 | 天棚吊顶 | m² | 863.22 | | | |
| | 14-5 | 简单装配式 U 型（不上人型）轻钢龙骨面层规格 300×300 | 10 m² | 86.32 | | | |
| | 14-54 | 纸面石膏板天棚面层安装在 U 型轻钢龙骨上平面 | 10 m² | 86.32 | | | |
| 49 | 020302001002 | 天棚吊顶 | m² | 185.67 | | | |
| | 14-5 | 简单装配式 U 型（不上人型）轻钢龙骨面层规格 300×300 | 10 m² | 18.57 | | | |
| | 14-52 | 钙塑板天棚面层安装在 U 型轻钢龙骨上 | 10 m² | 18.57 | | | |
| B.4　门窗工程 | | | | | | | |
| 50 | 020401002001 | 企口木板门 | m² | 202.49 | | | |
| | 15-27 | 镶板造型门 | 10 m² | 6.36 | | | |

续表 4-7

| 序号 | 项目编码 | 项目名称 | 计量单位 | 工程量 | 金额(元) | | 备注 |
|---|---|---|---|---|---|---|---|
| | | | | | 单价 | 合价 | |
| | 15-29 | 门框安装 | 10 m² | 6.36 | | | |
| | 15-257 | 企口板门(无腰单扇)门扇制作 | 10 m² | 12.81 | | | |
| | 15-259 | 企口板门(无腰单扇)门扇安装 | 10 m² | 12.81 | | | |
| | 15-263 | 企口板门(无腰双扇)门扇制作 | 10 m² | 1.08 | | | |
| | 15-265 | 企口板门(无腰双扇)门扇安装 | 10 m² | 1.08 | | | |
| 51 | 020402007001 | 钢质防火门 | m² | 8.4 | | | |
| | 15-1 | 铝合金地弹簧门 | 10 m² | 0.84 | | | |
| | 15-10 | 塑钢门安装 | 10 m² | 0.84 | | | |
| 52 | 020404002001 | 转门 | m² | 9.9 | | | |
| | 15-18 | 浮法玻璃手动全玻旋转门直径 2 m,不锈钢柱 φ76 | 10 m² | 0.99 | | | |
| | 15-29 | 门框安装 | 10 m² | 0.99 | | | |
| 53 | 020404007001 | 半玻门(带扇框) | m² | 15.12 | | | |
| | 15-161 | 半截玻璃门(无腰单扇)门扇制作 | 10 m² | 1.512 | | | |
| | 15-163 | 半截玻璃门(无腰单扇)门扇安装 | 10 m² | 1.512 | | | |
| 54 | 020406007001 | 塑钢窗 | m² | 323.07 | | | |
| | 15-3 | 铝合金推拉窗 | 10 m² | 32.31 | | | |
| | 15-11 | 塑钢窗安装 | 10 m² | 32.31 | | | |
| B.5 油漆、涂料、裱糊工程 | | | | | | | |
| 55 | 020506001001 | 抹灰面油漆(涂料内墙面) | m² | 6041.04 | | | |
| | 13-1 | 砖墙面抹纸筋石灰砂浆 | 10 m² | 604.11 | | | |
| | 16-307 | 内墙面乳胶漆在抹灰面上批刷 2 遍混合腻子 | 10 m² | 604.11 | | | |
| 56 | 020506001002 | 抹灰面油漆(仿真石漆外墙面) | m² | 897.44 | | | |
| | 13-1 | 砖墙面抹纸筋石灰砂浆 | 10 m² | 89.74 | | | |
| | 16-321 | 外墙弹性涂料 2 遍 | 10 m² | 89.74 | | | |

## 本章小结

　　本章介绍了轴网建立的基本操作,阐述了土建算量软件中骨架构件、寄生构件、面域构件、零星构件、多义构件等的建模方法,同时对软件楼层复制选择、构件属性定义、构件编辑、构件显示控制等模型编辑功能进行了详细的介绍,最后对软件计算、编辑其他项目、增量计算等计算功能进行了描述。

　　在本章学习中,只有熟悉掌握了土建软件的基本操作,才能更好地进行建设项目的建模工作,才能得到我们所需要的全面而准确的项目工程量清单。

## 复习思考题

　　1. 如果基础梁顶标高一样,截面高度不一样(多高度),在布置时设置底标高比较麻烦,如何快速进行布置?

　　2. 如何计算自定义变截面梁模板?

　　3. 板上开洞,以矩形方式开洞时,输入长度和宽度后发现不符,是什么原因?

　　4. 板上开洞或者电梯井位置装饰如何布置?

　　5. 如何查看区域图形的周长和面积?

　　6. 简述楼层间构件复制与同名构件属性复制(不同层)的异同点。

　　7. 为何构件复制和镜像后,一定要进行构件整理?

# 5 土建 CAD 转化建模

## 教学目标

通过本章的学习,了解土建算量软件 CAD 转换的两种方式,熟悉 CAD 文件调入的两种方式,掌握轴网、墙体、门窗、柱、梁、出挑构件的转化,熟悉清除多余图形、Excel 表格插入、表格输出 Excel 等 CAD 转化辅助命令。

## 5.1 土建算量软件 CAD 转换概述

CAD 电子文档,指的是从设计部门拷贝来的设计文件(磁盘文件),这些文件应该是 DWG 格式的文件(AutoCAD 的图形文件),鲁班土建算量软件可以采用"自动转化"和"交互式转换"两种方式把它们转化为算量平面图。

### 5.1.1 自动转化

如果拿到的 CAD 文件是使用 ABD 5.0 绘制的建筑平面图,软件可以自动将它转换成算量平面图,转换以后,算量平面图中包含轴网、墙体、柱、门窗,建立起了基本的平面构架,交互补充工作所剩无几,极大地提高了建模的速度。

### 5.1.2 交互式转换

如果拿到的 CAD 文件不是由 ABD 5.0 产生的,有两种方法提高效率:

(1) 可以使用软件提供的交互转换工具,将它们转换成算量平面图。交互转换以后,算量平面图中包含轴网、墙体、柱、梁、门窗。尽管这种转换需要人工干预,但是与完全的交互绘图相比,建模效率明显提高,并且建模的难度会明显降低。

(2) 调入 CAD 文件后,用算量软件的绘构件工具,直接在调入的图中描图。

软件支持 CAD 数据转换,并且提倡操作者使用此功能。同时提醒操作者在以下问题上能有一个正确的认识:正确地计算工程量,应该使用具有法定依据的以纸介质提供的施工蓝图,而用磁盘文件方式提供的施工图纸,只是设计部门设计过程中的中间数据文件,可能与蓝图存在差异,找出这种差异,是操作者必须要进行的工作。下列因素可能导致差异的存在:

① 在设计部门,从磁盘文件到蓝图要经过校对、审核、整改。

② 交付到甲方以后,要经过多方的图纸会审,会审产生的对图纸的变更,直接反映到图

纸上。

　　③ 其他因素。现阶段各设计单位,甚至同一单位不同的设计人员,表达设计思想和设计内容的习惯相差很大,设计的图纸千差万别,因此转化过程中会遇到不同的问题,这就需要灵活运用,将转化与描图融为一体。

## 5.2　CAD 文件调入

　　根据所需调入的 CAD 文件中图纸的不同情况,有"菜单命令调入"和"带基点复制和粘贴调入"两种调入方式。

### 5.2.1　菜单命令调入

　　执行下拉菜单【CAD 转化】→【调入 CAD 文件】命令,或点击 CAD 转换工具条中 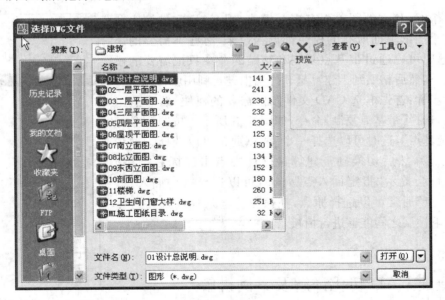 图标,打开需转换的 DWG 文件,调入的是建筑图还是结构图,用户根据实际情况自行选择。如图 5-1 所示,点击【打开】按钮。

图 5-1　文件调入

　　回到算量的绘图区,左键在算量图形绘图区点击一下,确定图形插入点,图形调入完成后执行【隐藏指定图层】命令,可以将一些不相关的线条隐藏,如房间名称、房间的家具等,使图纸更为清洁;然后使用【list】命令查看一下图中的各种线条所代表的含义,操作方法是键盘输入【list】,回车确认,光标由十字形变为方框,图中选择某条线条,可以多选几种,回车确认,出现列表,如图 5-2 所示,就可以清楚地知道该线条的含义。

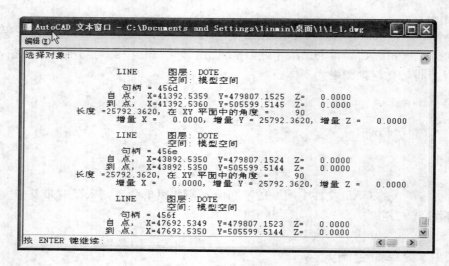

图 5-2　List 的含义

### 5.2.2　带基点复制和粘贴调入

若一个 CAD 文件图里面有多个模块,用 CAD 文件调入命令是把整个图纸里面所有的模块都调入过来,有些不需要的还要删掉,这时可以通过带基点复制和粘贴的命令只把需要的模块复制一下,然后粘贴到土建算量软件当中进行利用就可以了。

操作步骤:首先框选 CAD 文件图中需要的模块,然后点击鼠标右键,选择【带基点复制】命令,如图 5-3 所示。按照命令行提示"指定基点",这时可以选择一个基点(通常可以选择①轴和 A 轴的交点),然后切换到土建算量软件中点击鼠标右键【粘贴】,命令行会提示"指定插入点",这时可以选择一个插入点,"指定插入点"通常可以选择原点,在命令行输入"0,0,0",这样可以使上下楼层之间能够进行衔接。

图 5-3　带基点复制

## 5.3　土建 CAD 转化详解及案例讲解

识别电子图应按一定顺序进行,CAD 文档识别建模遵循一般步骤:导入施工图→对齐施工图→识别施工图→清空施工图。先用【楼层显示】功能切换到要识别的目标楼层,再继续识别工作,不可在一个楼层中识别其他楼层的模型。这部分软件功能利用 CAD 图中的图形和标注信息快速识别构件对象来建立算量模型。

### 5.3.1 转化轴网基本操作与案例讲解

1）基本操作

在转化轴网之前，操作者根据情况将所需建模的某层平面图调入土建算量软件中，然后执行以下操作方法：

（1）执行下拉菜单【CAD 转化】→【转化轴网】命令，在这里可以选择转化主轴还是辅轴，如图 5-4 所示。

（2）选择转化主轴（或辅轴）后弹出对话框，如图 5-5 所示。点击轴线层下方的【提取】，对话框消失，在图形操作区中左键选择已调入的 DWG 图中选取轴线，在选取轴线时注意提取完整（有时设计师将同张图纸里的轴线设计在不同的图层），选择好后，回车确认，对话框再次弹出；点击轴符层下方的【提取】，对话框消失，在图形操作区中左键选择已调入的 DWG 图中轴网的标注，在选取时同样注意提取完整，选择好后，回车确认，对话框再次弹出。

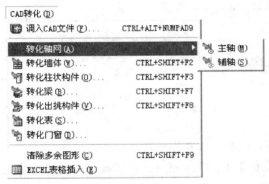

图 5-4　选择转化轴网命令

图 5-5　【转化轴网】对话框

（3）点击【转化】按钮，软件自动转化轴网。

2）案例讲解

（1）调入一层平面图

将界面切换到土建算量软件的首层图形文件，点击【CAD 转化】菜单下的【调入 CAD 文件】按钮，在弹出的"选择 DWG 文件"对话框中找到"02 一层平面图"，选择并点击【打开】按钮，完成一层平面图的导入。也可以通过"带基点复制和粘贴调入"方式完成一层平面图的导入。

（2）转化轴网

执行下拉菜单【CAD 转化】→【转化轴网】命令，选择转化次轴后弹出如图 5-4 所示对话框，根据对话框提取轴线和轴符，提取完后，点击【转化】按钮，软件自动转化轴网，一层平面图的轴网转化结果如图 5-6 所示。按照一层平面图中轴网的转化方法，该案例的基础层、2层、3层、4层及屋顶的轴网可类似操作。

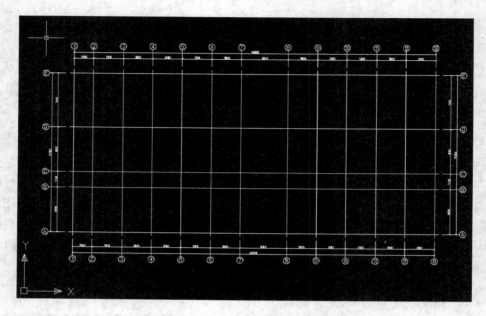

图 5-6　一层平面图的轴网

### 5.3.2　转化墙体基本操作与案例讲解

1) 基本操作

墙体转化的具体操作方法如下：

(1) 执行【隐藏指定图层】命令，将除墙线外的所有线条隐藏掉。

(2) 点击下拉菜单【CAD 转化】→【转化墙体】命令，或点击 CAD 转换工具条图标 ▦ 。

(3) 弹出对话框，如图 5-7 所示。点击【添加】按钮弹出对话框，如图 5-8 所示。

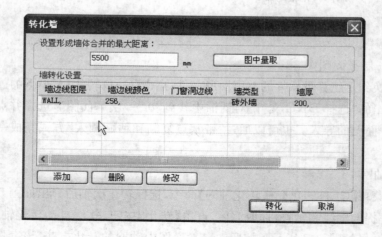

图 5-7　【转化墙体】对话框

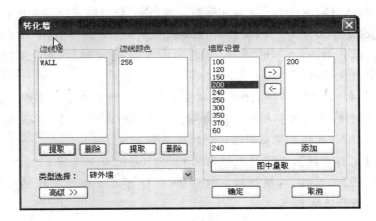

图 5-8　墙厚度提取

① 选取或者输入图形中所有的墙体厚度。

a. 对于常用的墙体厚度值可以直接选中"参考墙厚"的列表数据,点击箭头调入【已选墙厚】的框内。

b. 也可在"墙厚"的对话框中直接输入数据,点击增加调入"已选墙厚"的框内。

c. 如果不清楚施工图中的墙厚,可以点击【从图中量取墙厚值】,直接量取墙厚,量取的墙厚软件添加在"墙厚"的对话框中,点击增加调入"已选墙厚"的框内。

② 点击【边线层】下方的【提取】按钮,用鼠标左键选取算量平面图形中墙体的边线,如果不同墙厚的墙体是分层绘制的(一般情况下,不同的层颜色不同),需选择不同墙厚的墙边线各一段。回车或鼠标右键确认,确认后会在"边线层"下面的对话框中显示出选取图层的名称。

③ 点击【边线颜色】下方的【提取】按钮,用鼠标左键选取算量平面图形中墙体的颜色,如果不同墙的层颜色不同,需选择不同颜色墙的墙边线各一段。回车或鼠标右键确认,确认后会在【边线颜色】下面的对话框中显示出选取颜色的名称。

④ 点击图 5-8 中的【高级】按钮,图形展开后点击下方的【选择门窗洞边线层】按钮,用鼠标左键选取算量平面图形中门窗洞的边线,回车或鼠标右键确认,确认后会在"选择门窗洞边线层"下面的对话框中显示出选取图层的名称,软件将自动处理转化墙体在门窗洞处的连通。

⑤ 一般 DWG 电子文档中的门窗洞是绘制在不同于墙体的图层,一段连续的墙被其上门窗洞分隔成数段,因此直接转化过来的墙体是一段一段的。这时可以在"设置形成墙体合并的最大距离"输入框中设定墙体断开的最大距离(即门窗洞的最大宽度),也可以从图中直接量取该距离,这样转化过来的墙体就是连续的。

⑥ 类型选择,选择转化后的墙体类型,如砖外墙、砖内墙、混凝土外墙、混凝土内墙、间壁墙、电梯井墙。

⑦ 选择完成,点击【确认】按钮。回到图 5-7 对话框,然后点击【转化】按钮,软件自动转化。

⑧ 软件将默认自动保存上一次转化参数设置(退出软件后清空该参数)。

转换构件完成,图形中显示的墙体标注形式如果是"Q240",表示 240 mm 厚的墙体。如果是"Q370",表示 370 mm 厚的墙体。操作时需用【名称更换】的功能键把不同墙厚的名称更换成算量软件里的名称。

提示:如果结构比较复杂,转换构件的效果不是很好,可以在调入 DWG 文件的图形后,用描图的方式绘制墙,这样可以增加绘图的易度和减少绘图的时间。尽量将该楼层图形中墙体的厚度全部输入,这样可提高图形转换的成功率。

技巧:点击【名称更换】,更换转化过来的 Q240、Q370 等墙体时,可以按"S"键,先用鼠标左键选取一段 Q240 墙体,再框选所有的墙体,这样可以选择所有的 Q240 墙。同理,依次"名称更换"其他的墙体。

2) 案例讲解

在前面已经转化好轴网的界面上进行案例中一层墙体的转化。点击下拉菜单【CAD 转化】→【转化墙体】命令,弹出对话框,如图 5-7 所示。点击【添加】按钮弹出对话框,如图 5-8 所示。根据设计说明可知该案例的外墙材料是 200 mm 厚多孔砖砌块,内墙材料也是多孔砖砌块,墙厚分 200 mm 和 120 mm 两类,故墙厚设置为 200 mm 和 120 mm,墙类型选:砖外墙,同时提取墙体的边线层和边线颜色,然后选择门窗洞边线层,最后点击【确定】,在转化前还应设置形成墙体合并的最大距离(本案例 M5532 的宽度最大为 5500 mm),设置好后点击【转化】,一层墙体即转化成功。然后点击【名称更换】,对内墙的名称统一从 ZWQ 更换为 ZNQ,该案例其他楼层墙体类似操作。图 5-9、图 5-10 所示的是一层墙的模型。转化的墙构件套用定额或清单的方法详见【构件属性定义】→【构件属性复制】命令。

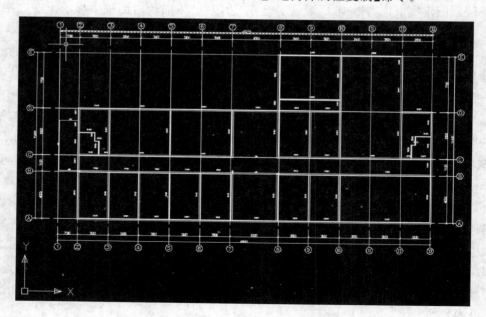

图 5-9　一层平面图的墙体转化

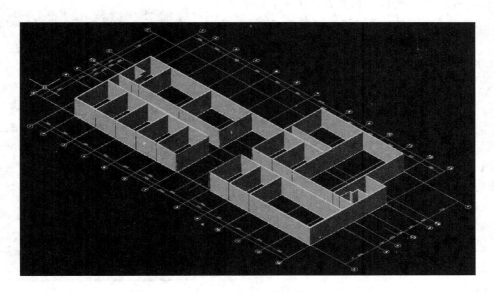

图 5-10 一层平面图的墙体立体图

### 5.3.3 转化门窗基本操作与案例讲解

1) 基本操作

(1) 转化门窗表

将一张平面图导入到算量软件中,并调入门窗表;点击下拉菜单【CAD 转化】→【转化表】命令,或点击 CAD 转换工具条图标 ；出现【转化表】对话框,软件默认的表类型为门窗表,如图 5-11 所示。

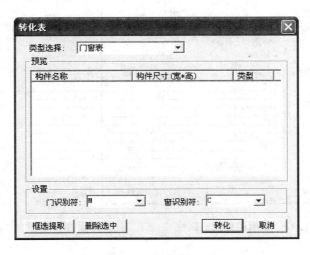

图 5-11 转化门窗表

框选门窗表中门的所有数据,软件会自动将数据添加到【预览提取结果】列表中,如果有不需要的或者错误的数据,可以左键选中列表中的该数据,点击【删除选中】按钮即可删除该数据。点击图5-11中的【转化】按钮,转化成功。重复前面的步骤,提取并添加窗。

（2）转化门窗

点击下拉菜单【CAD转化】→【转化门窗】命令,或点击CAD转换工具条图标  ,出现【转化门窗墙洞】对话框,如图5-12所示。点击标注层下方【提取】按钮,对话框消失,在图形操作区域内左键选取CAD文档中一个门或窗的名称,选择好后,回车确认。对话框再次弹出,点击边线层下方【提取】按钮,对话框消失,在图形区域内左键选取CAD文档中一个门或窗的图层,选择好后,回车确认。在高级菜单中可以选择门窗的识别符。点击【转化】按钮即可完成转化。

图5-12　转化门窗

注意：门窗转化之前必须要转化墙体。转化的门窗构件套用定额或清单的方法详见【构件属性定义】→【构件属性复制】命令。

2）案例讲解

在前面已经转化好的一层墙体界面上进行该案例一层门窗的转化。首先将案例中的门窗表从CAD图中复制粘贴到算量软件,然后点击下拉菜单【CAD转化】→【转化表】命令,进行门窗表的转化。在转化门窗表时先要提取门窗表的属性（如图5-13）,这样门窗的属性才能自动提取到软件中去（如图5-14）。

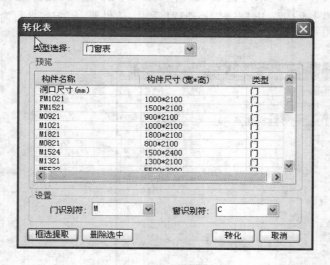

图5-13　提取门窗表的属性

图5-14　软件中门窗表属性的提取

点击下拉菜单【CAD转化】→【转化门窗】命令,进行转化门窗的基本操作,操作结果如图5-15、图5-16所示,其他各楼层门窗转化类似进行。

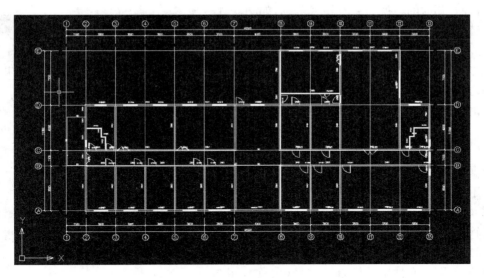

**图 5-15　一层平面图的门窗转化**

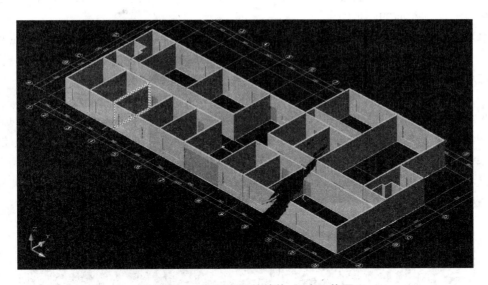

**图 5-16　一层平面图的墙体、门窗立体图**

### 5.3.4　柱、柱状独立基转化基本操作与案例讲解

1）基本操作

转换柱状构件可选转换类型为混凝土柱、砖柱、构造柱、暗柱、柱状独立基，并可根据需要选择转换范围。具体操作方法如下：

（1）执行下拉菜单【CAD 转化】→【转化柱状构件】命令，或点击 CAD 转换工具条图标⊞。

（2）弹出对话框，如图 5-17 所示。

选择好相应的转换类型及转换范围,如图 5-17 所示,选择"混凝土柱",转换范围选择"整个图形",点击标注层下方的【提取】,对话框消失,在图形操作区中左键选择已调入的 DWG 图中选取一个柱的编号或名称,选择好后,回车确认,对话框再次弹出;点击边线层下方的【提取】,对话框又消失,在图形操作区中左键选择已调入的 DWG 图中选取一个柱的边线,选择好后,回车确认,对话框再次弹出;根据图纸上柱的编号或名称选择正确的标识符,对于"不符合标识柱"可下拉选择【转化】或【不转化】;软件将默认自动保存上一次转化参数设置(退出软件后清空该参数)。

图 5-17 【转化柱】对话框

(3)点击【转化】按钮,完成柱的转化。此时软件已对原 DWG 文件中的柱重新编号(名称),相同截面尺寸编号相同。同时【柱属性定义】中会列入已转化的柱的名称;"自定义断面→柱"中会保存异型柱的断面的图形。

(4)转化的柱构件套用定额或清单的方法详见【构件属性定义】→【构件属性复制】命令。

注意:转化柱状独立基砖柱、构造柱、暗柱、柱状独立基操作同转化柱。

2)案例讲解

在案例的结构施工图中找到框架柱平面布置图(本案例几层楼柱的平面布置图是一样的,除钢筋布置外),将该结构图调入算量软件,执行下拉菜单【CAD 转化】→【转化柱状构件】命令,弹出如图 5-17 所示对话框,选择【砼柱】,点击标注层下方的【提取】,选择需转化的柱边线,点击边线层下方的【提取】,选择需转化的柱标注,标识符选 KZ,最后点击【转化】按钮,完成柱的转化,操作结果如图 5-18、图 5-19 所示。其他各楼层柱转化类似进行。

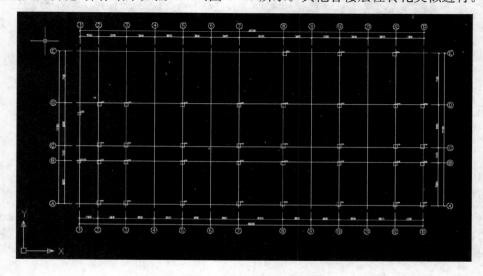

图 5-18 一层平面图的柱转化

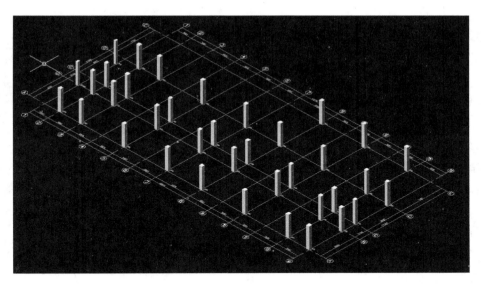

图 5-19 一层平面图的柱立体图

### 5.3.5 转化梁基本操作与案例讲解

1) 基本操作

（1）转化梁表

如需要转化的是梁表，则选择"类型选择"为"梁表"，然后出现如图 5-20 所示的对话框，点击【框选提取】按钮，回到图形界面，左键框选梁表，选完后右键或回车确定，回到对话框；选择转化类型的识别符，其他梁识别符设置点击【其它梁识别符】按钮；点击【确定】按钮，软件自动转化。

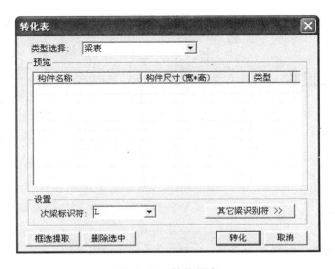

图 5-20 转化梁表

（2）转化梁

将结构图中的某层梁平面配筋图调入算量软件。

① 点击下拉菜单【CAD 转化】→【转化梁】命令，或点击 CAD 转换工具条图标 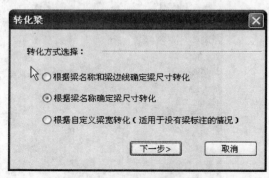 。

② 弹出对话框，如图 5-21 所示。

a. 根据梁名称和梁边线确定尺寸转化。

软件自动判定 DWG 文件中的梁集中标注中的梁名称以及梁尺寸，并与最近的梁边线比较，集中标注中的宽度与梁边线宽度相同，软件自动转化。

b. 根据梁名称确定梁尺寸转化。

软件自动判定 DWG 文件中的梁集中标注中的梁名称以及梁尺寸，不与最近的梁边线比较，按照最近原则自动转化。

c. 根据自定义梁宽转化。

图 5-21　梁的转化方式

提示：因为建筑施工图与结构施工图是分开的，因此墙体转化完后，需要调入结构施工图（原来调入的建筑施工图可以先不删除）。调入结构施工图，确定点的位置时注意将两图分开。用 CAD 的命令删除不需要的图形，键入移动的命令（Move），将剩余的结构施工图框选，确定一个容易确定的基点，按同一位置将结构施工图移动到建筑施工图上，使两图重合，而后再执行【转化梁】的命令。

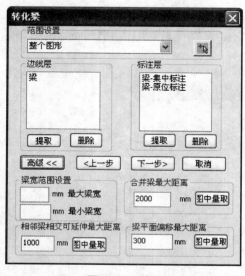

图 5-22　转化梁

③ 点击【下一步】按钮弹出对话框，如图 5-22 所示。

点击【边线层】按钮，用鼠标左键选取算量结构图形中梁体的边线，如果梁体的图层不同，需完全提取垂直标注和水平标注，回车或鼠标右键确认，确认后会在【边线层】下面的对话框中显示出选取边线的名称；点击【标注层】按钮，用鼠标左键选取算量平面图形中梁体的颜色，如果梁实线和梁虚线是不同图层，需要同时提取，回车或鼠标右键确认，确认后会在【选择墙边线颜色】下面的对话框中显示出选取标注的名称；点击【高级】按钮，可以对增加了梁跨偏移和梁延伸相交自动闭合的参数设置信息进行设置，从而让 CAD 转化效率进一步提高。

④ 点击【下一步】按钮弹出对话框，如图 5-23 所示。

在设置不同梁构件名称识别符中可以选择梁体转化的优先级别；对 CAD 图纸有特殊

标识的图纸可以添加梁体名称前后缀,提高梁体识别的几率。

⑤ 点击【下一步】按钮弹出对话框,如图 5-24 所示。

图 5-23　梁名称的设置

图 5-24　梁的集中标注

可以直接修改原为标注中梁体的断面尺寸以及层高、名称的参数信息,扩充了转化范围。如果有多个同名称的梁,但不同跨或不同断面时,归为一类,用红色标识,如图 5-25 所示。点击仅显示无断面的梁,可以直接查看没有提取到原位标注信息的梁体,方便直接修改。

图 5-25　同名梁的标注

⑥ 点击【转化】按钮,即可完成梁体的转化。

2) 案例讲解

在案例的结构图中将二层梁平面配筋图调入算量软件一层界面。点击下拉菜单【CAD 转化】→【转化梁】命令,在弹出的对话框中选择"根据梁名称和梁边线确定尺寸转化",在新弹出的对话框中点击【边线层】按钮提取需要转化的梁边线,点击【标注层】按钮提取需转化的梁标注;然后设置图中不同梁构件名称识别符,再确定梁的集中标注;最后点击【转化】按钮,即可完成梁体的转化。二层梁平面转化结果如图 5-26、图 5-27 所示。

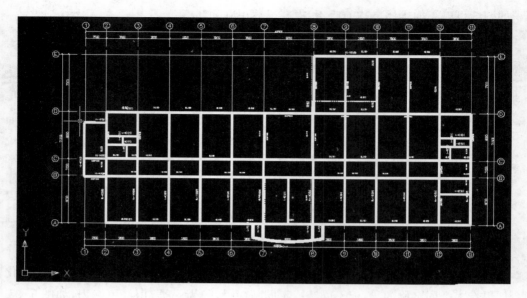

图 5-26  二层梁平面的转化

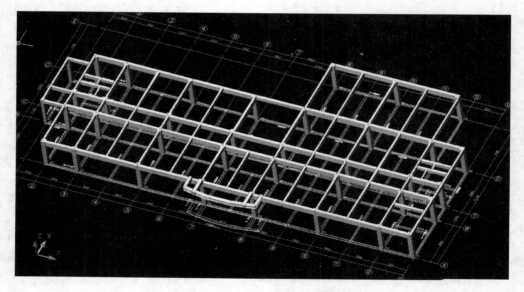

图 5-27  二层梁平面转化的立体图

### 5.3.6  转化出挑构件

执行【隐藏指定图层】命令,将除梁边线外的所有线条隐藏掉,点击下拉菜单【CAD 转化】→【转化出挑构件】命令,或点击 CAD 转换工具条图标 [图] ,光标由"十"字形变为方框,方法与"提取图形"操作相同,完成后软件会自动将提取的图形保存到"自定义断面"中的阳台断面里。

# 5.4　CAD 转化辅助命令

在 CAD 文件进行图形转化的过程中,需要借助一些常用的辅助命令,如清除多余图形、Excel 表格插入、表格输出 Excel 等。

## 5.4.1　清除多余图形

执行下拉菜单【CAD 转化】→【清除多余图形】命令,使用此命令可以选择多个楼层将调入的 DWG 文件图形删除。

提示:充分利用 DWG 文件,确认不再需要时再给予清除。

## 5.4.2　Excel 表格插入

执行下拉菜单【CAD 转化】→【Excel 表格插入】命令,可以将剪切板内的内容复制到鲁班算量中。

## 5.4.3　表格输出 Excel

执行下拉菜单【CAD 转化】→【表格输出 Excel】命令,框选表格确认即可。该命令可将 CAD 中的表格直接输出到 Excel 中,并且根据表格的样式输出包括合并单元格等样式。

## 本章小结

本章首先介绍了电子文档转换的两种方式,并说明了 CAD 文件调入的两种方式,然后详细阐述了轴网、墙体、门窗、柱、梁、出挑构件的转化,最后介绍了清除多余图形、Excel 表格插入、表格输出 Excel 等 CAD 转化辅助命令,为我们快速进行土建算量模型的建立奠定了基础。

## 复习思考题

1. 电子文档转换的方式包括哪两种?

2. CAD 文件调入方式包括哪两种?

3. 墙体转化后如何进行名称更换?

4. 是不是所有构件都可以通过 CAD 电子文档识别建模? 如果不是,目前的土建算量软件能识别哪些构件而进行 CAD 电子文档识别建模?

# 6 钢筋算量软件工作原理及界面介绍

## 教学目标

了解钢筋软件的安装与卸载,掌握钢筋软件的主操作界面及常用工具,熟悉钢筋软件三维显示,掌握钢筋软件的工作原理。

## 6.1 钢筋算量工作原理

鲁班钢筋(预算版)软件基于国家规范和平法标准图集,采用 CAD 转化建模、绘图建模,辅以表格输入等多种方式,整体考虑构件之间的扣减关系,解决造价工程师在招投标、施工过程钢筋工程量控制和结算阶段钢筋工程量的计算问题。软件自动考虑构件之间的关联和扣减,用户只需要完成绘图即可实现钢筋量计算,内置计算规则并可修改,强大的钢筋三维显示,使得计算过程有据可依,便于查看和控制,报表种类齐全,满足多方面需求。

### 6.1.1 系统配置要求

系统的配置

| 硬件与软件 | 推荐要求 |
| --- | --- |
| 机型 | PentiumIII 以上的机器 |
| 内存 | 512MB 以上 |
| 鼠标器 | 2 键+滚轮鼠标 |
| 操作系统 | 简体中文 2000/XP/WIN7 |

### 6.1.2 钢筋规格的表示与输入

表 6-1 列出了目前钢筋支持输入的钢筋级别类型及输入方法。

**表 6-1 鲁班钢筋的表达方式**

| 级别/类型 | 符号 | 属性输入方式 | 单根输入方式 |
| --- | --- | --- | --- |
| 一级钢 | Φ1 | A | A 或 1 |
| 二级钢 | Φ2 | B | B 或 2 |
| 三级钢 | Φ3 | C | C 或 3 |
| 四级钢 | Φ4 | D | 4 |
| 五级钢 | Φ$^V$5 | E | 5 |

续表 6-1

| 级别/类型 | 符号 | 属性输入方式 | 单根输入方式 |
|---|---|---|---|
| 冷轧带勒 | $\phi^R 6$ | L | L 或 6 |
| 冷轧扭 | $\phi^t 7$ | N | N 或 7 |
| 冷拔 | $\phi^b 11$ | | 11~15 |
| 冷拉 | $\phi^L 21$ | | 21~25 |
| 预应力 | $\phi^V 31$ | | 31~35 |

# 6.2   钢筋软件建模整体操作流程

钢筋软件中要求建立的构件不多,通过以下的建模操作流程即可发现,钢筋软件的建模和土建软件的建模有异曲同工之处。

## 6.2.1   软件整体操作流程

软件的整体操作流程如图 6-1 所示。

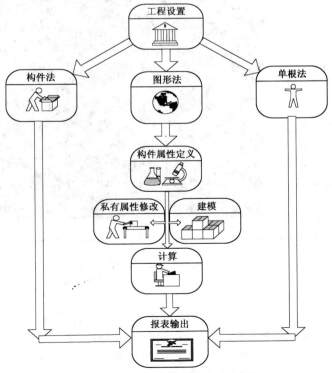

图 6-1   软件的整体操作流程图

### 6.2.2 鲁班钢筋操作基础

**1）窗口（或窗体）**

在窗体的左上角图标处用鼠标右击可弹出以下子菜单："还原、移动、大小、最小化、最大化、关闭"。在其右上角有三个按钮，从左到右分别为最小化、最大化/还原、退出。在非最大化状态时，拖动标题栏可以移动窗口，双击标题栏相当于执行【还原】命令；如果移动鼠标到窗体边线处指针变为双箭头，则按左键可以拖动窗体变大变小。某些按钮可能由于开发人员的特殊设置或者所处的状态不同而无法使用，比如最大化状态时"移动、大小、最大化"命令及标题栏拖动不可用，如图 6-2 所示。

【关闭】窗体按钮：其快捷键为 Alt＋F4。在桌面上点击一下鼠标，按 Alt＋F4，您将发现可以实现键盘关机。

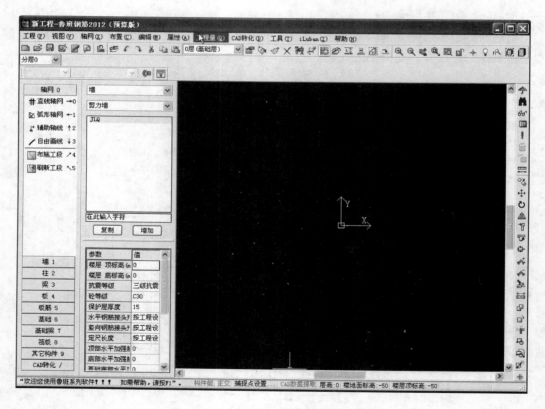

**图 6-2　窗口**

**2）菜单**

菜单分为主菜单及右键快捷菜单。主菜单一般位于窗体的标题栏下，为最全面的命令，某些菜单命令可以用工具栏中相对应的快捷按钮执行。右键快捷菜单一般会根据所指对象不同而弹出不同的菜单，比如在构件树中点右键与钢筋表格中点右键弹出的菜单是不相同的。在最初学习应用软件时，应将所有主菜单简单地浏览或执行一遍，以对软件的大致功能有初步的了解。快捷菜单的设计目的就是提高您的工作效率,其中的命令一般可以在工具栏或主菜单中找到。关于菜单的重要内容如下:

(1) 加速键:在某些菜单或菜单项的名字中有一个带下划线的字母,称为加速键,当一个菜单激活时,按下该字母键将使菜单命令被执行;当主菜单没有被激活时,使用 Alt 键与加速键就可以激活主菜单,用键盘的上或下方向键选择其中的子菜单,回车执行,或者激活主菜单后,按子菜单中的加速键直接执行。

(2) 快捷键:它是菜单中靠右边的各键组合,例如 Ctrl+N。按 Ctrl+N 键,即使菜单未被显示,也可以直接执行【新建】命令。因此执行该命令,要比首先激活主菜单然后选择子菜单要快捷得多。

举例:要执行 Word 中的打印命令,推荐使用快捷键方式。按【Ctrl+P】,直接执行文件打印命令。

(3) 如果菜单名称之后有"…",说明执行此命令后将弹出窗口;如果菜单名称右边有"▶",说明其下还有子项命令。如图 6-3、图 6-4 所示。

图 6-3　主菜单

图 6-4　右键快捷菜单

3)工具栏

工具栏一般位于主菜单下面,工具栏设计的目的也是为了提高工作效率,其所有命令在主菜单中都可以找到。将鼠标移动到工具栏凸起的分隔线处,按住鼠标左键拖拉,会出现一个与原工具栏等高的虚线框,将指针移动到工具栏中适当的地方放开左键即可,这个过程简称为拖放操作。如果将某工具栏拖拉到工具栏以外的地方并放开鼠标,此工具栏将会变成一个具有标题的小窗体,标题栏右边有【关闭】按钮,执行关闭命令之后此工具栏消失。如果需要重新显示此工具栏,则执行【查看】菜单中的子选项。工具栏中左边为正常状态时的工具栏,右边为拖离工具栏范围以外时的状态。

4)按钮

鼠标左键击之后将执行相应命令。另外还可采用加速键,如按【Alt+N】将执行【下一步】命令,与菜单的加速键的作用完全相同。如果按钮为下陷状态,则按回车键直接执行该命令,呈下陷状态的按钮称为默认按钮。一般在开发软件时将最常执行的按钮设为默认按钮。利用加速键及默认按钮能在很大程度上提高工作效率。

严格地讲,在工具栏内的图标代表的也是按钮,但它不具备这些特点。

5)单行输入框及多行输入框

(1) 如图 6-5 所示,图中左边白色框部分称为单行输入框,其下面带有滚动条的部分称为多行输入框。单行输入框的作用是输入构件的各种相关参数,如断面尺寸、钢筋参数等。

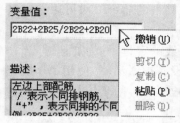

**图6-5　单行输入框**

多行输入框的作用是对构件相关参数的输入方法与格式加以说明。一般情况下，多行输入框内的内容为另读状态，那么严格上说就不是输入框了，您无法输入文字，但其中内容是支持【Ctrl＋C】复制操作的。

（2）如图6-5所示，图中，在输入框中，单击右键将弹出快捷键菜单，其中最有用的命令是【复制】、【粘贴】。例如图中需要配置四种规格的钢筋，并且2、4、8跨处上部钢筋参数相同，即可以在第2跨处用右键菜单的【全选】命令快速选择或者用鼠标抹选，调用右捷菜单的:【复制】命令，到第4、8跨输入参数调用右捷菜单的【粘贴】命令即可快速输入数据；另外选择需要复制的内容后，按【Ctrl＋C】进行复制，到需要的地方按【Ctrl＋V】进行粘贴，是最快捷的操作方法。最新版本增加了数据记忆功能，已经输入的数据软件会给予保存，遇到相同的数据重新选择即可。

6）单选按钮及复选框

如图6-6所示，白色圆圈部分称为单选按钮。如果为选择状态，则在圆心处为一黑色圆点，在同一选项组中，只能有一个选项为选中状态。例如图中正常环境、恶劣环境、自定义为同一选项组，点选【自定义】之后，"正常环境"选项将自动取消，就像做单项选择题一样。

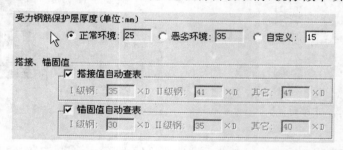

**图6-6　单选按钮及多选框**

图6-6中白色小正方形方框部分称为多选框，如果为选择状态，方框内将增加"√"符号。在同一选项组中，允许多选（2个及2个以上选项）、只选（1个选项）、不选，就像做多项选择题一样。

当然，如果多选框只有一个选项时，其作用相当于单选按钮。

7）列表框及组合框

如图6-7（a）所示，称为列表框，为Word中的字形设置选项，它与组合框相比，将占用较多的屏幕资源，但对于所有选项一目了然。

图6-7（b）称为组合框，例如鲁班钢筋的梁类型选项框。我们可以形象地称为"下拉选择框"，点击下三角之后弹出所有选项列表（此动作称为下拉），移动鼠标到相应选项左键进行选择，这种组合框在选项较多的时候可以节省屏幕资源。有很多操作人员在初学时无法找到某些选项设置，就是因为对"下拉选择框"的特点不了解。

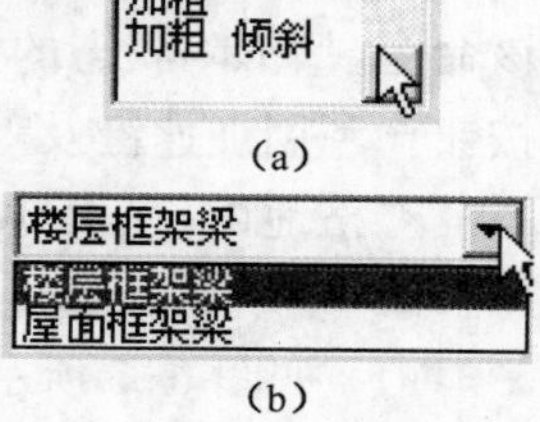

**图6-7　列表框与组合框**

8）滚动条

滚动条分为水平方向的滚动条及垂直方向的滚动条,点击【上
(下/左/右)翻】按钮将把屏幕无法显示的内容向上(下/左/右)翻动一行(列);用鼠标左键按
住"拖动"按钮可以快速地控制屏幕显示内容;连续点击空白区域即【翻屏】按钮将把已经显
示的旧内容翻走,把未显示的新内容逐屏显示;点击【拖动】按钮上方的空白区域则相当于键
盘按键【PgUp】;点击【拖动按钮】下方的空白区域则相当于键盘按键【PgDn】。

9）状态条

状态条最大的作用是显示菜单或按钮命令的较为详细的帮助提示。

10）尺寸调节杆

尺寸调节杆是一个尺寸控制构件,其设计目的为:当设计者无法预料到各大构件之间的
合适尺寸或者为了增加界面的灵活性时,在两大构件之间加入一个调节组件来让用户能够
调整其尺寸。增大一个构件的尺寸,会自动缩小另一个构件的尺寸。如图 6-8 所示,KL1
"5A"的名称不能完全显示,将鼠标指针移动到树构件与表格之间的凸起处,指针变为双向
箭头,按住左键即可向左向右调整尺寸以更好地显示树构件。

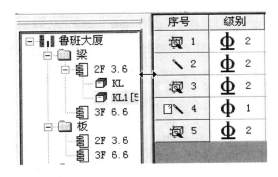

图 6-8　尺寸调节杆

11）Tab 属性

每一个对话框或窗口中均有 Tab 属性。该属性确定当用户按【Tab】键之后输入焦点的
跳转顺序;进入对话框或窗口时,默认的输入焦点处于 Tab 属性值最小的组件上。如
图 6-9 所示。

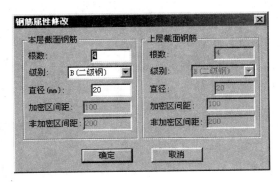

图 6-9　Tab 属性

在对话框中按【Tab】键将自动跳转输入焦点，以免来回应用鼠标单击而导致低效。

如图 6-9 所示，输入根数之后，可以移动鼠标下拉选择"级别"，再移动鼠标指针到"直径"输入框中单击后再输入参数，但这样操作效率较低。

用键盘操作可提高效率。使用 Tab 键（位于键盘左方、Caps Lock 键的上方）来移动输入焦点。如图 6-9，当前输入焦点在"根数"处，直接输入数字比如"4"；按键盘上的【Tab】键，输入焦点自动移到"级别"处，如果要选择前一个选项请按左方向键"←"或者上方向键"↑"，如果要选择后一个选项请按右方向键"→"或者下方向键"↓"；选择好"级别"之后再按【Tab】键，输入焦点自动移到"直径"处，输入数字比如"22"；再按【Tab】键，输入移到【确定】按钮上，可以看出灰色的无效参数将被自动跳过；再按【Tab】键，输入焦点移到【取消】按钮上，如果放弃修改则此时按回车键；再按【Tab】键，输入焦点又回到"根数"处，如此循环。

# 6.3 界面介绍

当读者第一次打开鲁班钢筋软件时，对软件的界面多少有些陌生，因此本章将对软件的界面进行详细介绍。同时也请读者注意状态条中有关选中命令的较详细的提示，这将对初学者的正确操作有一定帮助。

## 6.3.1 主界面介绍

通过主界面介绍，可以对鲁班钢筋 2012－YS20 的主界面有个初步的认识。

鲁班钢筋主界面分为图形法与构件法两种，目前以图形法作为主界面，下面分别介绍两种主界面的构成。

1）图形法

图形法主界面主要由菜单栏、工具栏、构件布置栏、属性定义栏、绘图区、动态坐标、构件显示控制栏、钢筋详细显示栏、状态栏提示栏、构件查找栏、实时控制栏、粘贴板管理器栏等构成（如图 6-10）。

菜单栏：菜单栏是 Windows 应用程序标准的菜单形式，包括【工程】、【视图】、【轴网】、【布置】、【编辑】、【属性】、【工程量】、【CAD 转化】、【工具】、【帮助】。

【工程】菜单——包含对文件操作的各项功能。

【视图】菜单——包含对文件操作的各项功能。

【轴网】菜单——针对图形法的轴网操作。

【布置】菜单——针对图形法的构件布置。

工具栏：这种形象而又直观的图标形式，让我们只需单击相应的图标就可以执行相应的操作，从而提高绘图效率，在实际绘图中非常有用。

构件布置栏：所有布置命令。例如左键点击【轴网】，会出现所有与轴网有关的命令。

属性定义栏：在此界面上可以直接复制、增加构件，并修改构件的各个属性，如标高、断面尺寸、混凝土强度等级、钢筋信息等。

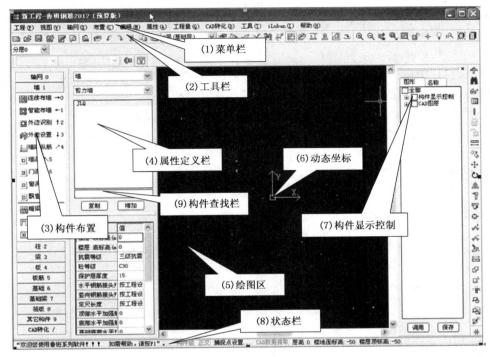

图 6-10   主界面

动态坐标：拖动直角坐标的原点到想要的参照点上，当控制手柄变红色时，说明两者已准确重合。

构件显示控制：可以按图形、名称两种方式控制构件的显示。

编辑工具栏：对构件图形进行编辑，计算，查看单个构件钢筋量等。

状态提示栏：在执行命令时显示相关提示。

构件查找栏：输入构件名称，即时找到对应的编号。

2）构件法

构件法主界面主要由菜单栏、工具栏、目录栏、钢筋列表栏、单根钢筋图库、参数栏等构成（如图 6-11）。

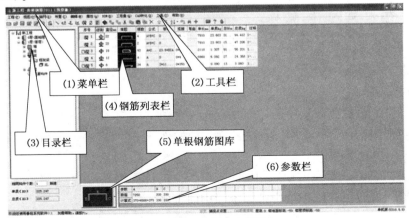

图 6-11   构件法主界面

菜单栏:菜单栏同图形法的菜单栏,无效的菜单灰色显示,有效的保留。

工具栏:保留图形法工具栏,无效项目将变成灰色,有效的保留;并在下方增加构件法工具栏。

目录栏:其中按楼层与构件保存工程所有的计算结果,并可自定义构件夹。

钢筋列表栏:显示并可修改所有构件的详细钢筋信息。

单根钢筋图库:软件的钢筋图库,可选择应用。

参数栏:选中钢筋的各参数显示、修改位置。

### 6.3.2 常用工具条简介

1) 常用工具条1(如图6-12)

**图6-12 常用工具条1**

2) 常用工具条2(如图6-13)

3) 常用工具条3(如图6-14)

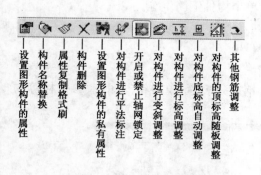

**图6-13 常用工具条2**

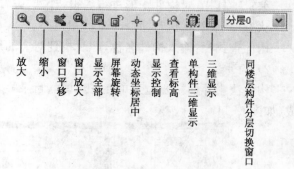

**图6-14 常用工具条3**

4) 常用工具条4

⚓ 合法性检查:检查图形中的构件是否布置合理。

🔍 搜索:根据构件名称搜索图形法图面上的构件,查找图形法中的钢筋直径规格,进行批量修改。

👓 单构件钢筋显示:在图形法中即时查看构件的计算结果,并可编辑钢筋。

▦ 区域重量统计:在图形法中区域统计构件重量。

❗ 工程量计算:工程量计算,可分层分构件计算。

⊞ 测量两点间距离:图形法中量出两点间距离。

⊗ 带基点复制:可以将某个(某些)构件复制到某个位置,可多次复制。

⊕ 带基点移动:可以将某个(某些)构件移动到某个位置。

↻ 旋转:可以旋转某个(某些)选中的构件。

⊿ 镜像:可以将某个(某些)构件镜像。

⊤ 偏移对齐:可以将布置好的框架柱与墙体对齐。

⊡ 夹点编辑:图形法中,可以进行面域构件增加或删除夹点。

⊠ 添加折点:可以将布置好的线性构件,增加折点并可以调整折点处的标高。

⌒ 删除折点:可以将线性构件上折点删除。

⊠ 切割:可以将面域构件分成多块。

⊟ 打断线性构件:可以支持构件包含线性构件进行打断。

⊡ 构件合并:可以支持两个或两个以上的构件合并。

⊡ 转角设置:对构件进行角度旋转。支持柱、独立基础、积水井构件旋转。

⊤ 倒角、延伸:对线形构件进行修剪和延伸。

⊞ 建立直形轴网:可以建立直形轴网。

⊠ 建立弧形轴网:可以建立弧形轴网。

⊥ 绘制辅助轴线:可以增加辅助轴线。

╱ 自由画线:自由画线。

⊠ 添加折点:可以对任何线性构件(梁,墙)增加折点。

⊠ 切割:只对面域构件有效(板,筏板)。

⊡ 构件合并:对所有构件有效,梁需要同名称、同标高、同一水平位置可以合并,墙合并只要在同水平面,不区分名称和标高。

5)常用工具条 5

选择【构件布置栏】命令,相对应的会有如下的活动布置栏(以布置墙体为例):

[剪力墙 ▾] 选择布置构件大类:图形法中,选择布置构件时,可以选择构件类型。如:选择【连续布墙】命令时,就可以选择剪力墙、砖墙两种构件类型。

[JLQ1 墙厚:200 ▾] 选择布置构件小类:图形法中,选择布置构件时,可以选择具体构件名称。

⊲⊲ 属性工具栏开关:图形法界面,对【属性定义栏】展开或收缩,以增大绘图区域。

[图形墙高:随属性 ▾] 选择布置构件的标高:图形法中,设置布置构件的标高。

⊡ 选择布置构件标高锁定:图形法中,可以确定一个标高锁定,应用到所用构件上。

[定位: ▪▪⎕ ▪▪▪] 选择布置构件的对齐形式:图形法中,布置构件沿布置方向的对齐方式。包括左边对齐、居中、右边对齐方式。

[左边宽度: 100] 选择布置构件的左边宽度:图形法中,布置构件沿布置方向的左边宽度。

[╱⌒◡⊠] 选择布置构件的布置方式:图形法中,选择不同的方法布置构件。

6)常用工具条 6

在绘图界面框选整个图形后,点击 ⊞ 弹出图 6-15。

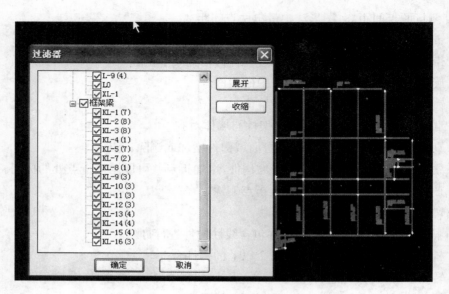

图 6-15　过滤器

一次选择多种构件,通过过滤器将所选构件按大类→小类→名称排序,并可手工筛选过滤不需要的构件。

### 6.3.3　钢筋三维显示简介

鲁班钢筋三维显示采用当今世界上领先的 3D 应用程序提供核心的图形架构和图形功能,HOOPS 3D Application Framework（HOOPS/3DAF）作为三维显示的平台基础,将建模过程中的图元即时三维显示构件与其对应的钢筋。

鲁班钢筋三维界面由图形法主界面常用工具栏 📇 进入。

1) 常用工具栏介绍

🔍 构件钢筋显示:在三维状态下点击实体及显示该实体的钢筋。

🔧 显示平移:当图形整体放大后超出了当前屏幕时,使用窗口平移命令来进行屏幕内容的移动,相当于按住鼠标中间滚轮左右移动。

🕀 构件旋转:可以使用此命令来完成图形的旋转。

🌀 绕轴转动:图形中界面中心进行平面翻转。

🔍 缩小:屏幕资源总是有限的,当需要缩小图形时,左键点击此按钮,图形会按比例逐渐缩小,相当于鼠标中间滚轮向下滚动。

🔍 框选放大:执行该命令后,将鼠标移到绘图区域,光标变为"十"字形,按住鼠标左键拖拉画矩形,以框选的方式来放大选中的区域。

💡 显示控制:点击出现如图 6-16 所示对话框,对实体及钢筋的显示控制。

提示:不需要显示的构件不勾选。

2) 三维显示支持构件

（1）所有构件支持实体三维显示。

（2）支持钢筋三维显示：剪力墙（除墙洞）、板筋、弧形板筋、圆形板筋、框架梁、次梁、基础梁、基础次梁、板、板带、筏板筋、独立基础、承台。

3）单构件三维显示

点击命令 ⬚ ，左键单击构件，弹出命令。如图 6-17 所示。

图 6-16 三维构件显示控制

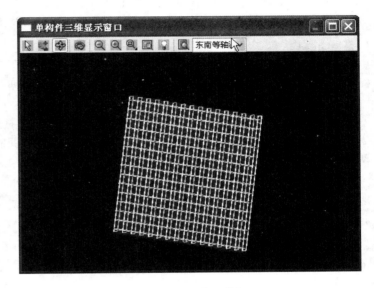

图 6-17 单构件三维显示

选择命令 ⬚ 点击钢筋，弹出图 6-18。

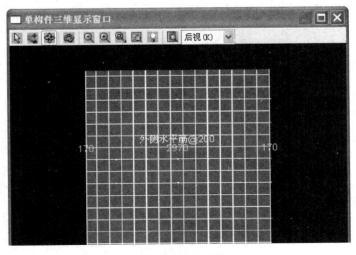

图 6-18 【单构件三维显示】窗口

图中会提示当前选中的钢筋名称（外侧水平筋@200）每一段的钢筋长度，以及和它相关联的构件。相关联的构件以透明形式只显示实体。

再次点击【长度】，显示此长度数值的计算公式。

计算公式以数值和中文描述表示，每一个数值对应一个中文描述。

提示：支持单个构件的三维显示。支持的构件包括：剪力墙，框架梁，次梁，底筋，负筋，双层双向钢筋，跨板负筋，支座钢筋，温度筋，跨中板带，柱上板带，独立基础，筏板底筋，筏板面筋，筏板中层筋，筏板支座钢筋，基础跨中板带，柱下板带，基础主次梁。

当构件与其他构件发生关联时，相关联的构件以透明的方式显示。

点击三维钢筋，即可显示此根钢筋长度；再点击【长度】，显示此长度数值的计算公式。

支持显示钢筋数据的构件包括：剪力墙，底筋，负筋，跨板负筋，双层双向钢筋，温度筋。

## 本章小结

本章主要介绍了鲁班钢筋软件的工作原理与主要界面，通过工作原理与主要界面的介绍，让读者能够从总体上掌握鲁班钢筋的建模思路。工具条命令的详细说明，对读者快速掌握软件操作也有重要意义。最后，介绍了鲁班钢筋的三维视图功能，让读者从感官上把握钢筋建模过程中是否存在错误，从而养成良好的建模习惯，同时，也为初学者提供了通过鲁班钢筋软件快速掌握钢筋平法原理的捷径。

## 复习思考题

1. 鲁班钢筋的安装，需要在什么配置的电脑环境？
2. 市场上的钢筋规格级别，在鲁班钢筋软件中是如何表达的？

# 7 钢筋算量软件文件管理与结构

## 教学目标

通过本章的学习,掌握钢筋软件的启动,掌握钢筋软件的新建工程和工程设置以及工程的打开、保存和退出,掌握钢筋软件和土建软件之间的互导程序操作。

## 7.1 软件启动

软件的启动非常简单,前提条件是已经正确安装了钢筋算量软件。

双击桌面图标  启动软件,呈现如图 7-1 所示界面,默认为打开已有工程。

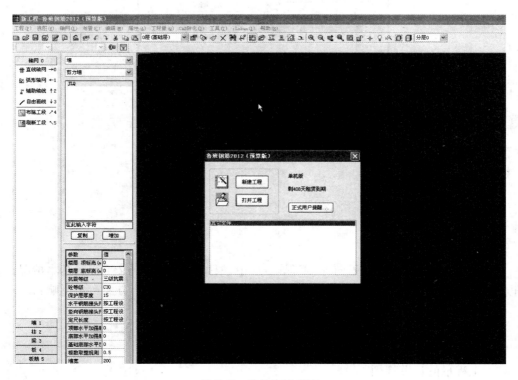

**图 7-1 软件启动界面**

打开工程以后,可在下面的栏目里直接双击选择已有工程,或双击【...更多工程】以"打开更多的工程"。

选择新建工程,确定,则进入工程向导,提示具体的工程设置。

直接点击【取消】或关闭此对话框,则工程按系统默认的工程设置开始(不推荐)。

如果是继续上次的钢筋计算工作,请选择"打开已有工程",下面的列表框中显示最近您打开或建立的工程文件。

## 7.2　新建工程

新建工程,是钢筋算量软件正式开始建模的第一步。

启动软件后,进入到如图 7-2 所示界面,选择【新建工程】,再依次根据软件提示进行工程设置。

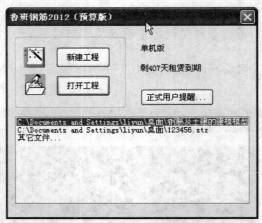

图 7-2　新建工程界面

## 7.3　工程设置与案例讲解

在新建工程时,需要在工程向导(工程设置)中,根据图纸说明定义工程的基本情况。在这里定义的属性项目以及计算规则,将作为工程的总体设置,对以下方面产生影响:

(1)新建构件属性的默认设置。

(2)构件属性的批量修改。

(3)图元属性的批量修改。

(4)工程量的计算规则。

(5)构件法构件的默认设置。

(6)报表。

下面对工程设置中的各项做出说明。

### 7.3.1 工程概况

如图 7-3 所示,编制日期可通过日历形式选择填写。

注意:此处填写工程的基本信息,编制信息,这些信息将与报表联动。

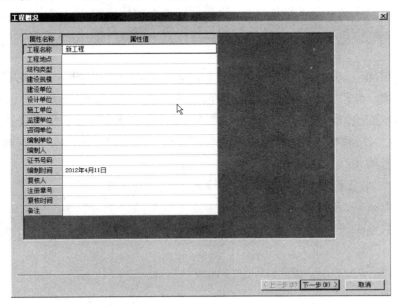

图 7-3 工程概况

### 7.3.2 计算规则

如图 7-4 所示,此处进行工程计算规则缺省值设置。

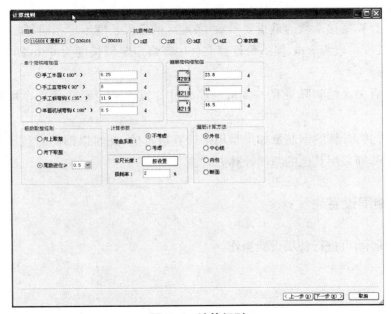

图 7-4 计算规则

各个参数意义如下：

图集：支持 00G101、03G101-1 及 11G101-1 规范，一般可以在"结构设计说明"中找到相关说明。如果没有说明，应选择最新 11G101-1 规范。

抗震等级：一般可以在"结构设计说明"中找到相关说明。这一参数须正确设置，因为软件要根据抗震等级来智能判断锚固长度、搭接长度及各种构件的构造要求。注意，此处的抗震等级是整体工程的抗震等级，具体构件的抗震等级不同的时候，可以在相应的构件属性中定义。

单个弯钩增加值：单击单选按钮选择该工程钢筋所采用的弯钩形式，同时可以填入自定义的弯钩增加值。软件默认按照用户所选的平法规则来设置。

箍筋弯钩增加值：当有抗震及抗扭要求时应采用 4209 形式，没有抗震及抗扭要求时可以采用另外两种 4218、4219 形式，可以填入自定义值。其中，"4"代表箍筋有四个边，"2"代表箍筋有两个弯钩，09、18、19 是软件设置的类型。

根数计算规则：提供三种规则以适应不同地区的不同需求。

根数向上取整时，凡是有小数点位即加 1 到个位上，如 $6.1=7,6.01=7,6.9=7$。

根数向下取整时，凡是所有的小数点位后的值都不会加到个位上，如 $6.1=6,6.01=6,6.9=6$。

尾数进位，如 $6.1=6,6.49=6,6.5=7,6.9=7$。

计算参数中：

弯曲系数：计算的钢筋量如果是用来计算造价的，此时以钢筋外包尺寸进行翻样，则不需要考虑弯曲系数；计算的钢筋量如果是用来计提钢筋计划或作为下料的参考，则需要考虑弯曲系数，考虑弯曲系数即表示扣除弯曲调整值。

提示：鲁班钢筋软件角度 30°、45°、60°、90°、135°弯曲调整值分别取值为 $0.3\,d$、$0.5\,d$、$0.8\,d$、$2.0\,d$、$2.5\,d$。

定尺长度：计算搭接个数的最重要参数，各地区的定尺长度不尽相同，如云南省，昆钢生产的钢筋定尺长度一般为 8 m，但造价计算文件中却规定定尺长度为 6 m，即每 6 m 计算一个搭接。

损耗率：没有多大的实际意义。鲁班钢筋软件计算出来的钢筋量是净用量，并不包含损耗。

箍筋计算方式：计算的钢筋量如果是用来计算造价的，此时以钢筋外包尺寸进行翻样。除非有另外说明，则采用其他的箍筋计算方式。

### 7.3.3 楼层设置

如图 7-5 所示，可进行楼层设置操作。

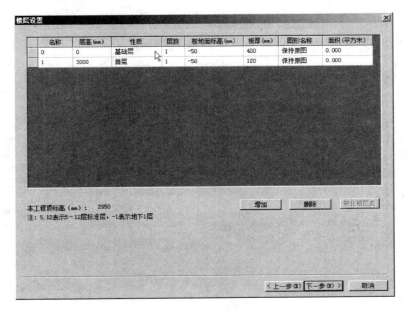

图 7-5  楼层设置

名称:指楼层层数,0层和1层为固定层不可修改,通过"增加"按钮增加楼层,增加后楼层名称可以更改,如将增加的2层改为一1层,同时可以设置标准层,格式为:标准层开始至标准层结束,中间用英文标点逗号隔开。

层高:按照工程结构标高设置。

性质:项目可自定义楼层的附加名称,如图7-5。外部显示格式为"楼层名称(楼层性质)"。例如图7-5为:"3,16层(标准层)"。

层数:显示当前每个名称中设置的楼层数量。

楼地面标高:设置1层楼地面标高,通过设置好的名称和层高自动得出其他层楼地面标高。

板厚:设置工程中每层默认状态下的板厚,0层也为筏板厚。

图形名称:修改单楼层图形文件名称(暂未开放)。

面积:用于钢筋经济指标分析。

转化楼层表:直接提取导入的CAD楼层表转化为本工程的楼层设置。

### 7.3.4  计算设置总体设置

1) 锚固设置

如图7-6所示,可进行如下操作:此处可分层、分构件定义构件的保护层、抗震等级、混凝土等级,以及对应钢筋的锚固值,并可做修改;"楼层性质"项目可自定义楼层的附加名称,外部显示格式为"楼层名称(楼层性质)"。次梁、板、基础等非抗震构件一直默认为"非抗震"。变红项的含义:①抗震等级:与上一步计算规则设置的不同。②混凝土等级:构件与所在楼层的设置不同。③锚固值与规范值不同。锚固值表格中定义的项目可楼层间复制。

楼层设置修改的参数需图形法整体计算后方可生效。

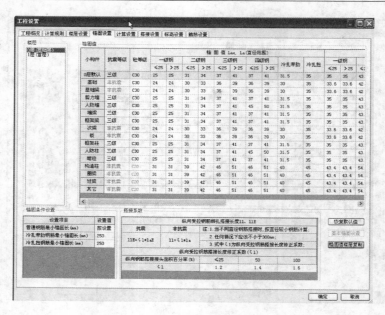

图 7-6　锚固设置

2）计算设置

图形法中所有构件的计算设置都采用的是默认设置；默认设置各构件的常用设置，可根据工程具体说明修改，如果修改后，则该设置可导出为模板，在其他工程中导入；计算设置项目对所有使用默认值的构件立即生效，修改并计算后方可引用。

3）搭接设置

如图 7-7 所示，可分构件大类、小类，按钢筋的级别与直径范围，对接头类型作整体设置。

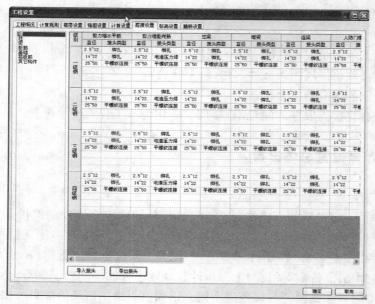

图 7-7　搭接设置

注意:修改接头类型,需经过整体计算后其计算结果方可引用。

4)标高设置

可进行楼层标高和工程标高的设置;可分构件设置标高,楼层标高为相对楼层标高,工程标高为工程绝对标高。修改标高形式后,图形法自动换算为相应高度。基础构件标高显示只设置工程标高。标准层只能显示楼层标高。

5)箍筋设置

点击箍筋设计,可进行总体设置多肢箍筋的内部组合形式。

注意:箍筋设置需图形法整体计算一遍,其结果方可引用。

箍筋标法常用的有 03G 标法和肢数标法,一般柱采用 03G 标法,梁采用肢数标法。

## 7.3.5  案例讲解

案例工程的工程设置如下:

工程概况:在工程概况中,只要输入工程名称即可,本页输入,对钢筋的工程量没有任何影响。

计算规则:本页计算规则中,抗震等级按图纸;损耗率暂不考虑,点击【下一步】。

楼层设置:根据图纸的剖面图输入楼层层高,如图 7-8 所示。

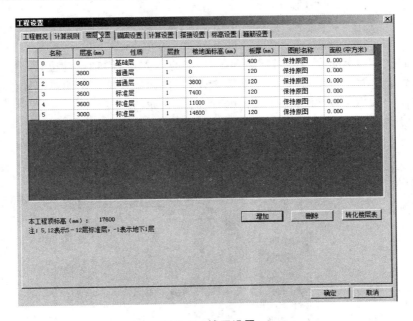

图 7-8  楼层设置

由于图纸没有特殊说明,锚固设置、计算设置、搭接设置、标高设置和箍筋设置均采用软件默认值。点击【下一步】,完成工程设置。

## 7.4 打开、保存、退出

当我们已经初步建立了钢筋算量的模型,需要再次对此进行修改时,可以选择【打开】工程;当我们需要对已经建好模型的工程保存时,点击【保存】工程即可。工程设置完毕,可以选择【退出】。

说明:

(1)软件默认工程保存的目录为"X:\lubansoft\lubanys200813.0\用户工程",其中"X"为您安装软件时的盘符。

(2)如果已经保存过一次,那么再次点击【保存】时会直接进行保存,不会再弹出任何窗口。

(3)为了防止工程数据丢失,建议您养成经常保存的好习惯。同时,软件也提供了自动保存的功能。

## 7.5 土建软件与钢筋软件之间互导

土建算量软件和钢筋算量软件之间存在一定的相同点,如轴网建立、混凝土构件建模等。当钢筋算量建模完毕,需要进行土建算量建模时,如果直接在土建算量软件中导入钢筋算量模型,则可以省去轴网和混凝土构件的建模,反之亦然。

首先将做好的钢筋工程进行导出,如图 7-9 所示。

然后设定文件类型为 LBIM 的保存路径,如图 7-10 所示。

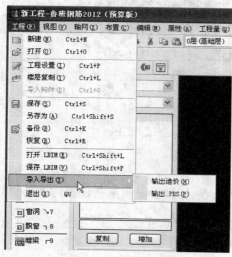

**图 7-9　钢筋工程导出**

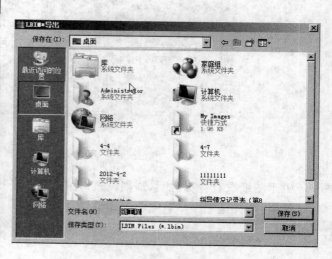

**图 7-10　LBIM 导出**

最后在鲁班土建中进行导入工程,如图 7-11 所示。

然后选择具体的导入模式即可。

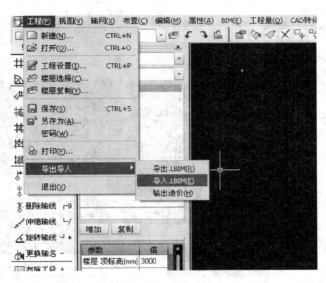

**图 7-11    导入工程**

## 7.6    钢筋软件构件属性定义与案例讲解

钢筋算量软件中,不同的构件之间是通过其属性定义来区别的,下面以图形法为例,介绍图形法构件属性的定义方法。

### 7.6.1    构件属性定义界面

进入构件属性定义界面。

点击【菜单:属性——进入属性定义】命令,或工具栏 🖼 ,或双击属性窗口的空白处,即可进入构件属性定义界面,如图 7-12 所示。

选择楼层:选择构件所在的楼层。

属性层间复制:各构件的属性在同一层中复制。

选择构件小类:对应所在大类的小类。

选择构件大类:切换大类。

构件列表:所有构件属性在此列出。

构件查找:输入构件名称,即时查找。

普通属性设置(可私有):包括标高、抗震等级、混凝土等级、保护层、接头形式、定尺长度、取整规则、其他(普通属性设置均可进行多次修改设置)。这些属性与工程总体设置和图元属性相关,可以设置为私有。

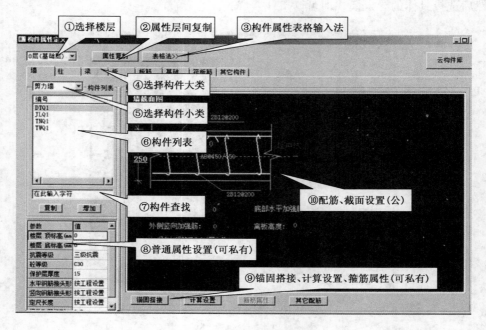

**图 7-12 构件属性定义界面**

配筋、截面设置(公):配筋和截面无总体设置,在此给出初始默认值,并且属于一个构件属性的图元的配筋、截面信息必定相同。

锚固搭接、计算设置、箍筋属性(可私有):这三项为弹出对话框的属性项,也有对应的总体属性设置与图元属性,可以设置为私有。

"构件属性定义"中私有属性的概念:私有属性的定义为:这些项目在工程总体设置中有对应的默认设置,在"构件属性定义"中也可以将这些默认设置修改。修改项变红表示这一项不再随总体设置的修改而批量修改;其他未变红的项目仍然对应总体设置,随总体设置的修改批量修改。

恢复私有属性为共有属性的方式:选择项——选择"按工程设置";填写项——选中对应的项,回退删除,确定即可。

构件属性列表输入法:点击 切换到属性表格法 ,可以对构件属性进行列表式的输入。

## 7.6.2 构件属性表操作方法

列表可以用 Tab 键换行,同时也可以用上下左右箭头换行。

在构件属性表中可以显示全部楼层的构件属性,点击命令 楼层选择 ,打开楼层选择界面, ↶ ↷ 可以对在表格中的操作进行撤销和恢复。

数据刷 表格法中数据复制。

点击 输入工具 ,打开输入工具界面,如图 7-13 所示。增加常用的配筋截面尺寸信息,可以在表格中输入信息的时候直接调用已经保存在输入工具里面的参数。

点击 [查找]，打开查找界面，如图 7-14 所示。在里面输入查找的信息，可以显示出查找的结果。选择【替换】，可以将查找的信息进行替换，并在属性中应用。

图 7-13 配筋信息

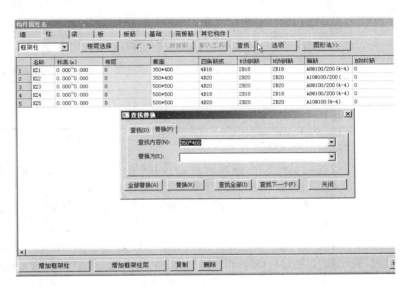

图 7-14 查找替换

[选项] 中可以选择构件中各个参数是否显示。

点击 [构件属性图形法] 可以返回原图形法界面。

[增加框架梁] [增加框架梁层] 点击增加构件时，软件自动在参数栏中新增加一个相对应的构件，构件属性为原图形法属性定义中的默认属性，点击【增加构件层】的时候，可以在楼层都显示的状态下看到当前构件在不同层的构件属性。

[复制] [删除] 可以复制构件属性以及同名构件不同楼层，"删除"相对"复制"而言。

[计算设置] 选择表格中的构件，点击【计算设置】可以到此构件的计算设置界面。

[箍筋设置] 选择表格中的构件，点击【箍筋设置】可以到此构件的箍筋设置界面。

构件属性层间复制：

点击 [构件属性复制] 进入构件属性复制界面，如图 7-15 所示。

可以分层、分构件对定义好的属性层间复制。

可以任一楼层作为源楼层，向任意其他目标

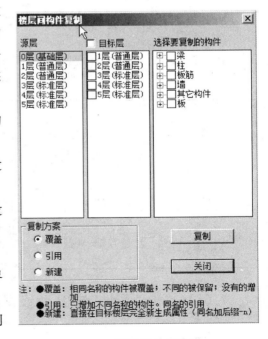

图 7-15 楼层间构件复制

楼层复制属性。见表 7-1。

表 7-1　构件属性复制

| 源楼层 | 选择哪一层的构件属性进行复制 |
|---|---|
| 目标楼层 | 将源楼层构件属性复制到哪一层,可以多选 |
| 选择复制构件 | 选择源楼层的哪些构件进行复制,可以多选 |
| 复制方案 | 有【覆盖】、【增加】两个单选项,下面有各项具体含义 |
| 复制 | 点击此按钮,开始复制 |
| 关闭 | 退出此对话框,与右上角的"×"作用相同 |

软件提供三种复制方案:

覆盖:相同名称的构件被覆盖,不同的被保留,没有的增加。例如,源楼层选择为 1 层,墙有 Q1、Q2、Q3,目标楼层选择为 2 层,墙有 Q1、Q4,覆盖后,则 2 层中的墙体变为 Q1、Q2、Q3、Q4。Q1 被覆盖,Q4 被保留,原来没有的 Q2、Q3 为新增构件。

引用:只增加不同名称的构件,遇到同名称时,不覆盖原有构件属性。例如,源楼层选择为 1 层,墙有 Q1、Q2、Q3、Q5,目标楼层选择为 2 层,墙有 Q1(与 1 层 Q1 不同),增加后,则 2 层中的墙体变为 Q1、Q2、Q3、Q5。Q1 保持不变,原来没有的 Q2、Q3、Q5 为新增构件。

新增:直接在目标楼层增加构件属性,在复制过去的同名构件后加一 n。例如,源楼层选择为 1 层,墙有 Q1、Q2、Q3、Q5,目标楼层选择为 2 层,墙有 Q1(与 1 层 Q1 不同),增加后,则 2 层中的墙体变为 Q1、Q1-1、Q2、Q3、Q5。

选择好要复制的源楼层、目标层、要复制的构件后,点击【复制】,完成后关闭界面即可。

### 7.6.3　构件大类与小类

构件属性定义与绘图建模都是基于构件大类与小类的划分之上,见表 7-2。

表 7-2　构件大类与小类

| 大类构件 | 小类构件 |
|---|---|
| 墙 | 剪力墙、洞、连梁、暗梁、过梁、砖墙 |
| 柱 | 框架柱、暗柱、构造柱、自适应暗柱 |
| 梁 | 框架梁、次梁、圈梁、吊筋 |
| 板 | 现浇板、板洞 |
| 板筋 | 底筋、负筋、双层双向钢筋、支座负筋、跨板负筋、撑脚、跨中板带、温度筋、柱上板带 |
| 基础 | 独基基础、基础主梁、基础连梁、筏板基础、集水井、筏板洞、条形基础、基础跨中板带、柱下板带 |

### 7.6.4　"构件属性"与"工程设置"的联动关系

1)默认取工程设置

在构件属性定义中的项目,除截面与配筋信息为初始默认,其他的属性项目都默认取工程总体设置中的值。

2）修改的值变红显示

除截面与配筋信息之外的其他属性项目被修改过后，项目变红显示，表示这一项不再随总体设置的修改而批量修改；其他未变红的项目仍然对应总体设置，随总体设置的修改批量修改。

### 7.6.5　各构件的属性定义与案例讲解

1）墙属性设置

（1）点击属性界面"墙"按钮切换到墙，"构件列表"中选择剪力墙或其他墙体，如图 7-16 所示。依据设计图纸，对各个数据参数进行输入即可。同时，注意属性编辑框左下角的图框中一些参数数据的正确输入，如楼层顶标高、楼层底标高等，都需要依据设计图纸正确输入。

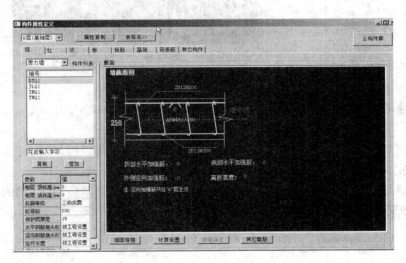

图 7-16　构件属性定义

提示：支持 C14/C12-150 的输入方式和计算。起步第一根钢筋为 C14，第二根为 C12，依此类推。

（2）案例操作

分析图纸可知，本工程的墙体是砖墙，因此不需要定义剪力墙。但由于砖墙洞口处均布置了过梁，梁内布置了钢筋，因此需要我们建立过梁的模型。而过梁是寄生构件，依托于门窗洞口，门窗洞口又依托于砖墙。所以，我们必须先建立砖墙的模型，才能布门窗洞口，然后布置过梁。

首先定义砖墙：双击属性窗口的空白处，弹出【属性定义】窗口后，定义砖外墙和砖内墙，如图 7-17 所示。

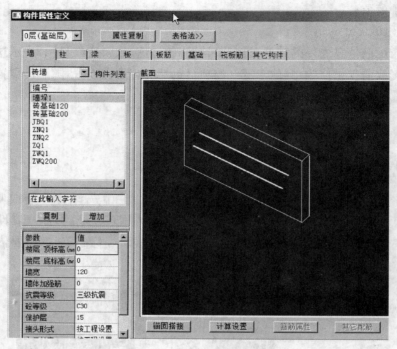

图 7-17　砖墙定义

说明:墙垛 1:墙宽 120;JBQ1:墙宽 100;ZNQ1:墙宽:200;ZNQ2:墙宽:120;ZWQ200:墙宽:200。

其次定义墙洞:双击属性窗口的空白处,弹出【属性定义】窗口后,依据建筑图纸中门窗洞口的宽度定义墙洞。

最后定义过梁:双击属性窗口的空白处,弹出【属性定义】窗口后,在【墙】的下拉菜单中找到过梁,并安装图纸进行定义。如图 7-18 所示。

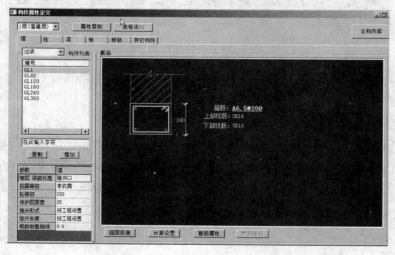

图 7-18　过梁定义

2）梁属性设置

（1）点击属性界面"梁"按钮切换到梁，"构件列表"中选择"框架梁"，如图 7-19 所示。

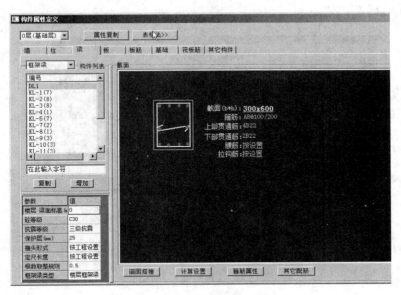

图 7-19 框架梁属性定义

如图 7-19，属性里可处理框架梁、次梁和圈梁三种类型，分别根据三种类型设置计算规则，可计算以下几种情况：挑梁钢筋的计算及变截面类型的计算；上部端支座及中间支座钢筋的计算，并且可处理多排钢筋的计算；下部钢筋中间与端支座的计算；箍筋加密区与非加密区的计算；可处理多跨梁上下左右偏移的计算等。

（2）单击【钢筋图例对话框】除数字以外的任何区域，弹出梁断面选择框，选择相应的断面。

（3）吊筋属性定义，如图 7-20 所示，设置相应的配筋。

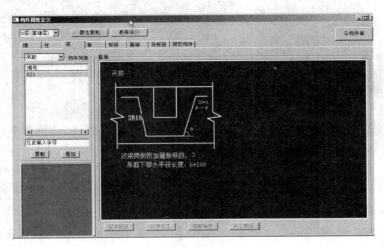

图 7-20 吊筋的属性定义

（4）梁拉钩筋腰筋总体设置

支持的构件包括屋面框架梁、楼层框架梁、次梁、基础主梁、基础次梁。

在"工程设置"中的"计算设置"里,选择"梁",以框架梁为例找到第 28 项的计算设置

| 28 | 腰筋拉钩筋设置 | 按设置 |

,鼠标双击【按设置】,会弹出如图 7-21 所示对话框。

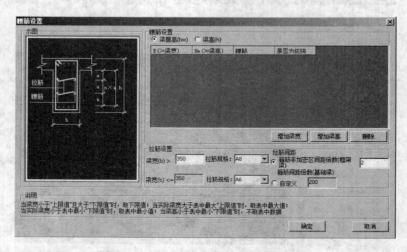

**图 7-21 【箍筋设置】对话框**

先点击 增加梁宽 ,创建一种梁的宽度,再点击 增加梁高 ,在创建好的梁宽中增加梁的宽度,如图 7-22 所示。

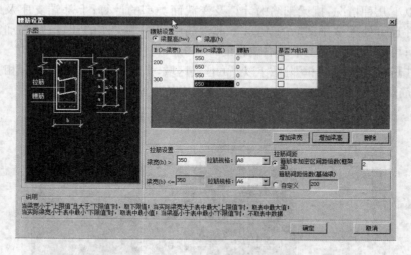

**图 7-22 腰筋设置**

注意:腰筋设置可以选择"梁腹高"或者"梁高"。原有腰筋和拉钩筋"按规范"的设置取消。 其它配筋 中可以增加钢筋。

提示:配筋中支持输入级别直径间距如例(A8@100),也支持总根数的支持。其中框架主次梁、基础主次梁只支持一个间距的输入方式。

(5)案例操作

定义梁:双击属性窗口的空白处,弹出【属性定义】窗口后,定义框架梁。

　　定义框架梁的方法除了上面介绍的图形法外,还可以采用梁表格法定义,这种方法往往更简单。

　　本工程案例采用梁表法定义框架梁:在【构件属性定义】窗口的上方,点击【表格法】,输入梁表格信息即可。本工程的梁表格如图7-23所示。

**图7-23　梁表格法定义框架梁**

3) 柱的属性设置

　　(1) 点击属性界面"柱"按钮切换到"柱",在"构件列表"中选择"框架柱",然后依据设计图纸,分别输入框架柱的尺寸、四角筋、H和B方向的钢筋、箍筋即可。

　　说明:箍筋属性的说明如图7-24所示。代表的含义是:框柱尺寸:650 mm×500 mm,4根角筋是φ18 mm的,B侧钢筋是4根φ16 mm,H侧钢筋是4根φ16 mm,箍筋是φ8 mm,非加密区间距200 mm,加密区间距100 mm,4×4肢箍。

　　(2) 暗柱的构件属性定义时,要正确选择柱断面形状。

　　单击【钢筋图例对话框】除数字以外的任何区域,弹出柱断面选择框后,选择相应的暗柱形状,如图7-25所示。

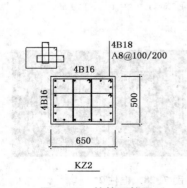

**图7-24　箍筋配筋图**

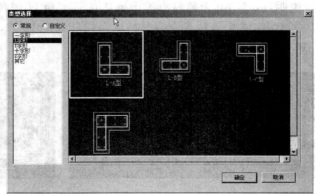

**图7-25　钢筋类型选择**

　　注意:输入柱配筋时,在钢筋前加"＊"为将钢筋在本层弯折,弯折长度在计算设置中可以设置。例如：＊4b20。输入柱配筋，在钢筋前加"井"为将钢筋设为角柱或边柱的边侧钢筋，计算按边、角柱要求。

（3）构造柱构件属性定义，方法同框架柱。

（4）案例操作

双击属性窗口的空白处，弹出【属性定义】窗口后，定义框架柱：

① 修改柱截面尺寸。

② 修改柱的四个角筋和 B 侧和 H 侧钢筋。

③ 修改箍筋类型。

④ 点击窗口中的【箍筋属性】，弹出窗口后，把"按总体设置"前面的"√"去掉，然后选择箍筋标法为"03G 标法"，选择相应的箍筋类型，并修改 nb 和 nh，如图 7-26 所示。

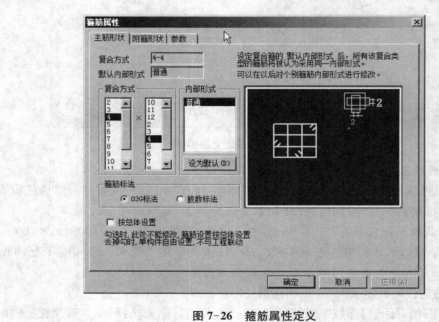

图 7-26　箍筋属性定义

说明：nb 和 nh 为箍筋中间小箍筋在 B 侧和 H 侧所箍的钢筋个数。该工程中，箍筋都是 4×4 肢箍，在主体楼层中箍筋的纵向钢筋都是 12 根，由此可知，nb 和 nh 均为 2。

定义好的框柱如图 7-27～图 7-31 所示。

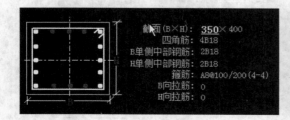

图 7-27　框柱 1

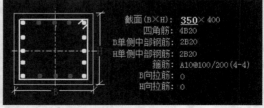

图 7-28　框柱 2

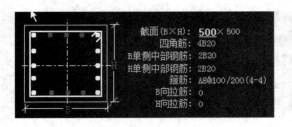

图 7-29　框柱 3

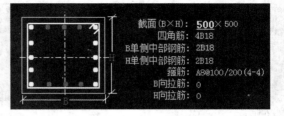

图 7-30　框柱 4

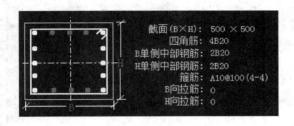

图 7-31　框柱 5

4）板属性设置

（1）点击属性界面"板"按钮切换到"板"，在"构件列表"中选择"现浇板"。

在"构件列表"下拉菜单中选择板筋"大类"之下不同的"小类"构件类型，如现浇板、板洞等。

注意：此时定义的板是没有布置钢筋的板，因此定义较为简单，只要正确定义板的厚度、楼层顶标高和底标高就可以了。

（2）案例操作

① 定义楼板。依据图纸可知，现浇板厚度为 120 mm，则直接定义 XB1 的厚度为 120 即可。

② 通过分析图纸可知，由于 5 层的楼板为屋面，屋面板为坡屋顶屋面板，因此要进行定义和绘制坡屋面。楼层切换到 5 层，定义 XB1，厚度 120。

5）板筋属性设置

（1）属性设置

点击属性界面"板筋"按钮切换到"板筋"，在"构件列表"中选择相应的板筋类型，然后输入钢筋类别、间距即可。

在"构件列表"下拉菜单中选择板筋"大类"之下不同的"小类"构件类型，如图 7-32 所示。其中，"支座负筋"、"跨板负筋"属性中的"钢筋图例对话框"中没有长度的输入，长度可以在图形上直接输入。

说明：平法绘制板筋中，如何判断板筋的类型？一般在板的平法标注中，弯钩向左或向上的，说明是底部钢筋，即板的主筋；反之，弯钩向右或向下的表示是板的上部钢筋，即负筋。

如：⊥，表示此板上有 xy 方向的底筋。

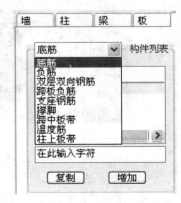

图 7-32　底筋选择

负筋又有跨板负筋和一般的负筋。跨板负筋,主要看设计图纸上,该钢筋是否跨越了几块板。

支座钢筋,是指布置在板四周的钢筋,一般是以梁作为板的支座。

(2)案例讲解

根据图纸,本工程的板筋类型有支座钢筋、跨板负筋、负筋和底筋。依据图纸分别定义,如图7-33所示。

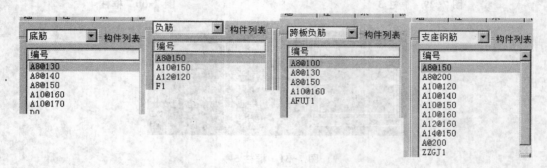

图7-33 板筋的定义

6)基础属性设置

点击属性界面"基础"按钮切换到"基础",在"构件列表"中选择"独立基础",如图7-34所示,基础的属性设置只存在于0层(基础层),其他楼层不存在基础的构件属性定义。

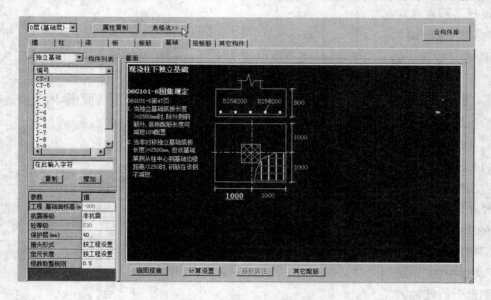

图7-34 独立基础属性定义

(1)独立基础

单击【钢筋图例对话框】除数字以外的任何区域,弹出基础类型选择框,如图7-35所示,选择相应的独立基础形状。

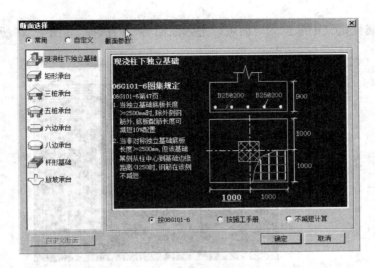

图 7-35　独立基础类型选择

（2）集水井

集水井分为中间、边缘、角部、异形集水井四种类型，可在属性中配置钢筋。单击【钢筋图例对话框】除数字以外的任何区域，弹出集水井类型选择框，选择相应的集水井，支持双排钢筋的设置。集水井构件属性定义如图 7-36 所示。

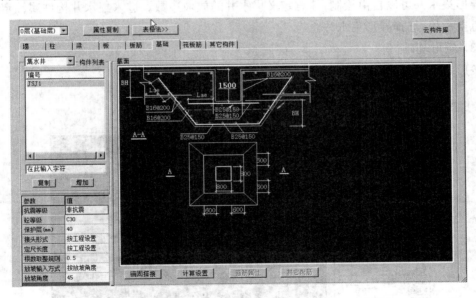

图 7-36　集水井构件属性定义

注意：在构件属性定义界面中，可以对集水井的受力筋和分布筋进行定义。

输入的格式：当有多排，直径、间距相同时，输入格式为：5B25@200（依次为排数、钢筋级别、钢筋直径）。当有多排，直径、间距不相同时，输入格式为：B40@150/B25@150/B25

@200。

点击构件属性定义中绿色的界面可以进入断面类型的选择,如图 7-37 所示。

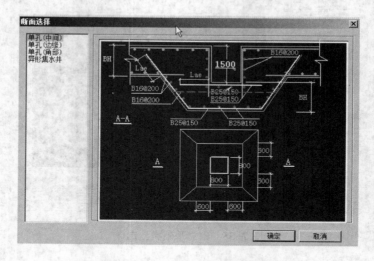

图 7-37　集水井断面选择

注意:软件中提供了 4 种断面选择,可以根据不同的工程类型选择相对应的断面类型。当集水井断面不规则时可选择异形集水井。

异形集水井可以自由绘制,任意定义集水井的放坡边数。进入集水井构件属性定义,点击绿色空白处,选择异形集水井。

（3）条形基础

条形基础的构建属性定义设置如图 7-38 所示。

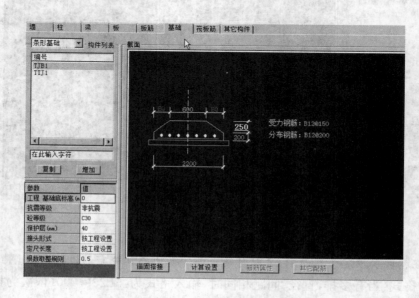

图 7-38　条形基础属性定义

（4）案例讲解

定义独立柱基：根据基础图，定义相应的独立柱基，如图 7-39 和图 7-40 所示。

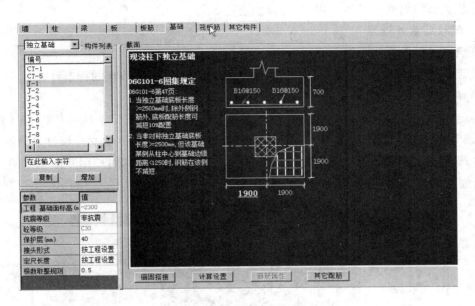

图 7-39　独立柱基(J1)

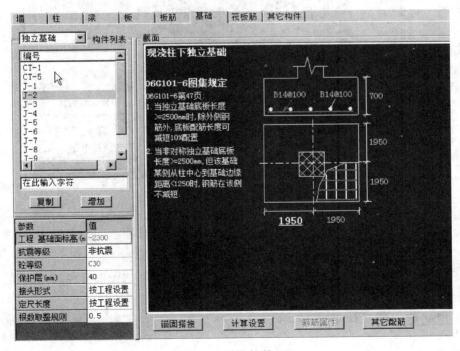

图 7-40　独立柱基(J2)

其他独立基础用相同方法定义。

注意：图纸上的独立柱基截面是梯形的，但用钢筋软件定义的时候可以采用矩形断面的柱基,因为只要钢筋信息输入正确,截面的类型对钢筋量影响不大。

每个独立柱基的基顶标高各不相同,应等于柱基底标高(－3000 mm)＋柱基厚度。

柱基底部的钢筋类型各不相同,要分别进行定义。

7) 筏板筋属性设置

筏板筋属性设置与布置方式同板筋,详见板筋说明。

筏板钢筋支持自动扣除集水井,读取基础梁,支持有无外伸节点的构造计算。

8) 自定义断面

自定义断面库可以定义:框架柱,暗柱,构造柱,独立基础,自定义线性构件(天沟、女儿墙、线条等)。在自定义断面库中定义的断面形状为当前同类构件的共享属性,任何一个同类构件都可以提取定义好的断面形状。例如,KZ1 和 KZ2 可以同时使用断面库框架柱中的 L 形断面。如图 7-41 所示。

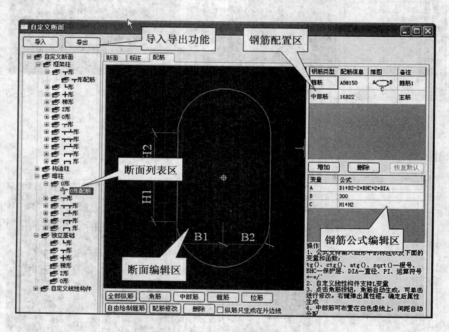

图 7-41 自定义断面

每一种断面可以增加多种配筋,断面必须有配筋才可以使用当前断面形状。

(1) 自定义断面的创建和绘制

自定义断面的创建:框架柱、构造柱目录下添加新的断面,选中框架柱,右键功能——添加断面。

选中框架柱或构造柱下的某一断面,右键功能——添加配筋、快速复制、重命名、删除。

操作技巧:绘制断面时,如果是顺时针绘制的,向外拱,输入正值,向内拱,输入负值;如果是逆时针绘制的,向外拱,输入负值,向内拱,输入正值。

自定义断面还可以进行配筋,断面列表区内,选择已经定义好的断面名称,右键添加配筋,也可以重命名,然后根据图纸输入钢筋信息,如图 7-42 所示,在"钢筋类型"位置上可以选择类型,在"钢筋公式编辑区"可以编辑新增加的钢筋公式。钢筋配置区内,可以执行增加、删除命令。

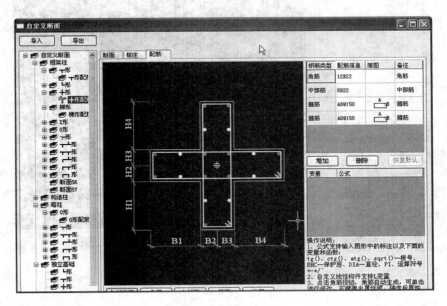

图 7-42    钢筋信息输入

（2）自定义断面提取图形

提取图形是指:导入的 CAD 图形,生成的暗柱边线,以及用 自由画线 ↓3 自由绘制的形成封闭区域的图形。

点击命令 提取图形 ,鼠标变成小方框,并自动跳转到构件布置大界面,用小方框点选图形的边,或者直接框选图形。

选中需要提取的图形后,右键确认,软件会根据选中的线来判断可以形成封闭区域的线,形成柱,并且以红色高亮显示,鼠标变成十字光标。

红色的线就表示当提取到的柱的形状,再用鼠标选择一个基点,左键单击【确认】,自动跳转回自定义绘图界面,完成图形的提取。

自由绘制箍筋操作方法同绘制矩形箍筋,只需要选择起点和结束即可。

9）其他构件

（1）后浇带

后浇带属性定义如图 7-43 所示。

在图 7-43 中可以对后浇带的宽度进行设置。

后浇带可自动读取与其相交的板墙梁构件的长度、高度以及个数。根据相交长度计算后浇带钢筋。

点击图 7-43 中的绿色界面,进入后浇带配筋设置,可分别对板内、墙内和梁内的后浇带钢筋进行设置。如图 7-44 所示。

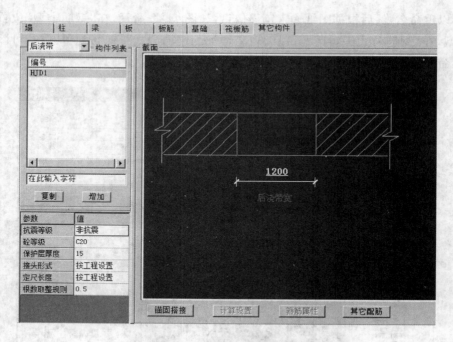

图 7-43　后浇带属性定义

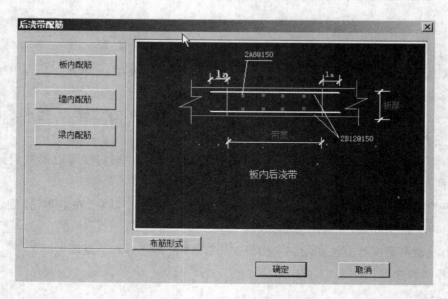

图 7-44　后浇带配筋

图 7-44 中的锚固值参数栏支持输入：具体数值。

点击 切换到属性表格法 可以选择当前后浇带的内部组合方式。

注意：属性定义中，可对板内、墙内和梁内的后浇带钢筋进行分别设置。后浇带可根据梁的不同高度自动计算钢筋的根数。后浇带必须同相对应的构件相交，内部配筋才生效。

在构件属性定义栏右下角,点击 其它配筋 ,可以对其他类型的钢筋进行自定义。

(2) 拉结筋

拉结筋构件属性定义如图 7-45 所示。

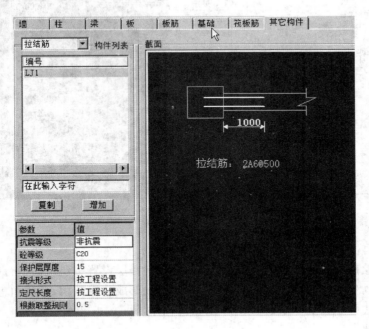

图 7-45  拉结筋构件属性定义

注意:构件属性定义中可以设置拉结筋的根数、直径、级别、间距和拉结筋伸入墙内的长度。

拉结筋只能在砖墙和柱相交的地方生成,需要布置砖墙和柱。

拉结筋为寄生构件,不可以移动。

拉结筋布置,点击命令 拉结筋 ←1 ,对话栏弹出 点选布置 智能布置 。

单个布拉结筋:单击 点选布置 ,鼠标变为十字光标,点击柱边和墙相交的地方,软件会根据墙的方向自动生成一根拉筋。

批量布拉结筋:单击 智能布置 ,鼠标变为口字光标,再框选或点选相对应的墙和柱。右键确认完成。

操作技巧:智能布置支持过滤器,可以通过过滤器选择需要生成拉结筋的构件。如图 7-46 所示。

(3) 自定义线性构件

自定义线性构件,属性定义与自定义框架柱操作方法一致。

布置方法同梁、墙等线性构件。

自定义线性构件合并,操作方法同水平折梁。

支座为分布筋计算时需要扣减的区域,18 版本不支持主筋进入支座锚固。

支座设定可以选择柱大类所有小类,梁大类除吊筋外所有的小类,墙大类所有小类,板大类所有小类,基础大类所有小类。

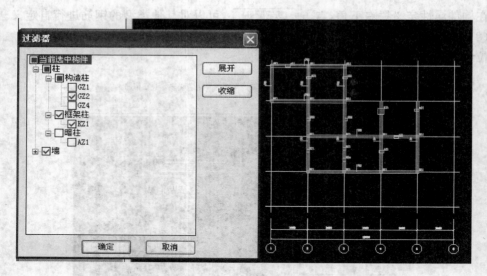

图 7-46　过滤器

（4）建筑面积

可以自由绘制建筑面积，会自动录入到工程设置楼层设置中建筑面积行中。

可以用自动生成建筑面积，快速地沿构件外边线形成建筑面积，形成白色的建筑面积线后面积会在旁边显示，也会在楼层设置建筑面积中体现。

（5）施工段

与自由绘板的操作方法类似，目前仅配合 BIM 属性刷新到相应的施工段。

### 7.6.6　构件属性层间复制

点击 构件属性复制 进入构件属性复制界面，如图7-47 所示。

可以分层、分构件对定义好的属性层间复制。

可以任一楼层作为源楼层，向任意其他目标楼层复制属性。

源楼层：选择哪一层的构件属性进行复制。

目标楼层：将源楼层属性复制到哪一层，可以多选。

软件提供三种复制方案：

（1）覆盖：相同名称的构件被覆盖，不同的被保留，没有的增加。例如，源楼层选择为 1 层，墙有 Q1、Q2、Q3，目标楼层选择为 2 层，墙有 Q1、Q4，覆盖后，则 2 层中的墙体变为 Q1、Q2、Q3、Q4。Q1 被覆盖，Q4 被保留，原来没有的 Q2、Q3 为新增构件。

（2）引用：只增加不同名称的构件，遇到同名称时，不覆盖原有构件属性。例如，源楼层选择为 1 层，墙有

图 7-47　楼层间构件复制

Q1、Q2、Q3、Q5,目标楼层选择为 2 层,墙有 Q1(与 1 层 Q1 不同),增加后,则 2 层中的墙体变为 Q1、Q2、Q3、Q5。Q1 保持不变,原来没有的 Q2、Q3、Q5 为新增构件。

(3)新增:直接在目标楼层增加构件属性,在复制过去的同名构件后加－n。例如,源楼层选择为 1 层,墙有 Q1、Q2、Q3、Q5,目标楼层选择为 2 层,墙有 Q1(与 1 层 Q1 不同),增加后,则 2 层中的墙体变为 Q1、Q1－1、Q2、Q3、Q5。

选择好要复制的源楼层、目标层、要复制的构件后,点击【复制】,软件提示复制完成,点击【确定】即可。

## 本章小结

本章主要介绍了鲁班钢筋软件的启动及新建工程的工程设置、钢筋软件与土建软件的互导方式以及钢筋软件的构件属性定义等内容。通过软件启动和新建工程的介绍,使读者掌握了启动软件的方法和新建工程的注意事项;通过工程设置的介绍,让读者知道新建工程中的工程设置的重要意义,并掌握了如何正确进行工程设置;通过鲁班钢筋软件与土建软件互导方式的介绍,让读者在学习了前面的鲁班土建软件后,正确进行两种软件模式的互导操作;通过软件构件属性定义的介绍,让读者能详细地掌握定义各类构件的要点。通过本章的学习,能掌握鲁班钢筋构件属性定义的具体操作,从而为下一章鲁班钢筋的建模做好准备。

## 复习思考题

1. 钢筋的搭接个数和长度是怎样计算出来的?
2. 4209 箍筋的弯钩增加值 25D 是如何得来的?

# 8　钢筋图形法建模命令详解

**教学目标**

通过本章的学习,掌握钢筋软件建模中轴网的绘制方法,掌握钢筋软件主要构件的绘制方法和楼层选择、复制的方法,掌握钢筋软件构件编辑方法。

## 8.1　轴网

钢筋算量软件的轴网建立基本上和土建算量软件的轴网建立相同。

### 8.1.1　直线轴网

1) 创建直线轴网

鼠标左键点击直线轴网的图标,弹出如图 8-1 所示对话框。

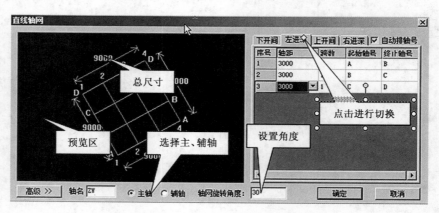

图 8-1　【直线轴网】对话框

左键点击【高级】选项,即可弹出高级选项界面,高级选项中的操作基本上和土建算量中的轴网高级选项相同,不再重复。

2) 修改直线轴网

增加一条轴线:可以直接增加一条轴线。

删除一条轴线:左键点击选中轴网,右键点击要删除的轴线(开间或进深,软件会自动识别),标注会自动变化。

添加进深(开间)轴线:用鼠标点击所在进深(开间)方向增加一条轴线(开间或进深,软件会自动识别），软件自动增加分轴号标注。

### 8.1.2 弧形轴网

创建弧形轴网：基本上和土建算量中的创建弧形轴网相同，不再重复。

### 8.1.3 辅助轴线

执行该命令，在实时控制栏出现 ，可以增加不同形式的辅助轴线。可绘制直线、三点弧、两点弧、圆心半径夹角弧、平行线。

画法参见直线、三点弧、两点弧、圆心半径夹角弧的画法介绍，绘制完毕后输入轴线的轴号即可。

增加平行的辅轴：最简单的是用 平行线。首先点击命令，鼠标由十字变为方块，再选择一条"轴线"（是"轴线"，而不是"轴符"）；然后鼠标移开，向偏移的方向点击鼠标左键，出现对话框，输入完成后点击【确定】；最后输入轴符即可。

### 8.1.4 案例讲解

打开软件后，钢筋软件和土建软件不一样，软件默认进去的楼层是0层，根据建模习惯，应先建立1层模型，然后是2层、3层……最后再建立0层模型。因此，点击楼层切换，进到1层，进行建模。

（1）点击【直线轴网】，根据图纸，输入下开间和左进深，如图8-2、图8-3所示。

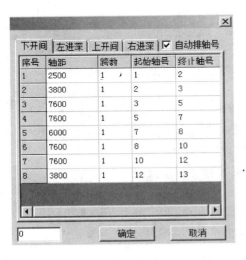

图 8-2　下开间

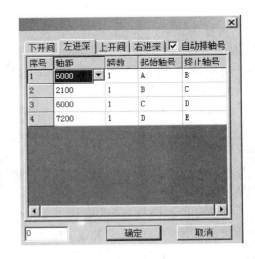

图 8-3　左进深

（2）分析图纸可知，图纸中，上开间和下开间一样，左进深和右进深一样。因此，点击【上开间】，点击【高级】，点击【调用同向轴线参数】，即可快速输入上开间。用同样的方法，快速输入右进深。

（3）建立好的轴网如图8-4所示。

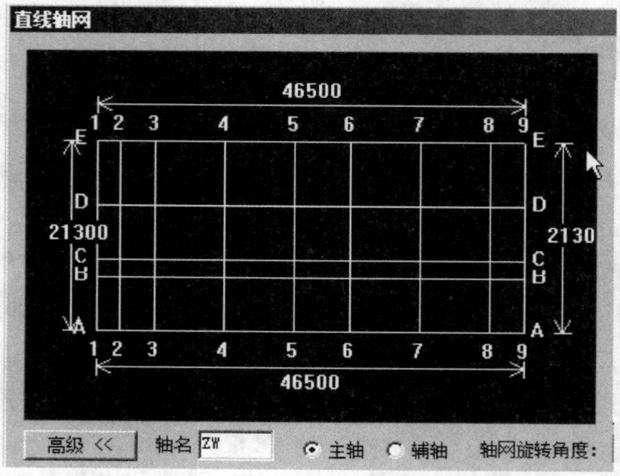

图 8-4　建立好的直线轴网

## 8.2　主要构件建模详解

钢筋算量软件的主要构件类型不是很多，主要有墙、梁、柱、板、基础和其他构件。

### 8.2.1　墙

鼠标左键点击左边构件布置栏中的【墙】图标，按钮展开后具体命令包括"连续布墙"、"智能布墙"、"外边识别"、"外边设置"、"墙洞"、"暗梁"、"连梁"、"洞口布连梁"、"过梁"。如图8-5所示。

1）连续布墙

鼠标左键点击构件布置栏中的【连续布墙】图标，光标由箭头变为十字形，同时弹出绘图工具条，默认为"直线"状态，还可以选择"三点弧"、"两点弧"、"圆心半径夹角弧"、"直线点加绘制"等绘制方式。

布置墙时，实时控制栏弹出输入左半边宽，即时输入墙的左半边宽度。左半边宽的定义如下：按绘制方向，鼠标指定点（经常是轴线上的点）与墙左边线的距离。

弧形墙的绘制方式：参考轴网中弧线的绘制方式，可以用"三点弧"、"2点夹角弧"、"圆心弧"三种方式绘制。绘制完成的弧线墙，不能重新再修改其弧线图形信息。

点加绘制方式：绘制墙提供"点加绘制"，即根据方向与长度确

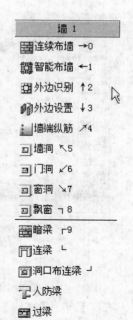

图 8-5　【墙】命令下的构件

定墙的位置,主要用于绘制短肢剪力墙。

操作方式:选择【点加绘制】绘制墙体 ,选择墙体的第一点,确定,软件自动弹出【输入长度值】对话框,如图 8-6 所示。

分别输入"指定方向长度"和"反方向长度"的数值。确定后,软件按照用户给定的数值,确定墙体的长度。

相对坐标绘制:在绘制墙时可以按住 Shift,跳出对话框,确定所点位置的相对坐标。

**图 8-6　【输入长度值】对话框**

垂直绘制:F8 或绘图区下方可切换垂直绘制模式,用于限定墙的方向。

连续布墙后,如果是同类型的墙体,只有第一个布置的墙体显示配筋情况(其他构件相同),其他墙体只会出现墙体名称。

属性定义,可以先布置构件,也可以先定义属性。

2)智能布墙

鼠标左键点击构件布置栏中的【智能布墙】图标,光标由十字形变为方块,再到绘图区内框选相应的轴网(轴线),被选中的轴网(轴线)即可变为指定的墙体。

框选的范围不同,生成墙体的范围也不同。

如果选中的轴网(轴线)已经布置上了墙体,或画线布置的墙体与已有墙体重合,软件会给予提示:有墙体与已有构件重叠,没有墙体的部位依然会布置上相应的墙体。

3)外边识别

启动"外边识别" 外边识别 ↑2 命令后软件会自动寻找本层外墙的外边线,并将其变成绿色,从而形成本层建筑的外边线。

4)外边设置

鼠标左键点击【外边设置】命令,鼠标光标变为 ▫ ,再到绘图区剪力墙上,光标停留的位置即为外边,点击左键确认,设置好后外墙的墙外边线为绿色。

5)墙洞

鼠标左键点击构件布置栏中的【墙洞】图标,光标由"箭头"变为 ✛ 形状,再到绘图区剪力墙上相应位置点击左键布置洞口。

洞口布置完成后,点击右键退出命令。

洞口的属性定义与剪力墙相同。

当要精确定位墙洞时,选择 点选布置 精确布置 精确布置墙洞。然后选择参照点,移动鼠标就会出现精确尺寸,更改数值即可精确定位墙洞。

选中某个洞口,点击鼠标右键,右键菜单中的【删除】、【属性】命令有意义。

墙洞支持弧形墙上布置。

6)暗梁布置

鼠标左键点击构件布置栏中的"暗梁"图标,光标由箭头变为 ▫ 形状,再到绘图区内剪力墙相应位置点击左键布置暗梁或框选布置暗梁,如图 8-7 所示。

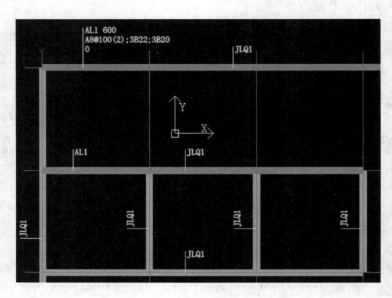

图 8-7　暗梁布置

暗梁属于寄生构件,寄生在剪力墙上,长度跟随剪力墙的长度变化,剪力墙的变化将会影响到暗梁。

其他操作与剪力墙的操作方法相同。

7）连梁

鼠标左键点击构件布置栏中的【连梁】图标,光标由  变为 ,再到绘图区内相应位置点击左键布置连梁,鼠标左键选择第一点,左键确定第二点的位置,右键确认,并结束命令。

其他操作与剪力墙的操作方法相同。

8）洞口布连梁

鼠标左键点击构件布置栏中的【洞口布连梁】图标,光标由箭头变为 □ 形状,再到绘图区内点击相应的洞口,即可布置洞口连梁。

洞口连梁支持弧形布置。

9）过梁布置

鼠标左键点击【过梁布置】中的 过梁 图标,光标由箭头变为 □,同时实时控制栏出现,如图 8-8 所示。

选择【点选布置】时,与暗梁的操作方式相同。

选择【智能布置】,弹出如图 8-9 所示对话框,在对话框中进行相应的输入,最后点击【确定】,图形洞口上自动生成相应的过梁。

布置范围默认为当前楼层,也可自由选择布置范围,并支持相应过滤器。

当选择【当前选择】时,要点击 ,然后框选要布置过梁的洞口范围。

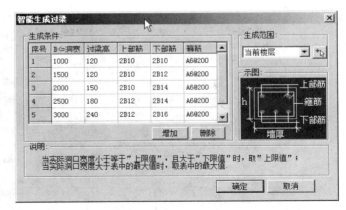

点选布置　智能布置

图8-8　实时控制栏　　　　　图8-9　【智能生成过梁】对话框

10）山墙布置

在工具栏中选择"对构件进行变斜调整" 命令，光标由箭头变为 形状，再到【绘图】中选取需要进行山墙设置的构件。

系统弹出如图8-10所示对话框，提示输入"第一点标高"，输入标高后点击【确定】。

再次弹出对话框，提示输入"第二点坐标"，输入相应的标高后点击【确定】。

山墙设置完成，以蓝色墙表示。

11）墙变斜设置

鼠标左键点击工具栏中的 图标，光标会变成一个小方块形状，选择要变斜的墙的那道墙，点击右键。

图8-10　山墙标高设置

会弹出对话框，提示输入"第一点标高"，可以输入顶和底的标高，输入标高后点击【确定】。

再次弹出对话框，提示输入"第二点坐标"，可以输入顶和底的标高，输入相应的标高后点击【确定】。

斜墙设置完成，以蓝色墙表示。

12）案例讲解

（1）绘制首层砖墙

用连续布墙法，分别绘制砖外墙和砖内墙，如图8-11所示。

（2）绘制墙洞

点击【墙洞】命令，找到需要布置的构件，如C0918，在图形区选择有墙洞的墙体，点击鼠标左键即可。

（3）绘制过梁

点击过梁，光标变成了"口"后，在图形区选择相应的门窗洞口即可，如图8-12所示。

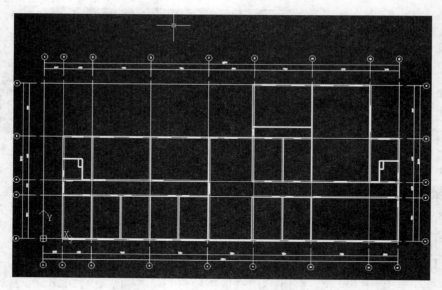

图 8-11　绘制好的墙

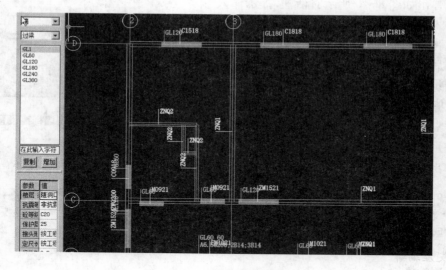

图 8-12　布置好的过梁

## 8.2.2　梁

鼠标左键点击左边构件布置栏中的【梁】图标,按钮展开后具体命令包括"连续布梁"、"智能布梁"、"支座识别"、"支座编辑"、"吊筋布置"、"格式刷"、"应用同名称梁"、"圈梁"、"智能布圈梁"。

1) 连续布梁

鼠标左键点击构件布置栏中的【梁】按钮,选择【连续布梁】图标,光标由箭头变为十字形,再到绘图区内点击相应的位置,即可布置框架梁或其他形式的梁。

梁的基本操作与墙的操作方法相同,参见"连续布墙"的介绍。

注意:板筋扣梁的判断条件为该钢筋布置方向与梁平行,不平行则不扣减。

2)智能布梁

方法与智能布墙相同。

3)支座识别

执行该命令,在实时控制栏中出现 [单个识别 批量识别],选择相应的命令操作即可。

刚刚布置好的梁为暗红色,表示未识别,即处于无支座、无原位标注的状态。

鼠标左键点击构件布置栏中的"识别支座" [支座识别 ↑2] 图标,光标由箭头变为 □,在活动工具栏 [单个识别 批量识别] 中选择单个识别,再到绘图区依次点击需要识别的梁,已经识别的梁变为蓝色(框架梁)或灰色(次梁)。

识别梁需要一根一根地进行识别,梁可识别框架柱、暗柱、梁及墙(包含直行墙)为支座。

软件也可以批量识别支座,一次性将暗红色未识别的梁全部识别过来。

鼠标左键点击构件布置栏中的【识别支座】图标,在活动工具栏 [单个识别 批量识别] 中选择批量识别,此时鼠标会变成一个小方框,按住鼠标左键框选所有的梁,鼠标右键确定。此时只有在图中个别暗红色未识别的梁就会变成蓝色(框架梁)或灰色(次梁)。

注意:未识别的梁不参与计算。

识别过的梁经过移动等编辑后需要重新识别支座。

使用识别梁命令可以对识别过支座的梁重新识别。

4)批量识别

软件也可以批量识别支座,一次性将暗红色未识别的梁全部识别过来。

鼠标左键点击构件布置栏中的【支座识别】图标,再在实时控制栏里选择批量识别,此时鼠标会变成一个小方框,按住鼠标左键框选所有的梁,鼠标右键确定。此时只有在图中个别暗红色未识别的梁就会变成蓝色(框架梁)或灰色(次梁)。

在【批量识别支座选项】中选择【选择所有的梁】,点击【确定】,此时鼠标会变成一个小方框,按住鼠标左键框选所有识别和未识别的梁,鼠标右键确定。此时所有的梁都会重新识别支座,所有暗红色未识别的梁就会变成蓝色(框架梁)或灰色(次梁)。

5)支座编辑

当软件自动识别的支座与图纸不一样时,可使用此命令 [支座编辑 ↓3],对已识别的支座删除或增加。方法是:在命令状态下,对支座位置点击,切换叉和三角是否为支座。

注意:在编辑支座时,显示黄色三角为有支座处,黄色的叉为非支座。

6)吊筋布置

点击【吊筋布置】,光标由 ■ 变为 ■,然后再到绘图区内框选梁与梁的相交处,弹出如图 8-13 所示对话框。

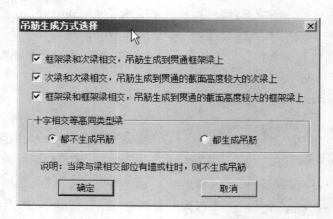

图 8-13 【吊筋生成方式选择】对话框

7）格式刷

在用原位标注调整好一跨的标注之后，如果其他跨的配筋相同，就可以使用【格式刷】命令。

鼠标由"十"变成 □ 之后，左键点击需要复制的跨梁，该跨梁就会变成红色，然后在活动控制栏中可以选择 平移 ∨ 镜像 ∨ 命令，再点击要被复制的跨，选中之后就会变成蓝色，然后点击右键完成复制。

8）应用同名称梁

如有未识别支座的梁和已识别支座的梁，支座相同时，我们可以使用【构件布置栏】中的【应用同名称梁】命令。

点击【应用同名称梁】命令，此时鼠标会变成 □ ，点击要应用支座的梁。如图 8-14 所示。

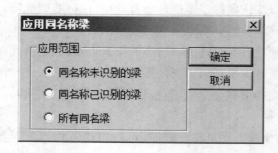

图 8-14 【应用同名称梁】对话框

这根梁会高亮显示，并弹出【应用同名称梁】对话框。有以下三种选项：

（1）同名称未识别梁，选择【确定】，图形中凡是和原梁名称相同且未识别的梁就会全部按照原梁的支座进行编辑。

（2）同名称已识别梁，选择【确定】，图形中凡是和原梁名称相同且已识别的梁就会全部按照原梁的支座重新进行编辑。

（3）所有同名梁，选择【确定】，图形中凡是和原梁名称相同的，无论已识别或未识别的梁都会按照原梁支座重新编辑。

9）圈梁

鼠标左键点击构件布置栏中的【圈梁】按钮,光标由箭头变为十字形,再到绘图区内点击相应的位置,即可布置圈梁。

圈梁的基本操作与墙的操作方法相同,参见"连续布墙"的介绍。

注意:圈梁可自动判断 L 形、T 形转角,按指定节点计算纵筋。

圈梁可自动判断 L 形、T 形、十字形相交转角,配置斜加筋。

圈梁计算均基于 03G 363 国家标准图集。

10）智能布圈梁

智能布圈梁同智能布墙。

构件布置同墙体布置方法一致。圈梁构件布置支持选择的构件包含剪力墙、砖墙、条形基础、基础主梁、基础次梁、基础连梁。

11）梁平法表格

识别后的梁构件此时还没有具体的配筋信息,我们需要对识别后的梁进行钢筋信息的输入。选择工具栏中的 命令,鼠标会变成 ,点击需要输入平法标注的梁,此时这根梁会高亮显示,并在图形界面下会出现这根梁的集中标注和每一跨的原位标注信息,如图 8-15 所示。

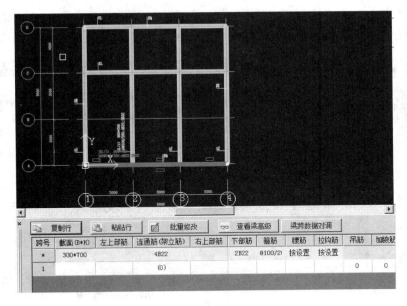

图 8-15 梁平法表格

第一行绿色的钢筋信息是这根梁的集中标注,在表格中是不可以更改的,如果需要更改则应该在构件属性中修改。

每一跨的原位标注都可以在表格中更改并且和图形联动,可以分别在每一跨的表格里填入"截面"、"左上部筋"、"右上部筋"、"下部筋"、"箍筋"、"腰筋"、"拉钩筋"、"加腋筋"、"跨标高"、"跨偏移"。

注意:灰色部分是不能更改的。

　　在平法表格中可以对一列的数据进行批量修改。例如,整根梁每跨的左上部筋都一样,那么我们可以使用【修改列数据】命令,在表格中的左上部筋点击右键,弹出如图 8-16 所示的菜单选择修改列数据,或者选择 批量修改 命令。

　　弹出如图 8-17 所示对话框,填入配筋信息;此时整根梁的左上部筋就全部修改了。

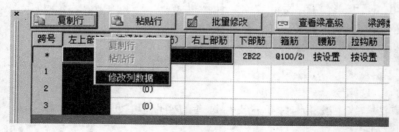

图 8-16　修改列数据　　　　　　　　　　　　　　图 8-17　输入列数据

　　在平法表格中也可以对一行数据进行复制。例如,要将第二跨的梁钢筋信息复制到第三跨,首先点击第二跨,此时这一行会高亮显示,然后点击 复制行 命令,再选择第三跨,如图 8-18 所示。

| 跨号 | 截面(B*H) | 左上部筋 | 连通筋(架立筋) | 右上部筋 | 下部筋 | 箍筋 | 腰筋 | 拉钩筋 | 吊筋 | 加腋筋 |
|---|---|---|---|---|---|---|---|---|---|---|
| * | 350*700 | | 4B22 | | 2B22 | @100/2( | 按设置 | 按设置 | | |
| 1 | 350*750 | | | 2B22 | 2B20 | A8@100 | | | 0 | 0 |
| 2 | 350*750 | | | 2B22 | 2B20 | A8@100 | | | 0 | 0 |
| 3 | 300*700 | | | 2B22 | 2B20 | A8@100 | | | 0 | 0 |

图 8-18　复制行

　　点击 粘贴行 命令,此时第二跨梁的配筋信息就会复制到第三跨了,如图 8-19 所示。

| 跨号 | 截面(B*H) | 左上部筋 | 连通筋(架立筋) | 右上部筋 | 下部筋 | 箍筋 | 腰筋 | 拉钩筋 | 吊筋 | 加腋筋 |
|---|---|---|---|---|---|---|---|---|---|---|
| * | 350*700 | | 4B22 | | 2B22 | @100/2( | 按设置 | 按设置 | | |
| 1 | 350*750 | | | 2B22 | 2B20 | A8@100 | | | 0 | 0 |
| 2 | 350*750 | | | 2B22 | 2B20 | A8@100 | | | 0 | 0 |
| 3 | 350*750 | | | 2B22 | 2B20 | A8@100 | | | 0 | 0 |

图 8-19　粘贴行

12）平法标注

（1）使用工具栏上的 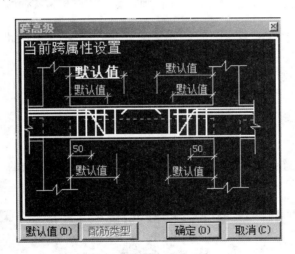 命令，在平法标注状态下可以进行新梁的命名（和属性定义联动）、原位标注、跨的镜像与复制、原位标注格式刷、跨属性设置等修改。

平法标注修改集中标注，选择 命令鼠标变成"口"状态选择要平法标注的梁，鼠标点击【集中标注】对集中标注进行修改。

① 梁名称修改

点击梁名称后面的三角，下拉选择属性定义中已有的梁的名称，选择其他梁名称相当于构件名称更换。也可以直接修改名称。如属性定义已有名称则更换新的名称，如属性定义没有的名称则为新增加构件名称。

② 还可以对梁集中标注的"截面"、"箍筋"、"上部贯通筋"、"下部贯通筋"、"腰筋"、"拉钩筋"进行修改。数据更改同名称所以梁连动更改。

（2）平法标注修改原位标注：可以对梁上部的"支座钢筋"、"架立筋"以及梁下部的"下部筋"、"截面"、"箍筋"、"腰筋"、"拉钩筋"、"吊筋"、"加腋筋"、"跨偏移"、"跨标高"进行修改。

（3）跨属性设置：左键双击某段梁，该梁变为红色，同时弹出【跨高级】对话框，可用于修改每跨梁的上部钢筋伸出长度及箍筋加密区，如图 8-20 所示。

**图 8-20　跨属性设置**

（4）按【退出】键，退出平法标注状态。

13）梁打断

当梁需要断开时，可以使用软件最右边竖向栏中的 命令。

选择梁打断命令后，鼠标会变成 ，点击需要打断的梁，此时会提示从端支座到断开处的距离，选择相应的距离点击左键，梁就在此进行断开。

再次查看这根梁已经断开成两根梁了，如图 8-21 所示。

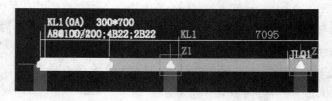

图 8-21　梁打断

14）梁合并

当我们需要将两根梁合并成一根时，使用【软件最右边竖向栏】的 命令。

选择梁合并后，鼠标会变成一个小方框，分别选择要合并的两根梁，然后右键确定，此时两根梁就合并成一根梁了。

15）斜梁设置

斜梁设置方式同斜墙一致，可参考斜墙设置方式。

当遇到斜梁布置时，可以先布置一根水平梁，然后用【工具栏】的"对构件进行变斜调整" 对梁标高进行调整。

点击【对构件进行变斜调整】命令后，鼠标会变成一个小方框，选中需要变斜的梁，选中后此梁会高亮显示，点击右键确定，此时会弹出【第一点标高】对话框并以绿色图标提示 。输入此点标高点击确定后，会同样提示输入第二点的标高，输入此点标高点击【确定】，斜梁设置完成。

设置好的斜梁会变为深蓝色，提示是斜梁。

16）添加折点

当需要对梁添加折点时，选择 命令，选择梁，在该折点的位置输入标高，完成折点的布置。

可以对多个折点连续进行设置。设置完成后梁上会出现绿色的三角符号。如图 8-22 所示。

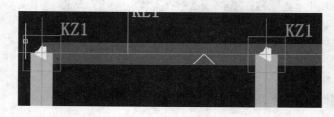

图 8-22　添加折点

17）删除折点

当不要折点时可以选择 命令，将已有的折点删除、变直。

选择需要删除折点的梁，此梁就会高亮显示，折点会被红色的方框标出，用鼠标左键点击一下就可删除此折点。

18）案例讲解

（1）绘制梁

定义好的梁，按照结构图纸相应位置绘制框梁。

（2）支座编辑

绘制好的梁呈现紫红色，这时的框梁工程量是无法计算的，还需要进行支座的编辑。点击【支座编辑】，框选整个工程，这时框梁变成了蓝色，并且在有支座的地方出现了红色的三角形。检查支座是否正确，如果正确，则支座编辑完成。如图8-23所示。

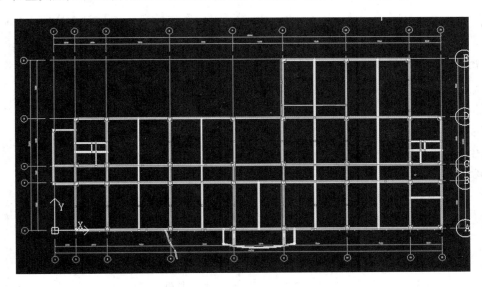

**图8-23　支座编辑过后的框梁**

## 8.2.3　柱

鼠标左键点击左边构件布置栏中的【柱】图标，按钮展开后具体命令包括"点选布柱"、"智能布柱"、"自适应暗柱"、"偏心设置"、"转角设置"、"柱端头调整"、"边角柱识别"、"边角柱设置"。

1）框架柱

鼠标左键点击【构件布置栏】中的【柱】按钮，选择【点选布柱】图标，在属性定义栏中选择"框架柱"或"构造柱"及相应柱的种类，光标由箭头变为十字形，再到绘图区内点击相应的位置，即可布置柱。

可利用带基点移动、旋转、相对坐标绘制等命令绘制、编辑单个柱的位置，详见8.4节中的命令详解。

点击某个柱界面上方的 🔄 旋转按钮，鼠标左键确定基点，旋转至指点位置，右键或回车确定。

在工具栏中的 🔄 转角按钮，点击某个柱，鼠标右键确定，在弹出的如图8-24所示的图中设置选择的角度，完成柱的旋转。

**图8-24　转角设置**

其他操作与剪力墙的操作方法相同。

2）暗柱

根据剪力墙的不同形式，定义好不同的暗柱，如 L－A、L－C、T－C 等，具体参见暗柱属性定义中的内容。

鼠标左键点击构件布置栏中的【柱】按钮，选择【点选布柱】图标，在属性定义栏中选择"暗柱"，根据剪力墙的具体形式选择相应暗柱，光标由箭头变为十字形，再到绘图区内点击相应剪力墙的位置即可布置暗柱。

根据剪力墙的不同形式定义好不同的暗柱，如 L－A、L－C、T－C 等，具体参见暗柱属性定义中的内容。

墙柱布置好以后，可以使用【柱墙对齐】命令 ，将柱与墙对齐或墙与柱对齐。

墙柱布置好以后，可以使用【端部调整】命令 ，调整柱端头的位置。

3）构造柱

布置构造柱的方法与布置框架柱的方法相同。参见布置框架柱。

构造柱非连接区高度，箍筋加密区高度按 11G 101 规范默认设置。

构造柱支持底部与顶部构造节点选择。

4）智能布柱

鼠标左键点击【构件布置栏】中的【智能布柱】图标，在【活动布置栏】中出现 ，鼠标左键选择智能布置柱的方式。

5）轴网布柱

点击【轴网】，光标由箭头变为十字形，再到绘图区内框选轴线交点，被选中的轴线交点即可布置指定的柱。

注意：柱默认自动按轴网角度布置。

6）框选布柱

点击【轴网】活动布置栏，出现 对话框，选择不同的布置柱子的方法。

选择【梁交点布柱】，光标由箭头变为十字形，再到绘图区内框选梁与梁交点，被选中的梁与梁交点即可布置指定的柱。

选择【墙交点布柱】，光标由箭头变为十字形，再到绘图区内框选墙与墙交点，被选中的墙与墙交点即可布置指定的柱。

选择【独立基础布柱】，光标由箭头变为十字形，再到绘图区内框选独立基础，被选中的独立基础即在独立基础中心点上布置指定的柱。

7）柱的偏心设置

点击【偏心设置】命令，弹出浮动对话框，默认的内容为空，如图 8-25 所示。

选择要偏移的柱，可多选，此命令状态下只能选择矩形框架柱。点击右键一下（确定），选中的矩形构件一起根据输入的值偏位。此时浮动框仍然存在——可重复上一步的操作。第 2 次点击右键取消该命令。

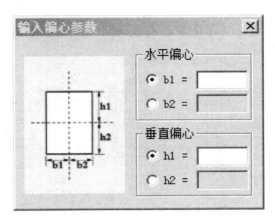

图 8-25　柱偏心设置

8）柱的转角设置

点击柱的【转角设置】命令,弹出浮动对话框。输入所需要的角度,随后点击需要转动的柱子,可以框选所要的柱子。选中后鼠标右键确定。当浮动框存在时,可以一直重复第 2 步的操作。第 2 次点击右键取消。

9）柱端头调整

柱的端头调整是针对暗柱而言的。点击柱子端头调整命令【柱端调整】,点击所要进行端头调整的柱子即可。

10）边角柱识别

边角柱识别的前提是该建筑物外围构件能形成闭合形式。例如,只有柱存在而无其他构件的情况下是无法识别到角柱边柱的。

点击【边角柱识别】命令,软件会自动进行识别,并弹出对话框。点击【确定】完成。识别后显示为蓝色的柱为角柱,粉红色的柱为边柱,红色的柱为中柱。

11）边角柱设置

当自动识别后的边柱、角柱不能满足实际工程中边柱、角柱时,可以自由设定边柱、角柱。

点击【边角柱设置】命令,此时鼠标会变成一小方块。选择所要进行设定的柱子(也可以框选),选择后弹出对话框。选择所要进行调整的柱子类别,按【确定】即可。但如果选择的是边柱的话,对话框会显示提示状况,进行 B 边 H 边的选择确定边柱的边。点击【确定】完成该命令,软件会自动进行调整并弹出对话框。点击【确定】,完成该命令操作。

12）柱表、暗柱表

利用柱表功能可以一次性地将所有柱的相关信息输入完成,执行【属性】——“柱表”/“暗柱表”,弹出对话框。

可以将输入完成的柱的信息应用到柱/暗柱的属性定义中。

转化柱表,点击柱表中的“CAD 转化”,光标变成“□”,框选导入到图形界面的柱表即可完成柱表转化。如图 8-26 所示。

图 8-26 中的柱表界面：

| 柱名称 | 标高m | 所属楼层 | 矩形柱b*h圈... | 全部纵筋 | 四角筋 | b边钢筋 | h边钢筋 | 箍筋 |
|---|---|---|---|---|---|---|---|---|
| | KZ1默认值 | | 500*500 | 12B20 | 4B16 | 3B16 | 3B16 | A8-200 |
| | 0.000~0.000 | 0 | 350*400 | | 4B18 | 2B18 | 2B18 | A8@100/200 |
| | 0.000~3.800 | 1 | 350*400 | | 4B18 | 2B18 | 2B18 | A8@100/200 |
| KZ1 | 3.800~7.400 | 2 | 350*400 | | 4B18 | 2B18 | 2B18 | A8@100/200 |
| | 7.400~11.000 | 3 | 350*400 | | 4B18 | 2B18 | 2B18 | A8@100/200 |
| | 11.000~14.600 | 4 | 350*400 | | 4B18 | 2B18 | 2B18 | A8@100/200 |
| | 14.600~17.600 | 5 | 350*400 | | 4B18 | 2B18 | 2B18 | A8@100/200 |
| | KZ2默认值 | | 500*500 | 12B20 | 4B16 | 3B16 | 3B16 | A8-200 |
| | 0.000~0.000 | 0 | 350*400 | | 4B20 | 2B20 | 2B20 | A10@100/200 |
| | 0.000~3.800 | 1 | 350*400 | | 4B20 | 2B20 | 2B20 | A10@100/200 |
| KZ2 | 3.800~7.400 | 2 | 350*400 | | 4B20 | 2B20 | 2B20 | A10@100/200 |
| | 7.400~11.000 | 3 | 350*400 | | 4B20 | 2B20 | 2B20 | A10@100/200 |
| | 11.000~14.600 | 4 | 350*400 | | 4B20 | 2B20 | 2B20 | A10@100/200 |
| | 14.600~17.600 | 5 | 350*400 | | 4B20 | 2B20 | 2B20 | A10@100/200 |
| | KZ3默认值 | | 500*500 | 12B20 | 4B16 | 3B16 | 3B16 | A8-200 |
| | 0.000~0.000 | 0 | 500*500 | | 4B20 | 2B20 | 2B20 | A8@100/200 |
| | 0.000~3.800 | 1 | 500*500 | | 4B20 | 2B20 | 2B20 | A8@100/200 |
| KZ3 | 3.800~7.400 | 2 | 500*500 | | 4B20 | 2B20 | 2B20 | A8@100/200 |
| | 7.400~11.000 | 3 | 500*500 | | 4B20 | 2B20 | 2B20 | A8@100/200 |
| | 11.000~14.600 | 4 | 500*500 | | 4B20 | 2B20 | 2B20 | A8@100/200 |
| | 14.600~17.600 | 5 | 500*500 | | 4B20 | 2B20 | 2B20 | A8@100/200 |
| | KZ4默认值 | | 500*500 | 12B20 | 4B16 | 3B16 | 3B16 | A8-200 |
| | 0.000~0.000 | 0 | 500*500 | | 4B18 | 2B18 | 2B18 | A8@100/200 |
| | 0.000~3.800 | 1 | 500*500 | | 4B18 | 2B18 | 2B18 | A8@100/200 |
| KZ4 | 3.800~7.400 | 2 | 500*500 | | 4B18 | 2B18 | 2B18 | A8@100/200 |

按钮栏：增加柱(Z) 增加柱层(F) 删除(D) 复制(C) 提取柱属性(T) 应用柱表(Y) ☑ 同名称柱属性覆盖    CAD转化  关闭

图 8-26 柱表

提示：连梁表转化操作流程同柱表转化。

13）案例讲解

绘制柱：定义好框柱后，依据图纸，在相应的轴网上点击【布柱】即可。

## 8.2.4 板

鼠标左键点击左边【构件布置栏】中的【板】图标，按钮展开后具体命令包括【快速成板】、【自由绘板】、【智能布板】、【板洞】、【坡屋面】。

1）快速成板

根据轴网、剪力墙、框架梁布置完成后可以执行该命令，自动生成板。

鼠标左键点击构件布置栏中的【板】按钮，选择【快速成板】图标，弹出如图 8-27 所示对话框，选择其中的一项，自动生成板，如图 8-28 所示。

图 8-27 自动成板选择

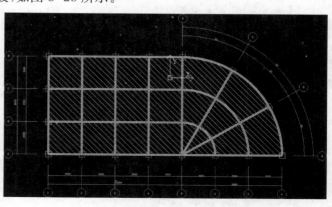

图 8-28 自动成板

2）自由绘板

鼠标左键点击构件布置栏中的【轴网成板】图标,实时控制栏弹出命令,选择自由画板的形状。

布置方法:

矩形板:鼠标左键选择矩形板的第一点后鼠标下拉或上拉确定第一点到第二点矩形的对角线,完成矩形板的绘制。

圆形板:鼠标左键选择圆形的圆心点,鼠标拉动确定圆形半径,完成圆形板的绘制。

异形板:可以绘制直形板,也可以绘制弧形板,板绘制到最后一点,点击鼠标右键闭合该板。

注意:确定自由绘制的板尺寸,可以运用动态坐标和构件之间的位置关系来确定尺寸。

3）智能布板

在中文布置栏上点击【智能布板】,在活动工具栏上选择相应按钮,可以选择不同的布板形式。

点击【布板】,选择不同区域生成板。选择【点击】后,再点击所要形成板的封闭区域即可。

【框选】布板,根据轴网、剪力墙、框架梁布置完成后,框选所要形成板的区域。执行后在此封闭的区域内形成了板。

【轴网】布板,选择轴网布板光标由箭头变为十字形,在绘图区内框选轴线形成的区域,被选中的区域即可布置上指定的板。如果框选的区域已经有板存在,软件会提示:自动形成的板与已存在的板重叠,不能再生成板。如果框选的区域部分存在楼板,部分没有楼板,软件会提示:自动形成的板与已存在的板重叠,不能再生成板;同时,没有楼板的区域自动形成板。

4）板洞

鼠标左键点击构件布置栏中的【板】按钮,选择【板洞】图标,光标由箭头变为十字形,在活动布置栏鼠标左键点击构件布置栏中的【板洞】图标,在活动布置栏,选择板洞形状。

布置方法:

矩形:鼠标左键选择矩形洞的第一点后鼠标下拉或上拉确定第一点到第二点矩形洞的对角线,完成矩形洞的绘制。

圆形:鼠标左键选择圆形的圆心点,鼠标拉动确定圆形半径,完成圆形洞的绘制。

异形:可以绘制直形边,也可以绘制弧形边,绘制到最后一点,点击鼠标右键闭合该板。方法与轴网中的自由画线第1、2步骤相同。

5）多板合并

应用以上几种方法生成楼板后,可以将其中的某几块边线连接的板合并成一块板。

鼠标左键点击软件最右边竖向栏中的 ⊡ 按钮,光标由十字形变为"□",左键选择要合并的板,右键确认完成板的合并。

多板合并原则:相邻或重合多板形成独立的最大的封闭区域,如图8-29、图8-30所示。

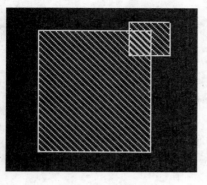

图 8-29　合并前

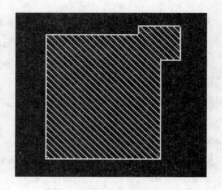

图 8-30　合并后

6）斜板设置

点击工具栏中 ✎ 命令，左下角提示"选择变斜的板"，点选板，点鼠标右键，弹出对话框，选择变斜方式。

（1）三点确定：选择第一个基点，弹出标高设置框。

输入第一点的标高，再分别选择第二基点和第三基点，输入标高，斜板即设置完成。

注意：输入的标高是"楼层相对标高"。

（2）基线角度确定：选择一条基线，绘制边线。

输入所选基线的标高和坡度角，点【确定】即可，斜板即设置完成。

7）切割板

（1）先点击图形最右边竖向栏中 ✂ 图标，然后选择要切割的板，再点击鼠标右键。

（2）切割线的起始点与终止点必须与板的边相交。

8）案例讲解

快速成板：点击【快速成板】，弹出对话框后，选择"按照墙梁中线"生成板。如图 8-31 所示。

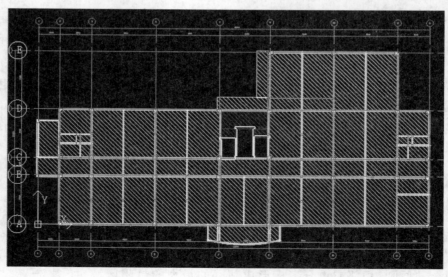

图 8-31　快速成板

说明：楼梯处的楼板要删除。

236

### 8.2.5　板筋

鼠标左键点击左边的构件布置栏中的【板筋】图标,按钮展开后具体命令包括"布受力筋"、"布支座筋"、"放射筋"、"圆形筋"、"楼层板带"、"撑脚"、"绘制板筋区域"、"智能布置"、"布筋区域选择"、"布筋区域匹配"。

1)布受力筋

可布置底筋、负筋、跨板负筋及双层双向钢筋,利用工具栏横向、纵向布置可以布置不同方向板筋。

点击【布受力筋】,实时控制栏会出现如下按钮:

| □单板布置　⊞多板布置　| ⊠横向布置　⊠纵向布置　⊡XY向布置　⊠平行板边布置　,选择相应的按钮,再在板上点击鼠标左键就可以布置上去了。

2)单板布筋与多板布筋

(1)单板布筋

操作步骤:直接点击【布受力筋】(横向布筋或XY向布筋)在对应板上,即时布置。可以选择其他板继续布置。

(2)多板布筋

操作步骤:在单板布筋的基础上,布置之前按住Shift多选板,选好之后松开,直接左键在所选区域内布置钢筋。右键为退出多板布筋状态。

(3)横向布筋

动态参考坐标X方向布置钢筋,可布置底筋、负筋、跨板负筋及双层双向钢筋。

(4)纵向布筋

动态参考坐标Y方向布置钢筋,可布置底筋、负筋、跨板负筋及双层双向钢筋。

(5)XY向布置

图形界面中,动态参考坐标XY双向布置钢筋,可布置底筋、负筋及双层双向钢筋。

(6)平行板边布置

可以快速地按板边平行方向布筋,主要用于有转角板或弧形板里钢筋的布置。

布置时左键选择板的某条边线,板的边线变为灰色后,左键点击所在板内布置即可。

提示:受力筋布置好以后,拖动板的夹点,受力筋会随着板的变化而变化。

3)布支座筋

在中文布置栏上选择"布支座筋",出现图8-32,选择不同的布置方式,并且可以输入"左支座"与"右支座"的距离。

| 左支座:1040　　▼　右支座:0　　　　▼　⊠画线布置　⊓按墙梁布　⊓按板边布　⊠　／　⌒

**图8-32　板筋支座布置**

(1)画线布置

两点一线快速地布置支座负筋,方法与前面自由绘板步骤相同。

提示:以上三种布置支座负筋时,支座负筋可在图形界面上输入尺寸,图形自动变化,并记忆上次数据。只要点击一下某一种类的支座负筋,再次布置支座负筋时的数据与刚才点击的支座负筋的数据是相同的,类似格式刷的功能。

(2)按墙梁布

快速地按墙或梁布置支座钢筋,执行命令,选择相应的墙或梁(浮动选中),点击左键布置。

(3)按板边布

能快速地按板边布筋,主要用于有角度的板或弧形上布置支座负筋。执行命令,选择相应的板边(浮动选中的板边),左键点击,如图8-33所示。

(4)▦ 支座钢筋左右数值互换

能在布置支座钢筋时快速地切换支座左右数据。

4)放射筋

主要用于放射钢筋的布置。布置时软件需要判断是否只有一个圆心,并且圆心在板内才可以布置。

5)圆形筋

主要用于圆形钢筋的布置,默认仅为底筋。

6)楼层板带

在活动布置栏上 定位: ▦ ▦⁺ ▦⁺ 左边宽度: 1500 ╱ 选择定位方式,输入相应的宽度,布置方式与自由画线中直线相同。

7)撑脚

主要用于基础底板、超厚楼板受力钢筋的支撑。

8)绘制板筋区域

点击中文布置栏中 ▦绘制板筋区域 命令,按板筋的实际区域进行绘制,绘制第三条边线后,点鼠标右键,弹出如图8-34所示对话框。

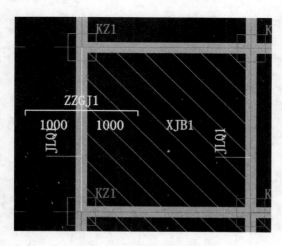

图8-33 布置支座负筋

图8-34 配筋设置

在"配筋设置"中选择需要布置的钢筋名称,点击 进入属性 可直接对钢筋属性修改设置,选择后确定即可,钢筋则按布置的区域和选择的名称进行布置。

9）智能布板筋

选择需布置钢筋的类型：

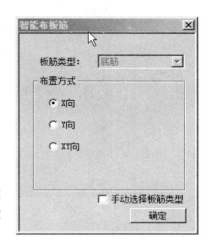

图 8-35 智能布置板筋

，点击【智能布板筋】，弹出如图 8-35 所示对话框。

板筋类型：按照之前选择的板筋类型，软件自动默认。

板筋布置方式：钢筋的布置方法，根据需要选择 X、Y、XY 方向的布置方式。

手动选择板筋类型：勾选"手动选择板筋类型"可以在"智能布置板筋"内重新选择板筋类型，而不是按照之前设置的板筋类型，软件默认。

10）合并板筋

点击 ⊡ ，对相同钢筋的区域合并。

注意：板筋与板是联动的。

两个相邻区域的相同钢筋进行合并。

点击 ⊡ ，左键分别点击建模图中的两根钢筋，右键确定。

在使用合并板筋的时候，也可以用框选操作。从右上向左下框选时，必须框选中要合并的全部板筋及板；从左下向右上框选时，框选中要合并板筋的某一段即可（框选原理同 CAD 框选）。

11）板筋原位标注

点击已布置好的钢筋的名称，软件弹出 属性名称：A128.30 ，在属性名称内输入要改的名称，确定即可。

在属性名称内可以输入格式为："名称*级别直径@间距"。确定后，该钢筋的属性也随之改变。

可以把名称输写为中文，但是在屏幕上不显示，在属性内有此名称的编号。

12）布筋区域选择

具体操作步骤见 CAD 电子文档的转化——各构件转化流程——板筋布筋区域选择命令。

13）布筋区域匹配

点击 布筋区域选择 ，软件弹出如图 8-36 所示对话框。

具体操作步骤见 CAD 电子文档的转化——各构件转化流程——板筋布筋区域匹配命令。

14）案例讲解

绘制板筋：根据图纸相应的位置，绘制板筋，如图 8-37 所示。

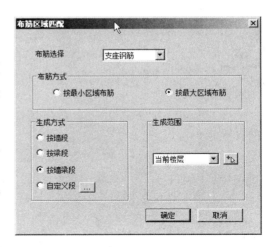

图 8-36 布筋区域匹配

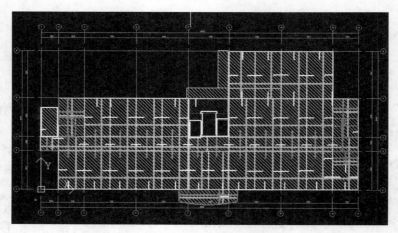

图 8-37　布好板筋的图

说明：楼梯的钢筋工程量在土建建模时，选择楼梯类型的时候进行定义。

## 8.3　楼层选择与复制

对于具有标准层的结构，当建立好某一层的模型时，采用"楼层选择与复制"，可以快速地将其他楼层的模型建立起来。

### 8.3.1　楼层选择

执行 0层(基础层) ▼ 【楼层选择】命令就可以切换到需要的楼层了。在切换楼层的工程中，软件将不提示是否保存本楼层工程。

### 8.3.2　楼层复制

执行 🖉 楼层复制命令，软件弹出如图 8-38 所示对话框。

（1）复制当前楼层构件到：可以选择除源楼层外的其他目标楼层。

（2）覆盖目标楼层：勾选覆盖目标楼层，软件将把目标楼层内的原有图形全部清除。

（3）添加到目标楼层：勾选添加到目标楼层，软件只是增加复制的构件，目标楼层内的原有构件保持不变。

图 8-38　【楼层复制】对话框

### 8.3.3 案例讲解

首层模型建好后,即可进行 2、3、4 层和基础层的建模。

(1)点击【楼层复制】,源楼层是首层,目标楼层是 2 层,复制的构件为所有构件。

进入到 2 层,仔细观察图纸,将 2 层与首层不同的地方进行修改,修改后的构件如图 8-39 所示。

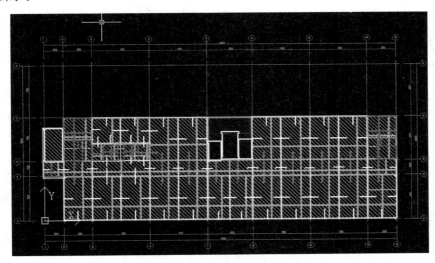

**图 8-39 二层构件**

(2)仔细观察图纸,发现 2、3、4 层大部分全部相同。再次进行楼层复制,源楼层是 2 层,目标楼层是 3、4 层,复制的构件为所有构件。

进入到 3、4 层,仔细观察梁图和楼板配筋图,将 3、4 层与 2 层不同的地方进行修改。

(3)由于 5 层为坡屋顶,因此进行楼层复制时只需要复制墙、梁和柱即可。再次进行楼层复制,源楼层是 4 层,目标楼层是 5 层,复制构件是墙、梁、柱。

## 8.4 其他构件建模详解

经过前面详细的介绍,主体结构的框架——墙、梁、板和柱以及板筋已经全部建模完毕。这部分构件各楼层中大部分相同,因此,建立好一层,进行相应的复制和局部修改即可。屋面和基础部分的构件,大部分与主体结构构件不一样,因此需要另外建模。

### 8.4.1 坡屋顶

坡屋顶的命令属于板的命令的一部分。

1)形成坡屋面轮廓线

点击左边中文工具栏中 **形成轮廓线** 图标,左下提示【选择构件】,框选包围形成屋面轮廓线的墙体,右键确定。

输入屋面轮廓线相对墙外边线的外扩量,单击【确定】,形成坡屋面轮廓线命令结束。

注意:包围形成坡屋面轮廓线的墙体必须封闭。

2)绘制坡屋面轮廓线

点击左边中文工具栏中 ▨绘制轮廓线 图标,左下行提示"指定第一个点/按 Shift＋左键输入相对坐标"依次绘制边界线,绘制完毕回车闭合,绘制坡屋面轮廓线结束。

3)增加夹点

点击左边中文工具栏中 ▧增加夹点 图标,此命令主要用于调整坡屋面轮廓线,选择夹点处拖动进行调整定位。

4)形成单坡屋面板

点击左边中文工具栏中 ♪单坡屋面板 图标,左下行提示"选择轮廓线",左键选取一段需要设置的坡屋面轮廓线,弹出对话框。输入此基线的标高和坡度角,确定即可,单坡屋面设置完成。

5)形成双坡屋面

点击左边中文工具栏中 ⬗双坡屋面板 图标,左下提示"选择轮廓线",左键选取第一段需要设置的坡屋面轮廓线,弹出【斜板基线角度设定】框,输入边线的标高和坡度角,再选择第一段需要设置的坡屋面轮廓线,输入边线的标高和坡度角,确定即可。

6)形成多坡屋面板

点击左边中文工具栏中 ▨多坡屋面板 图标,左下行提示【选择轮廓线】,左键选取需要设置成多坡屋面板的坡屋面轮廓线,弹出【坡屋面板边线设置】对话框,如图 8-40 所示。

设置好每个边的坡度和坡度角,点击【确定】按钮,软件自动生成多坡屋面板。

7)案例讲解

进入 5 层,由于 5 层的楼板为屋面,屋面板为坡屋顶面板,因此要进行定义和绘制坡屋面。

(1)斜板布置

点击坡屋面——形成轮廓线。

框选整个图形,弹出对话框后偏移量为 0。

(2)绘制多坡屋面

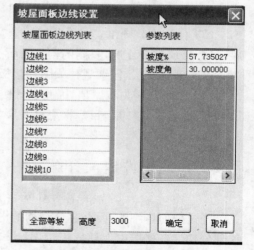

图 8-40 【坡屋顶面板边线设置】对话框

点击【多坡屋面】,选择刚刚生成的轮廓线。输入坡度角为 30°,标高为 0.000,全部等坡。

(3)构件标高随板调整

点击窗口正上方的命令【构件标高随板调整】,框选全部构件,确定。即可发现所有墙、柱标高随板调整了。如图 8-41 所示。

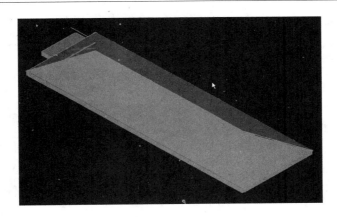

图 8-41 坡屋顶

## 8.4.2 基础

仅在基础层可以布置基础。

鼠标左键点击左边构件布置栏中的【基础】图标,按钮展开后具体命令包括【独立基础】、【智能布独基】、【基础连梁】、【条形基础】、【智能布条基】。

鼠标左键点击属性定义栏中的【基础】,基础布置构件包含【独立基础】、【基础主梁】、【基础次梁】、【基础连梁】、【筏板基础】、【集水井】。

1)独立基础

布置独立基础的方法与布置柱的方法相同,详见柱的布置。

2)基础连梁

布置基础连梁的方法与布置梁的方法相同,详见梁的布置。布置好的独立基础、基础连梁如图 8-42 所示。

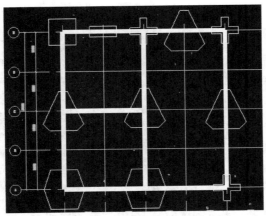

图 8-42 独立基础与基础连梁

注意:基础连梁是以基础承台为支座的。

3)智能布独基

智能布独基的布置方法与智能布柱的方法相同,详见智能布柱的布置。

注意：可框选的构件包括框架、暗柱、构造柱。

4）基础连梁

基础连梁的布置方法与连续布墙的方法相同，详见连续布墙的布置。

5）条形基础

条形基础在属性里输入标高时输入的是构件"底标高"。

条形基础的布置：在中文布置栏中选择"条形基础"命令，在活动布置栏 定位 ▦、▦、▦² 左边宽度：150 可以输入左边宽度，即时输入条形基础的左半边宽度。也可以选择左靠边 ▦ 和右靠边布置 ▦。

左半边宽的定义如下：按绘制方向，鼠标指定点（经常是轴线上的点）与墙左边线的距离。

6）智能布条基

点击【智能布条基】，实时控制栏出现 ▨ ▽ ▦轴网 ▥构件。

注意：当选择 ▥构件，可框选的构件包括剪力墙、砖墙、基础主次梁、基础连梁、圈梁。

提示：有梁条基的布置。

如果需要布置有梁条基，方法如下：

（1）需要先布置条形基础，布置方法与条形基础布置方法相同。

（2）在布置好的条形基础的上面布置基础梁，完成有梁条基的布置。

注意：条基可判断与其平行重叠的梁（基础梁、基础连梁、圈梁）设置分布筋布置。

条基可判断梁（基础梁、基础连梁、圈梁）或独立基设置分布筋锚固。

条基可自动判断 L 形、十字形、T 形相交，按横向、纵向设置受力筋贯通。

条基受力筋长度可根据设定长度按相应 06G101-6 国家标准图集规范方式计算。

7）案例讲解

（1）楼层复制

进入首层，选择楼层复制，源楼层为首层，目标楼层为 0 层，复制构件为柱和梁。

（2）绘制独立柱基

定义好独立柱基后，依据结构图纸，在相应的位置绘上独基。如图 8-43 所示。

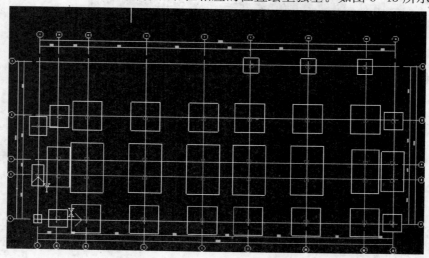

图 8-43　布置好的独立基础

### 8.4.3  基础梁

仅在基础层可以布置基础梁。

鼠标左键点击左边构件布置栏中的【基础梁】图标,按钮展开后具体命令包括【基础梁】、【智能布基梁】、【支座识别】、【支座编辑】、【吊筋布置】、【格式刷】、【应用同名称梁】。

1)基础梁

与中间层框架梁的【连续布梁】命令方法一致。

2)智能布基梁

与中间层框架梁的【智能布梁】命令方法一致。

3)支座识别

与中间层框架梁的【支座识别】命令方法一致。

4)支座编辑

与中间层框架梁的【支座编辑】命令方法一致。

5)吊筋布置

与中间层框架梁的【吊筋布置】命令方法一致。

6)格式刷

与中间层框架梁的【格式刷】命令方法一致。

7)应用同名称梁

与中间层框架梁的【应用同名称梁】命令方法一致。

### 8.4.4  筏板

仅在基础层可以布置基础。

鼠标左键点击左边构件布置栏中的【筏板】图标,按钮展开后具体命令包括【筏板】、【筏板洞】、【集水井】、【布受力筋】、【布支座筋】、【基础板带】、【撑脚】、【绘制板筋区域】。

1)筏板

布置好基础梁以后,点 筏板 8 / 筏板 →0 命令,【工具栏】弹出对话框,选择相应的方法进行筏板的布置。

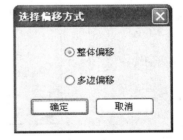

**图8-44  筏板偏移方式**

选择 自动形成 确认后,光标变成口字形,框选要布置基础梁形成的筏板区域,然后选择形成偏移的方式,如图8-44所示。

整体偏移:点击确认弹出【偏移】对话框,输入筏板沿基础梁外伸的长度。确认完成筏板的绘制。

多边偏移:选择【多边偏移】点击确认,鼠标变成口字形,点击要偏移的筏板边,被选中的边会高亮显示。偏移边选择完成后,鼠标右键确认。

自由绘制 :可以绘制直形板,也可以绘制弧形板,板绘制到最后一点,点击鼠标右键闭合该板。

2）筏板变截面

当相邻的筏板出现高差时，可以点击【筏板变截面】命令，鼠标变成 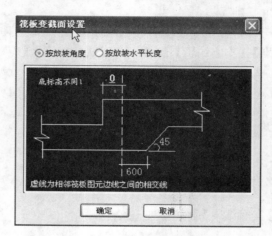，然后选择相邻的两块存在高差的筏板，右键确定。弹出【筏板变截面设置】对话框，如图8-45所示。

图8-45　筏板变斜面设置

可以通过【筏板变截面设置】来对筏板放坡的系数进行相应的修改，且能够通过三维实体化来检查。

3）筏板洞

在已经布置好的筏板上可以进行板洞的设置，活动布置栏中 选择相应的方法进行筏板洞的布置，布置方法和板中的板洞布置方法相同。

**注意：**板洞断面0可定义上部洞深度。软件判断是否扣除筏板中层筋或底筋；以及筏板面筋遇洞的弯折长度。如图8-46所示。

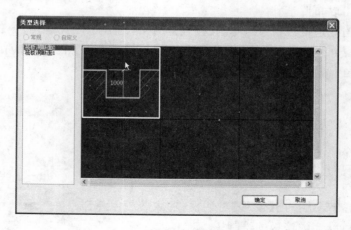

图8-46　属性大图

筏板洞断面1可定义仅扣除底筋的筏板洞。如图8-47所示。

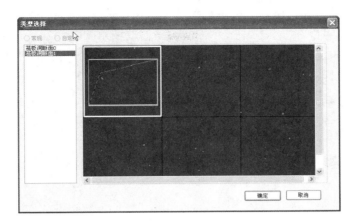

图 8-47 筏板洞断面 1

筏板洞平面形状可自由绘制。

4）集水井

集水井的布置必须是在筏板生成以后。

在【构件属性定义】中定义好集水井形状、尺寸以及配筋后,在布置栏中选择【集水井】命令,在筏板中点击鼠标左键,在筏板上布置集水井。布置完后如图 8-48 所示。

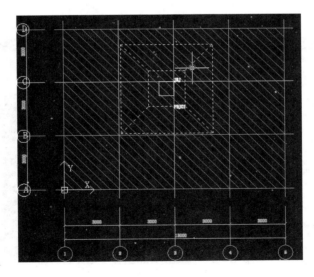

图 8-48 筏板上的集水井

集水井和筏板的钢筋互相扣减和锚固的方式,软件根据筏板筋及集水井中的计算设置自动考虑。

点击命令 集水井 ↓3 ,绘制界面中鼠标出现十字光标,用自由绘制方式画一个任意图形。

点击 集水井参数调整 ↗4 可以调整异形集水井放坡的参数和调整集水井中钢筋的方向。

在实时工具栏中选择调整放坡系数,选中集水井,点击集水井的一条边线。将边坡参数随编号一起调整"√"去掉。可以自由调整异形集水井每条放坡斜边的角度和斜边的起坡距离,这样在结束时就可以在参数栏中显示你所调整的放坡角度。

在实时工具栏中选择调整钢筋方向,选中集水井,点击这根钢筋的排布方向,选中集水井内的一根钢筋,这样这根钢筋会根据你的排布方向选择进行相应的排布。

5)布受力筋

与"板筋"中布受力筋操作方法相同。

6)布支座筋

与"板筋"中布支座筋操作方法相同。

7)基础板带

与"板筋"中楼层板带操作方法相同。

8)撑脚

与"板筋"中撑脚操作方法相同。

9)绘制板筋区域

与"板筋"中绘制板筋区域操作方法相同。

10)排水沟

属性定义与集水井类似,钢筋输入形式同集水井,如图8-49所示,可在计算设置中设置排水沟的计算方式,支持其他配筋中增加钢筋。同线性构件直线绘制的方式一致,支持靠左居中靠右绘制方式。

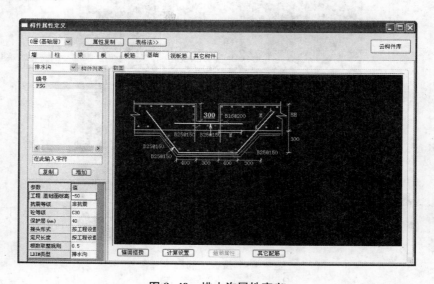

图8-49 排水沟属性定义

注意:排水沟与筏板的钢筋计算,与集水井、剪力墙、基础主次梁、框架主次梁构件的钢筋一并关联计算。

筏板面筋和底筋计算时,要设置增加如遇到排水沟时的计算节点。

支持合并、倒角、打断等线性构件编辑功能。

### 8.4.5　其他构件

鼠标左键点击左边构件布置栏中的【其他构件】图标,按钮展开后具体命令包括"后浇带"、"拉结筋"、"自定义线性构件"、"建筑面积"。

1) 后浇带

鼠标左键点击构件布置栏中的【其他构件】按钮,选择【连续布梁】图标,光标由箭头变为十字形,再到绘图区内点击相应的位置,即可布置后浇带。

在后浇带的属性定义界面里,可以修改后浇带遇不同构件的钢筋信息。

2) 拉结筋

鼠标左键点击构件布置栏中的【其他构件】按钮,选择【拉结筋】图标,实时控制工具栏中将出现 ▽ 点选布置 智能布置 。选择【点选布置】,鼠标光标将变为十字形。鼠标左键点击在柱边,拉结筋则布置完毕。

选择【智能布置】,鼠标光标变为 □ 形,框选需要布置拉结筋的区域,鼠标右键确定。软件会在柱与砖墙相交的部位自动形成拉结筋。

3) 自定义线性构件

鼠标左键点击构件布置栏中的【其他构件】按钮,选择【自定义线性构件】图标。自定义线性构件的绘制参照连续布墙。

4) 建筑面积

鼠标左键点击构件布置栏中的【其他构件】按钮,选择 建筑面积 ↓3 图标,实时控制工具栏中将出现 自由绘制 智能生成 。

鼠标左键点击【智能生成】,则会弹出【选择楼层】的对话框,将需要统计建筑面积的楼层勾上。软件将会自动形成建筑面积线,并将生成好的建筑面积自动添加到工程设置——楼层设置——面积中。如图 8-50 所示。

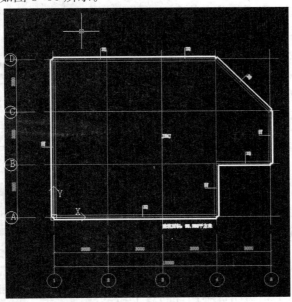

**图 8-50　建筑面积线生成**

### 8.4.6 私有属性修改

1）私有属性的定义

构件属性：构件属性包括工程构件的截面尺寸、配筋信息、标高、混凝土等级、抗震等级等，如图 8-51 所示。

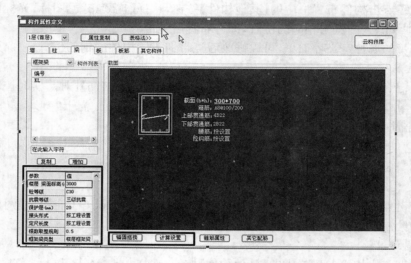

图 8-51 框架梁私有属性修改

私有属性：红色框选区域为可私有的属性，也就是说私有属性可以公有，也可以私有；而公有属性则是不可以单独更改的，也就是说只要构件名称相同，公有属性就相同。

建立构件时的构件属性默认为编号属性，它的属性可以通过【私有属性修改】命令查看和修改，其与总体设置的引用与持有关系同编号属性。

2）私有属性修改操作流程

操作步骤：

第 1 步：点击工具栏中 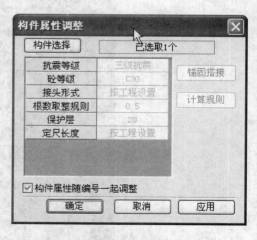 或菜单栏属性—私有属性修改，进入私有属性修改界面。

第 2 步：点击界面中【构件选择】按钮，进行"相同类型构件"的选择，选择过程中该对话框暂时隐藏。

选择方法：选择第一个构件（只能点选），再选择（可点选或框选），则只能选到与第一次选择相同类型的构件类型。支持再选择为反选。

第 3 步：选择完成之后，右键确定，对话框重新出现，已经拾取到的所有构件信息进入该对话框，如图 8-52 所示。

在此对话框中，右上角写明选中构件的数量，

图 8-52 【构件属性调整】对话框

默认"构件属性随编号一起调整"勾选,表示其图形属性随编号,故其项目都不允许修改。

当去掉"构件属性随编号一起调整"勾选后,对话框内的所有项目被激活,可以任意修改。

修改后的项目变红,表示其设置与总体设置不同。

## 8.5　构件编辑

钢筋算量软件虽然不是建立在CAD的基础上研制开发的,但很多编辑命令基本上还是和CAD的一些编辑命令相同,操作时注意看窗口最下方的命令提示栏即可。下面重点介绍与CAD命令不同的命令操作。

### 8.5.1　构件名称更换

点击名称更换 🖂 ,选择所要更换的构件(名称和构建实体均可),右键确定,软件弹出【属性替换】对话框,如图8-53所示。

选择所要更换的构建名称,点击【确定】;也可点击【构建属性设置】对该构建参数重新设置。

点击【名称更换】后,可连续选择多个构件。当选择好某个构件后要删除,只需在该构件上再点击一次就可以了。若清楚所有已选中的构件,按【ESC】键即可。

### 8.5.2　属性复制格式刷

点击 🖂 图标,弹出【属性复制格式刷】对话框,如图8-53所示。

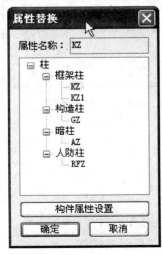

图8-53　【属性替换】对话框

图8-54　【属性复制格式刷】对话框

选择所要复制的属性内容。公共属性和私有属性可分别选择复制。

选择所要原构件的名称,再依次选择被复制构件的名称(在选择被复制构件时,可以点选也可以框选)。

### 8.5.3 删除构件

鼠标左键选择要删除的构件,点击【删除构件】⊠。此操作类似 Delete 键的操作。

### 8.5.4 构件锁定

图层的锁定功能,包括轴网、墙、柱、梁、板、基础、其他构件,总共 7 个图层类型。

点击【构件锁定】🔒,软件会弹出如图 8-55 所示对话框,可任意选择其中一个或几个图层进行锁定,锁定后的图层将无法被选中,也无法被编辑,但不影响其他构件对锁定图层的识别或定位。

如需绘制被锁定图层的构件,点击构件会自动弹出是否解除锁定的提示,如图 8-56 所示。点击【确定】后,图层解锁。

图 8-56 解锁

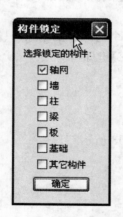

图 8-55 【构件锁定】对话框

图 8-57 偏移选择

### 8.5.5 偏移对齐

点击【偏移对齐】▦,【工具栏】出现 ▦▦ 。

▦ 点击原对齐边,再点击对齐构件,软件将自动与该对齐边对齐。

▦ 点击原对齐边,再点击对齐构件,会出现如图 8-57 所示对话框。

在【距离】内输入原对齐边与对齐构件的距离,确定即可。

可以被软件确定为原对齐边的构件有墙、梁、柱以及轴网。

### 8.5.6 端部调整

点击编辑工具栏中的【端部调整】,鼠标光标变为 ▢ ,点击构件,构件的端部便相互调整。

### 8.5.7 夹点编辑

(1)点击编辑工具栏中的【夹点编辑】 ▣ ,出现如图 8-58 所示的【实时控制栏】。

(2)点击【增加夹点】,随后点击需添加夹点的构件,再点击构件的边来添加夹点。可以选择的构件有:现浇板,板洞,屋面轮廓线,筏板,筏板洞,自由绘制的底筋、负筋、双层双向筋、跨板负筋、温度筋、撑脚、筏板底筋、筏板中层筋、筏板面筋、筏板撑脚筋。

(3)点击【删除夹点】,再选择要删除的夹点即可。

(4)点击【边编辑】,随后选择需编辑的板,再点击板边,出现如图 8-59 所示对话框。

图 8-59 【板编辑】对话框

图 8-58 夹点编辑工具条

半径:所选板的边形成弧形的半径。

拱高:所选板的边形成弧形的高度。

角度:所选板的边形成弧形的圆心角。

### 8.5.8 倒角、延伸

(1)点击编辑工具栏中"倒角、延伸" ▦ ,实时控制栏出现 ▦▦ 。

▦ :角部剪切/延伸

▦ :中部剪切/延伸

注:倒角延伸支持框选,批量倒角或批量延伸。

（2）点击实时控制栏中的"角部剪切/延伸" 🔳 ，然后点击要形成剪切或延伸的构件，最后点击鼠标右键确定。

（3）点击实时控制栏中的"中部剪切/延伸" 🔳 ，先选择一条要剪切或延伸的基准线，再选择要剪切或延伸的构件即可。

### 8.5.9 对构件底标高自动调整

（1）点击工具栏中的 🔳 对构件底标高自动调整命令，软件绘图区出现如图8-60所示对话框。

（2）点击 构件选择 ，然后在绘图区选择要调整底标高的构件。

注意：可以先点选一个构件，然后框选整个图形，这样会选中同类构件。

（3）构件选择完成后点击鼠标右键，图8-60再次出现，这时点击 设置 ，出现如图8-61所示对话框。

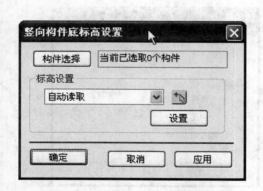

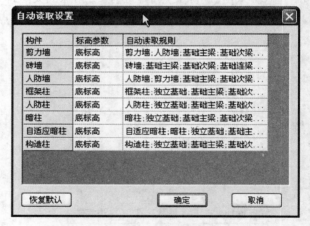

图 8-60 【竖向构件底标高设置】对话框　　图 8-61 【自动读取设置】对话框

注意：双击每个构件的【自动读取】，可以设置读取构件的优先次序。

### 8.5.10 构件标高随板调整

点击工具栏中的 🔳 构件标高随板调整命令，软件实时控制栏出现 顶标高随板面 梁底标高随板底 。

然后选择要随板调整的梁以及板，最后点击鼠标右键确定即可。如图8-62所示。

顶标高随板面 ：使构件的顶面与板顶面平齐（被调整的构件需在板的范围内）。

梁底标高随板底 ：使梁的底面与板底平齐（被调整的构件需在板的范围内）。如图8-63所示。

图 8-62 构件标高随板调整          图 8-63 梁的底面与板底平齐

支持的梁构件包括基础主梁、基础次梁、框架梁、次梁。

基础主梁和基础次梁暂时只支持水平梁。

### 8.5.11 合法性检查

点击屏幕最右边竖向的编辑栏中的 ☂ 合法性检查,软件弹出如图 8-64 所示对话框。

点击 检查内容 会有【提示】内容,如图 8-65 所示。

图 8-64 合法性检查窗口

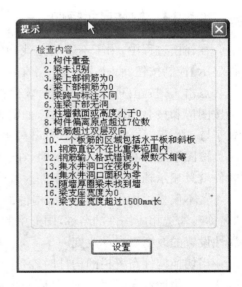

检查内容
　1.构件重叠
　2.梁未识别
　3.梁上部钢筋为0
　4.梁下部钢筋为0
　5.梁跨与标注不同
　6.连梁下部无洞
　7.柱墙截面或高度小于0
　8.构件偏离原点超过7位数
　9.板筋超过双层双向
　10.一个板筋的区域包括水平板和斜板
　11.钢筋直径不在比重表范围内
　12.钢筋输入格式错误,根数不相等
　13.集水井洞口在筏板外
　14.集水井洞口面积为零
　15.随墙厚圈梁未找到墙
　16.梁支座宽度为0
　17.梁支座宽度超过1500mm长

图 8-65 合法性检查内容

### 8.5.12 楼层原位复制

注意:支持构件直接在原位复制到其他楼层。

点击楼层原位复制时,不能使用粘贴板管理器。

(1) 点击 复制按钮,实时控制栏出现 带基点复制 楼层原位复制 □启动粘贴板管理器 ,再点击 楼层原位复制 ,最后选择图形上的构件。

注意:此选择构件支持 漏斗(过滤器)功能。

（2）点击鼠标右键确定，软件弹出对话框，这时选择要复制到的楼层，注意要在 ☑同名构件属性覆盖 前打勾，最后点击【确定】即可。

（3）切换到 0 层查看构件。

### 8.5.13　调整构件标高

点击 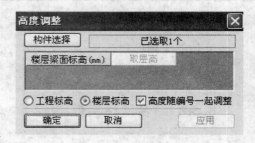 调整构件标高命令。然后点击构件，也可以点击一个构件后框选同类构件，以梁为例，再点击鼠标右键，软件弹出如图 8-66 所示窗口。

把"高度随编号一起调整"前的"√"去掉就可以单独设置此构件的标高了。

提示：使用标高调整等命令时提供工程标高和楼地面切换的选项。"对构件进行变斜调整"、"添加折点"同样支持"工程标高和楼地面切换"。

图 8-66　高度调整

### 8.5.14　构件显示控制

在建模过程中，为了不影响其他构件的布置，往往要用到【构件显示】控制按钮。

点击 🔲 按钮（F7 为快捷键），软件自动弹出构件显示控制，分为按图形和按名称两种显示方式，如图 8-67 所示。图形法里面布置了墙、梁、板、柱、暗柱、洞口、基础等构件及钢筋。

按图形，当勾选某一个构件时，在绘图区就显示该构件，此时，软件就只显示轴网、墙、梁、板钢筋。

若不仅显示构件，还要显示构件的名称时，将"图形"切换至"名称"，勾选相应构件的名称，图形中的构件名称属性会随着构件属性设置的改变而自动改变。

当切换构件布置栏的构件时，右边绘图区的图形显示也随之改变。左边构件布置栏——基础，图形中只显示轴网、基础构件；左边构件布置栏——柱，图形中只显示轴网、墙体、柱。主要控制图形显示的，还是构件显示控制按钮。

## 8.6　构件计算

经过合法性检查后，说明建模没有错误，即可进行构件的计

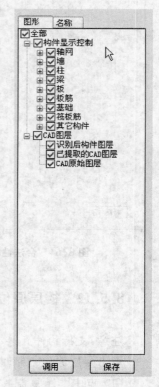

图 8-67　构件显示命令

算,打印报表和查看报表了。

### 8.6.1　搜索

点击搜索 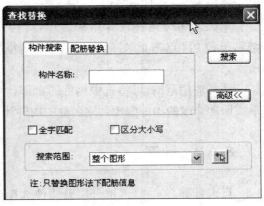 ,软件弹出【构件搜索】对话框,如图 8-68 所示。

在"构件名称"内输入要搜索的关键字,选择是否"全字匹配"或"区分大小写",选择搜索范围,"整个图形"或"搜索范围选择",软件默认为"整个图形",点击【搜索范围选择】,框选所要搜索的范围。

点击到配筋替换在查找内容中输入钢筋图形法中的钢筋如"2b12",在替换中输入修改的钢筋如"4b22",点击替换,这样就能将你选中的构件的钢筋信息"2b12"改为"4b22"。

图 8-68　搜索

### 8.6.2　单构件查看钢筋量

在对构件计算好以后,点击 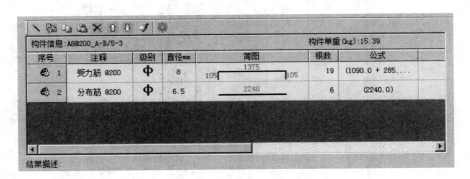 ,可对单构件进行查看。如图 8-69 所示。

图 8-69　单构件查看钢筋量

单击左键,可对表中的注释、级别、直径、简图、根数、弯钩、弯曲相关信息进行查看。在表格的上方有有构件名称的信息、该构件的单个重量。

$\searchsetminus$ :新增单根钢筋,可在表格内手工增加钢筋。

:当前复制,选择某根钢筋,点击【复制】,可对该钢筋在当前构件进行复制。

$\times$ :删除,选择某根钢筋,点击【删除】,可对该钢筋进行删除。

:复制,选择某根钢筋,点击【复制】,对该钢筋复制后可以在当前构件选择粘贴,还可在其他构件单构件查看粘贴。

:粘贴,相对复制功能,单构件查看构件,选择要粘贴的构件,点击【粘贴】,可以将之前复制的钢筋进行粘贴操作。

⬆️：向上移动，选择某根钢筋，点击【向上移动】，可对该钢筋进行向上移动。

⬇️：向下移动，选择某根钢筋，点击【向下移动】，可对该钢筋进行向下移动。

🖌️：同名称构件计算结果应用，对构件进行计算结果更改后，点击此图标后，弹出对话框如图 8-70 所示。

选择应用范围，可将选中构件的全部计算结果或者单根增加修改的构件应用到同名称的构件计算结果中。

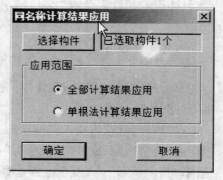

图 8-70　同名称构件计算结果应用

### 8.6.3　计算

点击计算 📋 时，弹出分层分构件选择对话框，如图 8-71 所示。

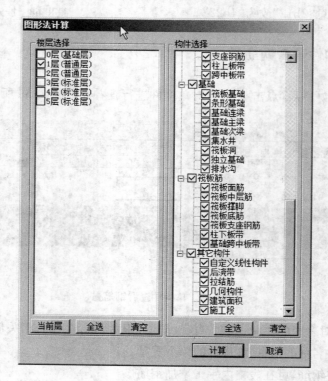

图 8-71　工程量计算窗口

### 8.6.4　计算日志反查

当计算后，出现如图 8-72 所示对话框。

点击【查看计算日志】,出现如图 8-73 所示对话框。

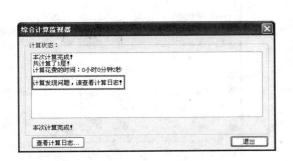

**图 8-72 计算日志反查**

**图 8-73 查看计算日志**

点击计算日志里的有问题构件,再点击【图中反查】。可以反查到出现问题具体构件所在的位置,可以直接选中构件。

## 8.6.5 新增报表模式

点击 切换到构件法,然后点击菜单栏中"工程量"——"节点报表",如图 8-74 所示。

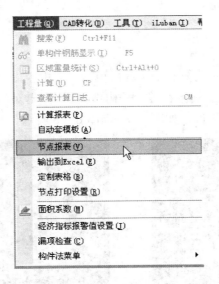

**图 8-74 新增报表**

点击【节点报表】后弹出如图 8-75 所示窗口,在红色框内有"使用新报表",在前面打上"√"后就可以查看新报表了。如图 8-76 所示。

图 8-75　报表选择

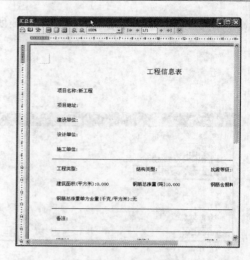

图 8-76　选择好的新报表

## 8.6.6　计算结果描述

描述的构件包括：柱子，剪力墙，底筋，负筋，跨板负筋，支座钢筋，温度筋，独立基础，基础连梁，条形基础，筏板底筋，筏板面筋，筏板中层筋，基础板带，楼层板带，后浇带，拉结筋，每个数据对应一个中文描述。

## 8.6.7　案例操作

所有构件布置好后，即可得到整个工程的模型。点击窗口右上角的【三维显示】按钮，出现某一楼层的三维图后，点击鼠标右键——构件显示，弹出对话框后选择全部构件全部楼层，即可显示所有楼层所有构件。如图 8-77 和图 8-78 所示。

图 8-77　工程三维图（1）

图 8-78　工程三维图（2）

对照图纸，没发现建模错误后，即可进行合法性检查。

1) 合法性检查

点击菜单栏中的合法性检查工具，进行合法性检查。

2) 工程量计算

合法性检查无误后,即可进行工程量计算。点击【工程量计算】按钮,进行工程量计算。最后导出钢筋系列报表。

## 8.7　钢筋工程量的导出

经过前面的合法性检查,钢筋建模无误后即可进行钢筋工程量的计算。软件的计算速度一般较快,只需几秒到十几秒即可完成工程量的计算。然后我们就可将计算好的工程量导出。

### 8.7.1　报表查看

选择菜单中的"工程量—计算报表"或左键点击工具条中的 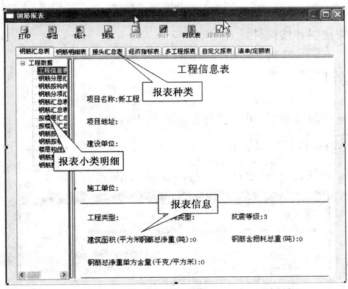 按钮,进入如图 8-79 所示鲁班钢筋报表。

图 8-79　鲁班钢筋报表

报表种类中有 4 种软件默认的报表大类(钢筋汇总表,钢筋明细表,接头汇总表,经济指标分析表)以及用户自定义报表。

### 8.7.2　报表统计

软件提供了几种报表统计的方法,读者可以根据工程的需求进行相应的选择查看,如按重量统计、按楼层统计、按钢筋直径统计等。

选择工程数据下的报表名称点击命令"统计",可以选择需要统计的钢筋,如图 8-80 所示。

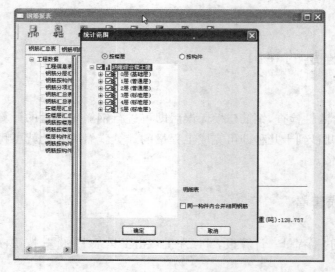

图 8-80　钢筋报表统计

条件统计可按楼层和按构件统计报表。

### 8.7.3　报表打印

选择好报表统计的类型后,可以进行相应的报表打印。

点击命令 打印 ,可以打印报表。

点击命令 预览 ,可以在打印之前查看打印效果,如图 8-81 所示。

图 8-81　钢筋按构件汇总表

### 8.7.4  报表导出

软件支持 Excel 类型的报告导出，这样，读者可以轻松得到工程上所需要的 Excel 表格。

点击【导出】，可以导出 Excel 表格，软件弹出如图 8-82 所示对话框。

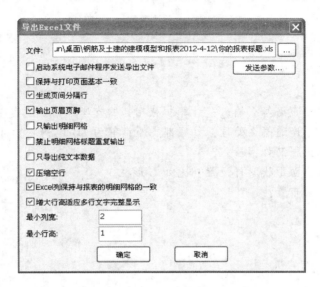

**图 8-82  报表导出**

提示：钢筋明细表暂不支持导出表格，需要从节点报表中导出。

### 8.7.5  案例结果

案例工程的工程量统计时，为了后面套价的需要，选择了按直径范围进行钢筋的工程统计，统计结果见表 8-1。

**表 8-1  钢筋汇总表**（按直径范围）

| 钢筋类型 | 总长(m) | 总重(kg) | 其中箍筋(kg) |
|---|---|---|---|
| 1 级钢 10＜直径＜＝25 | 3 893.307 | 3 527.321 | 676.056 |
| 1 级钢 5＜直径＜＝10 | 124 637.11 | 49 264.019 | 24 386.053 |
| 2 级钢 0＜直径＜＝10 | 10 188.295 | 6 285.999 | 0 |
| 2 级钢 10＜直径＜＝25 | 35 088.675 | 67 170.84 | 0 |
| 合计 | 173 807.387 | 126 248.179 | 25 062.109 |

## 本章小结

本章主要介绍了钢筋算量软件图形法建模的应用操作,详细地介绍了钢筋算量软件中建立轴网、墙、柱、梁、基础等建模的操作步骤,并提出了相应的难点和注意事项。最后,列举了实际工程的钢筋算量软件建模的思路和操作详解。通过实际案例的操作详解,将前面几个章节的内容有机地联系起来,从而有利于读者更好地掌握钢筋算量软件的操作。

## 复习思考题

1. 怎样在墙的顶部设置水平加强筋?
2. 坡屋面板怎么做?
3. 板上怎样开洞?
4. 支座钢筋的分布筋怎么输入? 计算扣减相邻的支座钢筋长度需要设置吗?
5. 梁底部钢筋不连通怎么处理? 如底部支座钢筋为 7B25,跨中为 4B25。
6. 框架梁的抗扭腰筋如何输入?
7. 钢筋中柱的截面形状怎样设置? 比如 L 形柱。
8. 独立基础怎么布置?

# 9 CAD 转化建模

## 教学目标

通过本章的学习,掌握钢筋软件的 CAD 转换的类型,掌握 CAD 转换的操作步骤。

## 9.1 钢筋算量软件 CAD 转化简介

熟练掌握 CAD 转化,首先必须手工建模的操作步骤非常熟练;其次,CAD 软件中的一些命令也必须熟练掌握。

### 9.1.1 简介

在 CAD 转化界面中,可以将设计院原始的 CAD 图纸打开,通过提取→识别→导入,将 CAD 图纸中的线条,转化成鲁班钢筋平台可识别并可计算的基本构件,从而快速提高建模效率。

### 9.1.2 展开 CAD 转化命令

方法一:鲁班钢筋 CAD 转化界面由图形法主界面常用工具栏 CAD转化 7 展开 CAD 转化的所有命令。

方法二:鼠标左键点击构件布置栏中的【CAD 转化】按钮,展开 CAD 转化的所有命令。

CAD 转化命令包含的内容有 CAD 草图、转化轴网、转化柱、转化墙、转化梁、转化板筋、转化独基、转化结果应用。

### 9.1.3 基本工作原理

鲁班软件 CAD 转化内部共设置两个图层:

1) CAD 图层

初始打开的图纸即在这个图层,这个图层包含所有 CAD 原始文件包含的 CAD 图层。通过【提取】,该图层上的图元将被转移至"已提取的 CAD 图层",原图元将不在这个图层上。

2) 构件显示图层

对图形中已经布置好的图元或转化好后的图形的显示控制。

两个图层通过【图层控制】打开与关闭。

### 9.1.4　基本流程

鲁班钢筋 CAD 转化目前支持的转化构件：①轴网；②柱；③墙；④梁；⑤板筋；⑥独基。转化的基本流程遵循图纸导入→提取→识别→应用→清除 CAD 原始图层。

## 9.2　构件 CAD 转化详解

本节将详细讲述钢筋构件进行 CAD 转化的方法和步骤，从 CAD 草图的导入到墙、梁、柱等构件的转化，都需要读者按照本节讲述的步骤一一练习。因为 CAD 转化并不难，但是比较繁琐，需要多练习，才能很好地掌握。

### 9.2.1　导入 CAD 草图

由于钢筋软件不是建立在 CAD 的模板上研发的，因此不能像土建软件那样直接在 CAD 图形中进行粘贴和复制，需要进行 CAD 的导入。

所谓 CAD 草图，即结构 CAD 模式的电子图纸，导入到钢筋算量软件中后，可以进行相应的轴网、构件提起。提起完毕后，CAD 图纸不再完整，这时可以将其清除。

（1）打开 CAD 图，左框选择某一张图纸，在 CAD 图的菜单栏中点击【文件】——输出，输入文件的名称，如"1 层柱图"，注意将图形后缀名改为 DWG 形式，然后选择保存的路径即可。

（2）回到钢筋软件界面，鼠标左键点击构件布置栏中的【CAD 草图】按钮，展开命令菜单，如图 9-1 所示。

（3）点击【导入 CAD 图】，选择刚刚保存好的分散的 CAD 图，如"1 层柱图"。

（4）弹出如图 9-2 所示【原图比例调整】对话框，按 1∶1 导入。

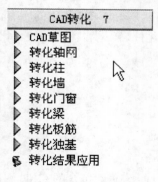

图 9-1　CAD 转化菜单

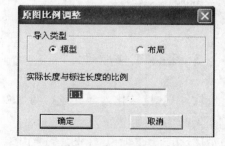

图 9-2　导入比例

这里面的"导入类型"的选择就是要导入的 CAD 电子文档里面模型空间和布局空间的图纸的选择。

"实际长度和标注长度的比例"就是 CAD 电子文档实际绘制的长度和标注长度的比例

要在这里输入,这对 CAD 转化成功率有很大的影响。

(5) 点击【确定】后,就可以调入 CAD 电子文档进行转化了。

(6) 清除 CAD 图。

作用:对转化完成后的图纸清除多余的 CAD 图层。

点击【清除 CAD 图】,弹出对话框。

"清除原始 CAD 图纸":清除调入的 CAD 图纸。

"清除提取后的 CAD 图纸":清除转化后多余的 CAD 图层。

(7) 转化钢筋符号

作用:可以将 CAD 内部规定的特殊符号(如%%1)转化为软件可识别的符号。

(8) 案例操作

图纸调入:找到需要转化的图纸(以框架柱平面布置图为例),框选这张图纸。如图 9-3。

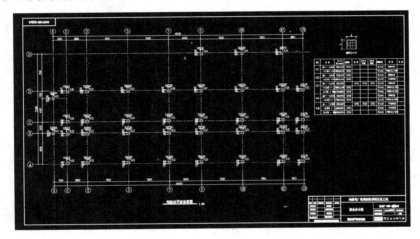

图 9-3　框架柱平面布置图

注意:最好从右往左框选,然后点击【文件】里面的【输出】,如图 9-4 所示。

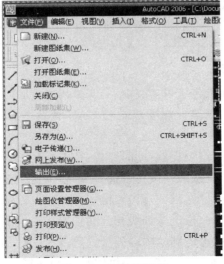

图 9-4　CAD 图输出

将文件另存为后缀名为 DWG 的文档,存放在用户自己的目录,然后进入鲁班钢筋软件选择 CAD 草图中的导入 CAD 图纸,点击【导入 CAD 图】,弹出对话框后,选择需要转化的文件,点击打开,弹出【原图比例调整】对话框,按 1∶1 的比例导入。

点击【确定】后,就可以调入我们的 CAD 电子文档进行转化了。

## 9.2.2　轴网

1)轴网转化

选择左侧菜单"转化轴网"  ,点击【提取轴网】,弹出如图 9-5 所示对话框。

可以选择【按图层提取】:根据 CAD 原始图层提取(推荐);或【按局部提取】:手动逐一选择。

提取轴线:点击【提取轴线】中的【提取】按钮,直接在绘图区拾取选择轴线,右键,该图层即直接进入对话框。

提取轴符:点击【提取轴符】中的【提取】按钮,直接在绘图区内拾取选择轴符,右键,该图层即直接进入对话框。一般图纸的轴符包含圆圈、圈内数字、引出线。

将这个对话框确定,点击下一个命令【自动识别轴网】,弹出提示,如图 9-6 所示,即完成轴网的转换。

图 9-5　提取轴网

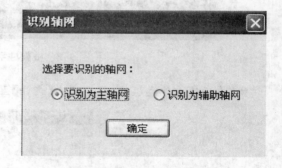

图 9-6　识别轴网

技巧:提取轴符时,标注数字可以不提取;为保证准确度,建议"圆圈、圈内数字、引出线"这三个图层都要提取进轴符图层。在鲁班钢筋 CAD 转换平台,选中元素与反选都是直接点击。

提取轴符时,有 3 个图层需要提取:此时可以一起选择好 3 个图层之后按右键确定;也可以选择某一图层,按右键,直接继续按左键选择其他图层后按右键即可,提取对话框将一直浮动——此时的操作可以是"左键、右键、左键、右键⋯⋯"以提高操作效率。

在提取轴线时,图纸上的一根进深轴线与开间轴线相交但不延伸至对边,软件自动默认将其延伸至对边,以形成软件可识别的轴网类型。

软件支持辅助轴线的识别——如果一条轴线在中间区域与轴网相交(或不相交),这条轴线将识别为鲁班钢筋内的辅助轴线以定位准确。

2）案例讲解

转化轴网：

第1步：选择左侧菜单【转化轴网】，点击【提取轴网】。

第2步：提取轴线：点击【提取轴线】中的【提取】按钮，直接在绘图区拾取选择轴线，按右键，该图层即直接进入对话框。

提取轴符：点击【提取轴符】中的【提取】按钮，直接在绘图区内拾取选择轴符，按右键，该图层即直接进入对话框。一般图纸的轴符包含圆圈、圈内数字、引出线。

第3步：将这个对话框确定，点击下一个命令【自动识别轴网】。

选择将次轴网转化成主轴网或是辅助轴网。点击【确定】即完成轴网的转化。

最后，点击转化结果应用。

轴网转化完成后如图9-7所示。

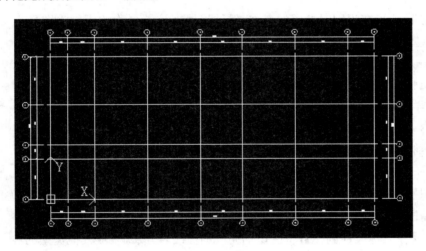

**图9-7 转化好的轴网**

### 9.2.3 柱

1）操作步骤

选择左侧菜单【转化柱】，点击【提取柱】，弹出如图9-8所示对话框。

可以选择【按图层和颜色提取】：根据CAD原始图层提取（推荐），或【按局部图层提取】，手动逐一选择。

（1）提取柱边线：点击【提取柱边线】中的【提取】按钮，直接在绘图区拾取选择柱边线，按右键，该图层即直接进入对话框。

（2）提取柱标识：点击【提取柱标识】中的【提取】按钮，直接在绘图区内拾取选择柱标识，按右键，该图层即直接进入对话框。若无柱标识则无需提取。

（3）识别：将这个对话框确定，点击下一个命令【自动识别柱子】，弹出提示对话框，如

图 9-9 所示。

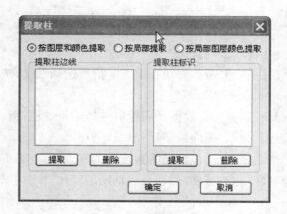

图 9-8 提取柱　　　　　　　　　图 9-9 自动识别柱

设定各种柱子在识别时参照的名称,软件将根据柱子名称的不同将图形上的柱子识别为不同类型。

注意:

① 识别的优先顺序为从上到下。

② 多字符识别用"/"划分,如在框架柱后填写 Z/D 表示凡带有 Z 和 D 的都被识别为框架柱。并区分大小写,如框柱后填写 Z/a 表示带有 Z 和 a 的都识别为框柱。

③ 识别符前加@表示识别符的是柱名称的第一个字母。

④ 柱子不支持区域识别。

(4) 识别好柱子之后,将图层切换至识别后构件图层,将另外的两个图层关闭,查看一下图,如果出现红色的名称和红色的柱边线,就表示这根柱子没有完全转化过来,这时就用下一个命令【柱名称属性调整】,将已识别完成的柱改名,或调整成其他类型的柱。

命令过程为:点击命令,框选要调整的柱(可批量选择),选好后跳出如图 9-10 所示对话框。

填写要调整成的柱名称以及选择要调整成的柱类型,确定即可。

多次调整时,柱名称调整对话框会默认上一次选择的柱类型。

(5) 前四步完成之后,柱呈现如图 9-11 所示的状态。

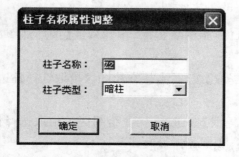

图 9-10 【柱名称属性调整】对话框

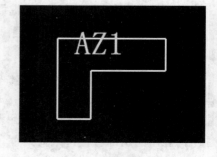

图 9-11 调整后的柱

白边的柱子表示此时的柱只有名称与截面而无配筋信息,接着执行下一个命令:【柱属性转化】。点击【命令】,弹出如图 9-12 所示对话框。

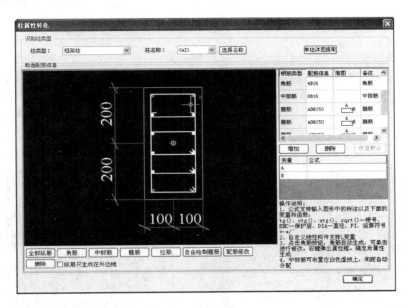

图 9-12 【柱属性转化】对话框

直接选择要编辑的柱类型——名称,填写配筋信息(支持主筋、箍筋与拉筋)与修改截面(截面默认为根据所识别柱在 CAD 图中的实际大小,可修改)。

该对话框中的柱类型下拉框会记忆前次已经识别过的柱类型供选择。

操作流程:选择某个柱名称,填写配筋信息;再选择其他柱,前一个填写的数据已被记录,全部填写好之后确定即可。柱子即被赋予了准确的截面信息与配筋信息。

技巧:

(1) 柱可分图层、分颜色提取,因为 CAD 图纸经常有同一图层颜色却不相同的情况,所以在提取柱构件时,软件将同一图层不同颜色的部分分开提取,以提高准确度。如一个图层如果分三种颜色就要提取三遍(应用技巧(3)即可),因此用户提取时要看清提取的线段是否齐备。

(2) 墙线删除,补画柱边线:当遇到柱线在墙上分割时,即该图层既是柱又是墙时,可以先将墙线删除再提取。

提取后在【提取之后的图层】上补画柱线的做法。方法是,切换到已提取的图层, ⊟·☑已提取的CAD图层 ,选择"柱边线"图层 柱边线 ▼ ,用增加直线与正交命令绘制直线。再进行识别,即可得到这根柱。

(3) 已识别的柱导入钢筋平台时:被识别成框架柱的 L、T 形柱会变成暗柱;被识别成框支柱或构造柱的矩形柱会变成框架柱;被识别成框支柱或构造柱的 L、T 形柱会变成暗柱。

(4) 在转化暗柱时,如果暗柱和墙在同一图层,首先提取暗柱→提取墙体→点选生成暗柱边线→到图形中在暗柱闭合区域中点击鼠标左键,一个个完成暗柱识别→自动识别暗柱。

2）案例讲解

转化柱:

第1步:选择左侧菜单"转化柱",点击【提取柱】。

第2步:提取柱边线,提取柱标识。

第3步:点击下一个命令"自动识别柱子"。

最后,点击转化结果应用。

柱转化完成后如图9-13所示。

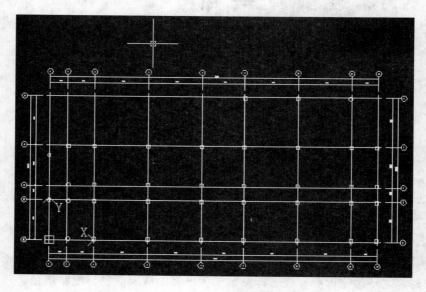

图9-13 转化好的柱

注意:钢筋软件CAD对柱进行转化时,只能把柱的位置和截面尺寸转化过来,柱的钢筋配筋属性需要手动输入才行。

### 9.2.4 墙

（1）选择左侧菜单【转化墙】,点击【提取墙边线】,弹出如图9-14所示对话框。

可以选择【按图层提取】:根据CAD原始图层提取（推荐）;或【按局部图层提取】:手动逐一选择。

（2）提取墙边线:点击【提取】按钮,直接在绘图区拾取选择墙边线,点击右键,该图层即直接进入对话框。

（3）墙的识别:（推荐）将这个对话框确定,点击下一个命令【自动识别墙】,弹出提示,如图9-15所示。可以在这里定义墙体的截面和配筋,对应名称与厚度的墙则对应钢筋的信息。

图 9-14 【提取墙】对话框

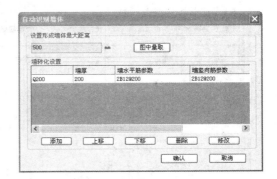

图 9-15 【自动识别墙体】对话框

在此对话框中,图 9-14 表示一段墙肢被隔断之后,仍然可以识别为一段墙的条件。

点击对话框中【添加】按钮,弹出如图 9-16 所示对话框。

添加要识别的墙宽,可以在图中量取,也可以在此处直接手动添加一些工程中比较常用的墙厚。

(4)单个识别墙,先选择已提取的墙体边线,右键弹出如图 9-16 所示对话框,同第(3)墙的识别,进行墙体的区域识别。

图 9-16 自动识别墙体参数选择

### 9.2.5 梁

(1)选择左侧菜单【转化梁】,点击【提取梁】,弹出如图 9-17 所示对话框。

注意:识别梁之前必须先转换钢筋符号。

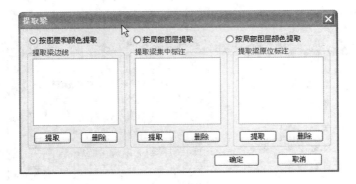

图 9-17 【提取梁】对话框

然后分别进行提取梁的边线、提取梁集中标注、提取梁原位标注。

注意:提取集中标注时一定要同时提取"引线"。

(2)点击【自动识别梁】。根据这些提取出的元素进行识别,如图 9-18 所示。

| 序号 | 梁名称 | 断面 | 上部筋(基础梁... | 下部筋(基础梁... | 箍筋 | 腰筋 | 面标高 |
|---|---|---|---|---|---|---|---|
| 1 | KL-1(7) | 300X650 | 2B18 | | A8@100/150(2) | G4B12 | |
| 2 | KL-2(8) | 300X650 | 2B22 | | A8@100/150(2) | G4B12 | |
| 3 | KL-3(8) | 300X650 | 2B20 | | A8@100/150(2) | G4B12 | |
| 4 | KL-4(1) | 250X400 | 3B18 | 2B18 | A8@100/150(2) | | |
| 5 | KL-5(7) | 300X650 | 2B25 | | A8@100/150(2) | G4B12 | |
| 6 | KL-7(2) | 300X650 | 2B18 | 6B18 | A8@100/150(2) | G4B12 | |
| 7 | L-1(1B) | 250X500 | 2B18 | 3B18 | A8@200(2) | | 0.350 |
| 8 | L-2(1) | 250X400 | 2B18 | 4B18 | A8@200(2) | | -0.070 |



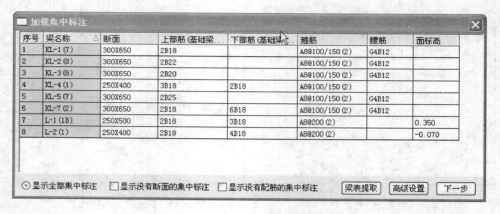

图 9-18　提取后的梁表

点击 高级设置 弹出如图 9-19 所示对话框。

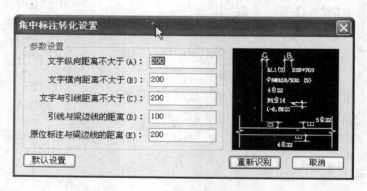

图 9-19　【集中标注转化设置】对话框

注意：当识别的时候，有部分梁没有读取到截面或集中标注，有可能是原 CAD 图纸中标注距离过大造成的，可以按图 9-19 调整距离重新识别达到更好的效果。

点击图 9-18 中的【下一步】，弹出如图 9-20 所示对话框。

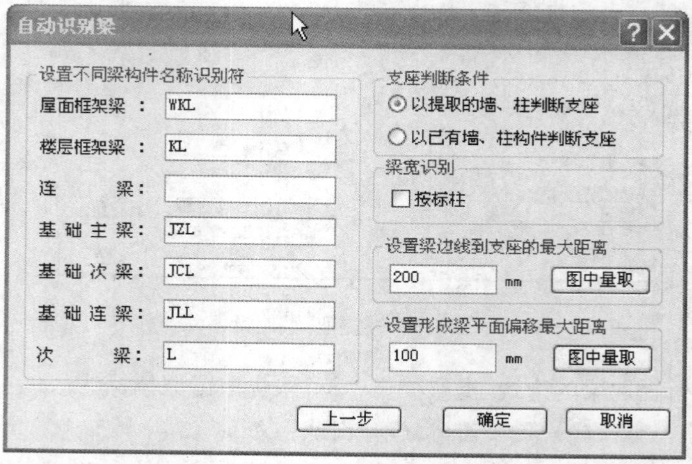

图 9-20　【自动识别梁】对话框

注意:识别的优先顺序为从上到下。

多字符识别用"/"划分,如在框架梁后填写 K/D 表示凡带有 K 和 D 的都被识别为框架梁。并区分大小写,如框住后填写 K/d 表示带有 K 和 d 的都识别为框梁。

识别符前加@表示识别符的是"柱名称的第一个字母"。

设置形成梁合并最大距离:相邻梁之间的支座长度,在设置的范围之内将会被识别为一根梁,如果超出设定值将识别为两根梁。

设置形成梁平面偏移最大距离:相邻梁之间的偏心,在设置的范围之内将会被识别为一根梁,如果超出设定值将识别为两根梁。

确定识别完成之后,打开识别后的构件图层,如果发现梁构件是红色显示的,就表示这根梁的识别出现错误,并且梁的名称会自动默认,这时就需要对这根梁重新识别了。

(3)识别梁的原位标注

点击此命令,软件自动识别梁跨,并对应原位标注。识别之后导入钢筋即可。

(4)转化吊筋

相对应地提取吊筋线和吊筋的标注。

提取完后进行吊筋的识别(注:识别吊筋的前提是梁构件已经识别完成)。

最后点击【自动识别吊筋】,完成吊筋的识别。

技巧:

(1)有时集中标注会很密集,为了将集中标注对应正确的梁段,可以采用剪切+粘贴使集中标注靠近所在的梁段。

(2)批量识别梁集中标注时要左对齐才可识别,当遇到少数未左对齐的梁端,可以用区域识别补充识别。先选择梁边线,然后右键弹出如图 9-21 所示对话框。

在这里可以输入梁名称截面等配筋信息,也可以直接用鼠标左键点击到梁的集中标注上,就可以将集中标注的信息提取到这个对话框中,如图 9-22 所示。

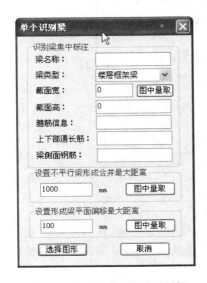

图 9-21　【单个识别梁】对话框

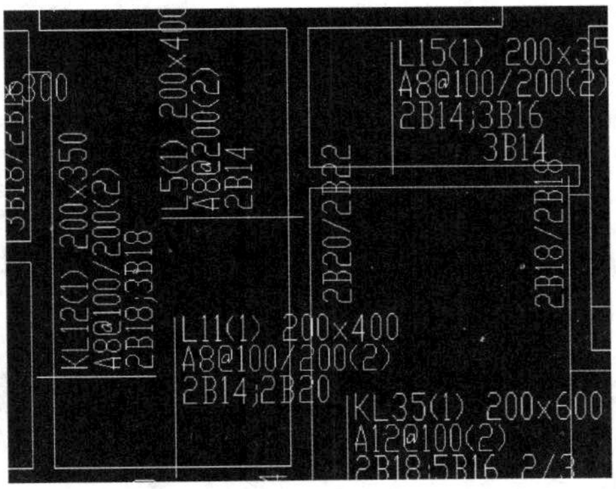

图 9-22　识别后的梁

点击【确定】,就可以将梁区域识别过来了。

（5）案例讲解

第1步：导入 CAD 梁图（步骤同前）。

第2步：转化钢筋符号。导入的梁 T 图，钢筋符号显示为一些不可识别的乱码符号，这时需要进行钢筋符号的转化。

第3步：提取梁，包括提取梁的边线、集中标注和原位标注。

注意：提取集中标注时一定要同时提取"引线"。

第4步：到"已提取的 CAD 图层"中查看提取出的图元。根据这些提取出的元素进行识别，如图 9-23 所示。

| 序号 | 梁名称 △ | 断面 | 上部筋（基础梁） | 下部筋（基础梁... | 箍筋 | 腰筋 | 面标高 |
|---|---|---|---|---|---|---|---|
| 1 | KL-1 (7) | 300X650 | 2B18 | | A8@100/150 (2) | G4B12 | |
| 2 | KL-2 (8) | 300X650 | 2B22 | | A8@100/150 (2) | G4B12 | |
| 3 | KL-3 (8) | 300X650 | 2B20 | | A8@100/150 (2) | G4B12 | |
| 4 | KL-4 (1) | 250X400 | 3B18 | 2B18 | A8@100/150 (2) | | |
| 5 | KL-5 (7) | 300X650 | 2B25 | | A8@100/150 (2) | G4B12 | |
| 6 | KL-7 (2) | 300X650 | 2B18 | 6B18 | A8@100/150 (2) | G4B12 | |
| 7 | KL-8 (1) | 250X600 | 4B25 | 4B25 | A10@100/150 (2) | G4B12 | |
| 8 | KL-9 (3) | 250X500 | 2B18 | | A8@100/200 (2) | | |
| 9 | KL-10 (3) | 250X500 | 2B18 | | A8@100/200 (2) | | |
| 10 | KL-11 (3) | 250X500 | 2B18 | | A8@100/200 (2) | | |
| 11 | KL-12 (3) | 250X500 | 2B25 | | A8@100/200 (2) | | |

⊙ 显示全部集中标注　□ 显示没有断面的集中标注　□ 显示没有配筋的集中标注　　梁表提取　高级设置　下一步

**图 9-23　提取好的梁集中标注**

第5步：点击【下一步】进入自动识别梁。如图 9-24 所示。

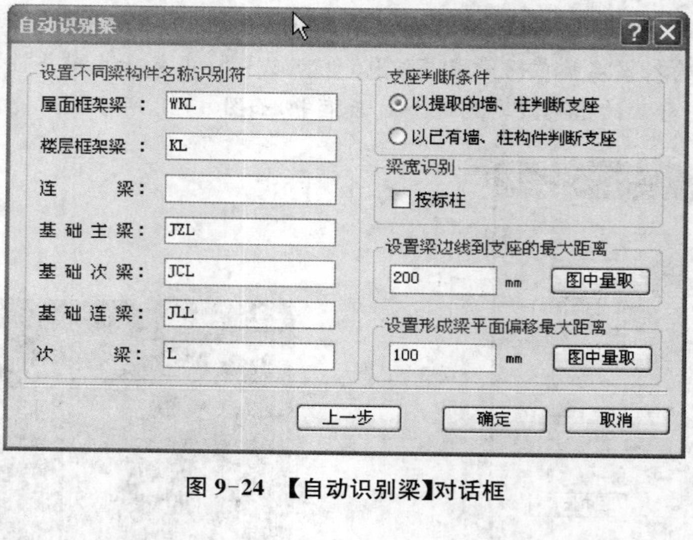

**图 9-24　【自动识别梁】对话框**

注意：

（1）支座判断条件：如果已经提取了墙或柱，则应该选择"以已有墙、柱构件判断支座"。

（2）设置梁边线到支座的最大距离：应按照图上柱的最大尺寸来填写，否则，梁将被柱打断，不能转化成连续的框梁。

（3）设置形成梁平面偏移最大距离：应按照图纸上梁偏移的最大距离填入。

最后，点击转化结果应用，选择梁。

梁转化完成后如图 9-25 所示。

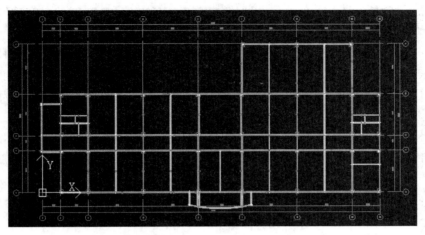

图 9-25 转化后的梁

### 9.2.6 板筋

(1) 选择左侧菜单【转化板筋】 ,点击【提取支座】,弹出如图 9-26 所示对话框。

注意:提取板之前要最先转换钢筋符号。

板筋转化过程:提取支座→识别支座→提取板筋→根据支座识别板筋。

可以选择【按图层和颜色提取】:根据 CAD 原始图层提取(推荐);或【按局部图层颜色提取】:手动逐一选择。

提取对象为形成板的梁或墙边线,选择梁边线,右键确定。

梁图层进入板支座线图层,确定。

(2) 自动识别支座,弹出如图 9-27 所示对话框。

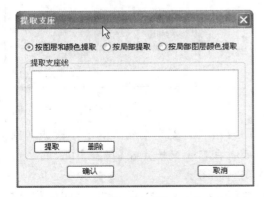

图 9-26 【提取支座】对话框

图 9-27 【自动识别支座】对话框

① 提取之后打开【已提取的图层】进行识别。

② 添加尽可能全的支座宽,如有宽为 200、250、300、350、400、450 的梁宽均作为板筋支座,则将这些数值添进支座宽内。

③ 也可以图中量取,方法是:先选中"支座宽"某一个空格,点击【图中量取】,在图形上直接量取长度。确定支座宽度齐全之后按【确定】,则软件将各梁的中线自动识别成板的支座线,打开【已识别的图层】查看是否有未识别完全的支座。如发现问题,可以循环上一步重新提取。

(3)提取板筋,弹出如图 9-28 所示对话框,可以提取板筋线以及板名称与标注。

(4)自动识别板筋,弹出对话框后,到提取后的图层提取板筋,并一同设置弯钩类型。

技巧:提取识别板支座与板筋,经常要来回切换图层。如提取时要显示【CAD 原始图层】而不显示其他图层,提取后检查时要显示【提取后的图层】而不显示 CAD 原始图层,识别后检查时要显示【识别后的图层】,如有遗漏可返回显示【提取后图层】而关闭识别后图层。

(5)板筋的布筋区域选择。我们用 CAD 转化板筋时是没有板筋的区域的,这时就需要在图形法中选择布筋区域。

点击【板筋区域选择】,再选择我们 CAD 转化过来的板筋,然后选择板,点击右键就可以将板筋的布筋区域确定下来;板筋的区域选择好之后,板筋的构件颜色会发生变化。

(6)板筋的布筋区域匹配

支座钢筋可以通过【板筋区域选择】,是单个将板筋区域进行选择,可以用板筋的布筋区域匹配进行批量选择支座钢筋的区域。在转化结果应用板筋之后,点击【板筋区域匹配】,出现图 9-29。

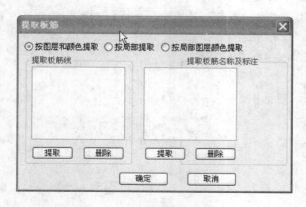

图 9-28 【提取板筋】对话框

图 9-29 支座钢筋布筋区域匹配

可以选择支座钢筋布筋的区域,按照转化结果应用之后支座钢筋线的最小段或者最大段,生成方式里可以选择按照墙段、梁段、墙梁段或者在自定义段点击【设置】中设置。设置好点击 OK 之后,即可按照设定的自定义段生成支座钢筋。

生成范围可以选择当前层,或者点击 框选所要生成支座钢筋的范围。设定好之后,确定,即可完成支座钢筋的布筋区域匹配。

在下拉菜单中选择底筋、面筋,布筋区域匹配界面如图9-30所示。

生成方式可选择单板布置、多板布置。

生成范围可以选择当前层,或者点击 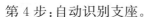 框选所要生成支座钢筋的范围。设定好之后,确定,即可完成底筋和面筋的布筋区域匹配。

(7)案例讲解

第1步:导入板图。

第2步:钢筋符号识别。

第3步:选择左侧菜单【转化板筋】,点击【提取支座】,弹出对话框后,选择【按图层和颜色提取】,提取对象为形成板的梁或墙边线,选择梁边线,右键确定。

图9-30　【布筋区域匹配】对话框

第4步:自动识别支座。

第5步:提取板筋。

第6步:自动识别板筋。其中,在【支座判断条件】中选择"以已有墙、梁构件判断支座"。最后,点击【转化结果应用】,选择板筋。

注意:

(1)板筋是依托于板的存在而存在的,因此,转化好板筋后,需要手工建模的方法将板建立起来。

(2)建立好板后,这时的板筋呈现红色,还是不能计算工程量的,还需要进行板筋的布筋区域匹配。经过布筋区域匹配后,板筋的颜色发生了变化,如支座钢筋变成黄色,这时的板筋才能进行工程量统计计算。

板筋转化完成后如图9-31所示。

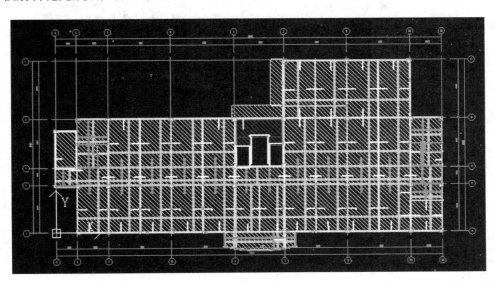

图9-31　转化后的板筋

### 9.2.7 转化独基

1）操作步骤

选择左侧菜单【转化独基】，点击 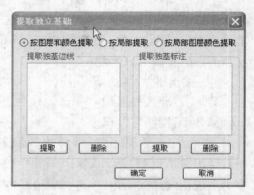 提取独基 ，弹出如图 9-32 所示对话框。

提取完成确认后进入下一步，点击【自动识别独基】完成独基的转化。

2）案例讲解

第 1 步：导入基础图。

第 2 步：点击【提取独基】。

第 3 步：点击【自动识别独基】。

最后，点击【转化结果应用】，选择【基础】。

独基转化完成后如图 9-33 所示。

图 9-32 【提取独立基础】对话框

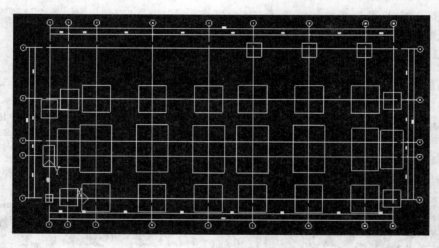

图 9-33 转化后的基础

转化好首层和基础后，其余的楼层可以采用楼层复制的方法进行建模。其中要注意的是，不能转化的构件，还必须采取手工建模的方法——进行建模。

## 本章小结

本章主要介绍了鲁班钢筋软件 CAD 转化的基本操作，通过主要构件的 CAD 转化步骤介绍，让读者能够从总体上掌握鲁班钢筋的 CAD 转化建模思路。转化命令的详细说明，对读者快速掌握软件操作也有重要意义。最后，介绍了实例操作进行 CAD 转化，并提供了相应转化后结果，让读者可以按照实例的操作步骤，课后进行相应的练习。

## 复习思考题

1. CAD 转化板筋，识别了支座墙和梁后，为什么支座中间粉色线无法显示，图层打开了也无法显示?

2. CAD 转化板筋后导到图形法,布置板后进行布筋区域选择时,跨板负筋同时跨好几个区域,这时应该选择哪块板?

3. CAD 图纸比例不是 1∶100 时转化,在鲁班钢筋 CAD 中怎么处理?

4. 当一张 CAD 图中包含所有楼层的结构图,应该怎样正确转化?

5. 为什么转化完柱后,在转化梁之前已经转化并应用到图形法中的柱都消失或配筋都发生变化了?

# 第三篇　清单计价软件应用

# 10　清单计价软件操作

**教学目标**

通过本章的学习,了解未来公司清单计价软件的全貌和应用模式,掌握新建项目—属性设置—分部分项工程量清单与计价—措施项目清单与计价—其他项目清单与计价—工料机汇总计算—单位(项)工程费汇总—报表打印的软件计价操作流程,熟悉使用计价软件导出工程项目的招标控制价或投标报价文件。

## 10.1　计价软件操作流程

未来清单软件通过了国家建设部标准定额研究所、江苏省工程建设标准定额总站、安徽省工程建设标准定额站等权威部门的评审认定。它的造价编制过程与手工造价过程是相对应的,基本遵循计量、套价和取费三个环节(如图 10-1),软件结合了定额计价和清单计价两种计价模式的特点,能同时适应于定额计价和清单计价。

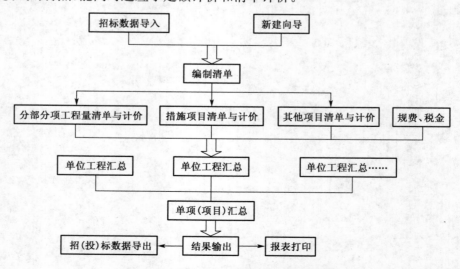

**图 10-1　未来清单软件操作流程示意图**

以上编制流程是未来软件的清单计价模式操作流程,定额计价模式基于同样的原理和不同的表现形式,利用该软件能同时实现。软件操作流程具体表现如下:

(1) 新建单位工程——在菜单栏或工具栏新建或打开项目。

(2) 设置工程概况——在【新建向导】中设置工程概况信息。

(3) 编制造价——对树形目录中的"分部分项工程量清单"、"措施项目清单"和"其他项目清单"编制造价书,其中涉及子目输入、单价分析、相应计算公式和费率的调整等操作。

(4) 工料机汇总。

(5) 工程取费——在"取费文件"中编辑工程总价表,调整和输入各项费率。

(6) 报表打印——点击工具栏 🖶 ,输出设计报表进行打印。

## 10.2　计价软件操作界面

在正式进行计价前,必要先熟悉计价软件的操作界面(如图 10-2)。使用软件一定要对软件的操作界面及功能按钮的位置熟悉,熟悉地操作才会带来工作效率的提高。

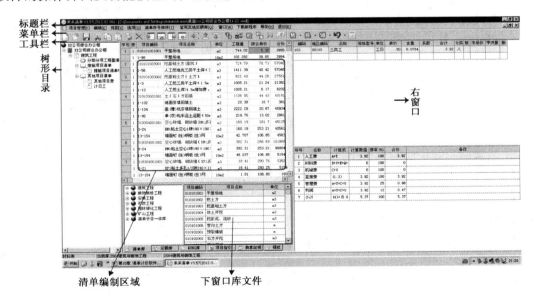

图 10-2　软件主界面

### 10.2.1　软件主界面及菜单、功能键介绍

计价软件的主界面如图 10-2 所示,包括标题栏、菜单栏、工具栏、树形目录、清单编制区域、右窗口和下窗口等栏目。

1) 标题栏

标题栏显示软件名称、版本号及当前工程所在路径,如图 10-3 所示。

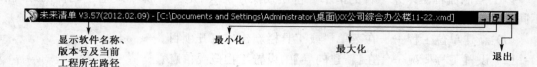

图 10-3　标题栏

2）菜单栏

菜单栏主要由项目管理、编辑、视图、选项、套用其他定额库、窗口、下载新程序和帮助等多个栏目构成。

（1）项目管理【F】

在计价软件的项目管理菜单下有多个功能按键，如图 10-4 所示。

图 10-4　项目管理【F】功能显示

各功能按键的作用如下所示：

【新建预算向导】——新建向导，用于建立一个完整的工程项目。

【打开预算项目】——打开已存档的工程项目文件。

【关闭项目】——关闭当前工程项目文件。

【保存项目】——保存当前工程项目。

【另存为】——以不同的名称或路径重新保存当前工程项目。

【删除项目】——删除已存在的工程项目文件。

【导入招标文件】——导入电子格式（ ∗ . mdb、∗ . xls、∗ . azb）的招标文件。

【导出投标文件】——导出电子格式的投标文件。

【投标符合性检查】——电子招投标前的符合性检查。

【导出招标文件】——导出电子格式招标文件。

（2）编辑【E】

在计价软件的编辑菜单下有多个功能按键，如图 10-5 所示。

各功能按键的作用如下所示：

【复制】——复制当前被选内容。

【插入】——将被复制的内容插入当前行的上方。

【删除】——删除光标所在当前行。

【字典】——常用文字/字符的字典库。

【只显示清单】——在分部分项工程量清单中只显示清单项目,而隐藏其子目。

【清单特征取子目名称】——清单子目一体库名称。

(3)视图【V】

在计价软件的视图菜单下有多个功能按键,如图10-6所示。通过视图功能键可以实现同一界面中多个窗口同时显示的效果,【视图】中可对窗口的显示进行选择。

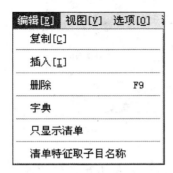

图 10-5 编辑【E】功能显示

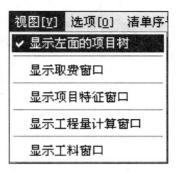

图 10-6 视图【V】功能显示

(4)选项【O】

在计价软件的选项菜单下有【常规设置】和【界面设置】功能按键,如图10-7、图10-8所示。

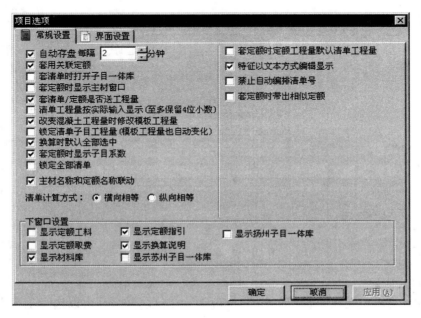

图 10-7 常规设置

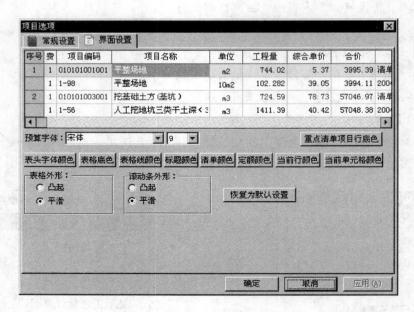

图 10-8　界面设置

【常规设置】中，可通过【勾选/取消勾选】各项目前的"□"栏位进行各项设置，打"√"表示选中该项目。

【页面设置】中，可对"分部分项工程量清单"操作界面中的字体、字号和颜色进行设置。

（5）套用其他定额库【Q】

在计价过程中用于套用部分老定额时从该库中选用，如图 10-9 所示。

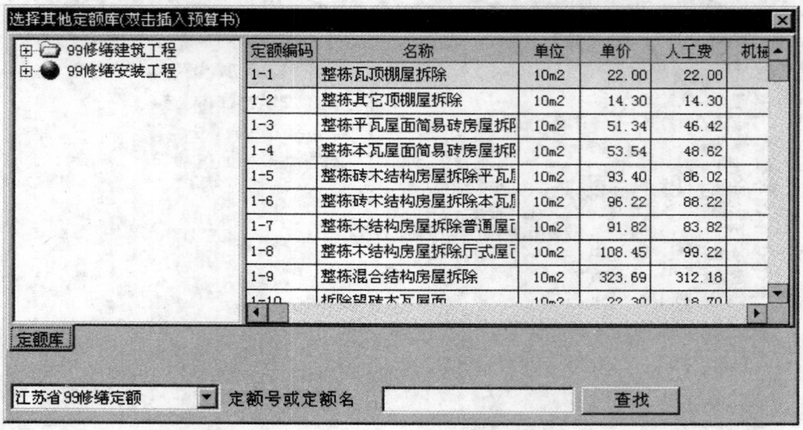

图 10-9　套用其他定额库

（6）窗口【W】

计价软件可以实现在同一界面内同时打开多个工程文件，并可以选择工程文件窗口的排列方式，如图 10-10 所示。

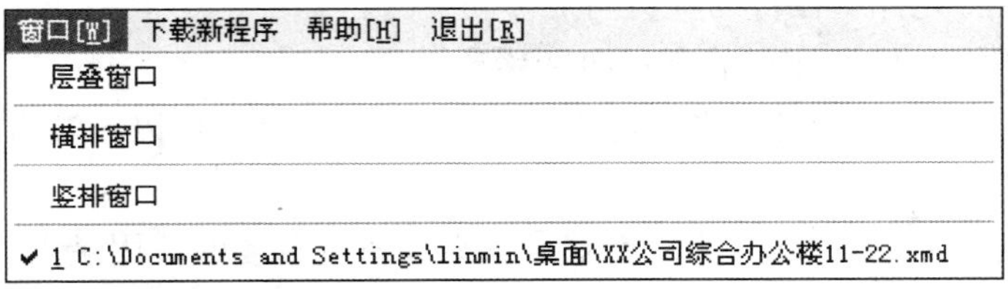

**图 10-10 窗口【W】功能显示**

（7）帮助【H】

在计价软件的【帮助】菜单下有多个功能按键,如图 10-11 所示。

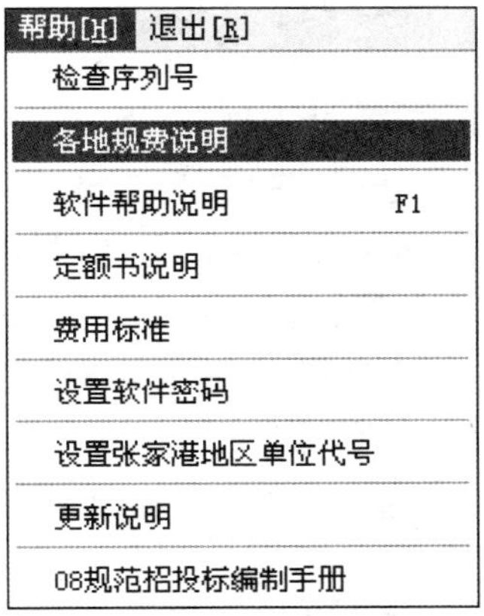

各功能按键的作用如下所示:

【检查序列号】——查看软件的加密锁号及内容。

【各地规费说明】——查看各种规费。

【软件帮助说明】——进入软件电子帮助文件。

【定额书说明】——查看各专业定额书的说明和计算规则等。

【费用标准】——查看取费文件、费用标准。

【设置软件密码】——设置软件的使用密码。

【更新说明】——可以查看升级后的更新说明。

**图 10-11 帮助【H】功能显示**

3）工具栏快捷按钮介绍

在未来清单的主界面中有一行工具快捷按钮,熟练地掌握本行快捷按钮,能帮助读者快速而全面地进行软件操作。

新建按钮:根据新建向导,新建一个工程项目。

打开按钮:打开已存盘的工程项目文件。

保存按钮:将当前工程资料进行存盘（软件有默认自动保存设置,可进入【选项】菜单,开启/关闭该功能,以及修改自动存盘时间）。

剪切按钮:剪去光标所在行资料。

复制按钮:复制光标所在行资料。

粘贴按钮:当前行上粘贴被复制/剪切的内容。

打印按钮:进入报表打印界面。

删除按钮:删除光标所在行资料。

显示项目树按钮:显示/隐藏操作界面左侧的项目树。

下窗口按钮:显示/隐藏操作界面下方的库文件窗口。

右窗口按钮:显示/隐藏操作界面右侧的资料窗口。

锁定下窗口按钮:将操作界面的下窗口定位在所选的库文件上,即不会跟着鼠标在工作区域中所指内容自由变动。

插入按钮:在光标所在行的下方,插入一空白资料行。

⬆️ 向上按钮：将光标所在行的资料向上移动一行。

⬇️ 向下按钮：将光标所在行的资料向下移动一行。

套清单子目一体库按钮：当设置了清单子目一体库后，可以通过点取本按钮直接套用一体库。

大型设备进退场费按钮：市政专业中大型设备进退场的费用录入。

商品混凝土换算按钮：通过选择类型，用于商品混凝土的换算，自动换成商品混凝土定额。

成品砂浆换算按钮：用于现拌预拌砂浆的换算。

脚手架按钮：用于安装专业中脚手架费用的录入。

刷新按钮。

转向按钮：逐一或全部将技术措施项目转到【措施项目清单】中。

换算按钮：工料机换算、乘系数、甲供材、市场价等（软件默认为【批量换算】，也可进入【选项】菜单中设置为【单一换算】）。

辅助按钮：清除选中项的工程量计算式、其他工程复制等功能。

撤销按钮：可对换算、删除等操作进行撤销（只能对当前未关闭的工程进行相关内容的撤销操作）。

计算器按钮：弹出软件自带的计算器程序，可进行简单的计算运用。

## 10.2.2 工作区域（上窗口）

清单计价软件的【分部分项工程量清单】界面中，上窗口为【工作区域】，在此编辑清单项目，组织定额。

## 10.2.3 库文件窗口（下窗口）

进入清单计价软件的【分部分项工程量清单】界面，在下窗口设置了六个库文件：【清单库】、【定额库】、【材料库】、【项目指引】、【换算说明】、【模板】。

（1）清单库：左侧为各专业的清单目录树，右侧为对应的具体清单项目，可通过在目录树查找相关的章节来选择清单项目，直接双击即可进行套用，如图10-12所示。

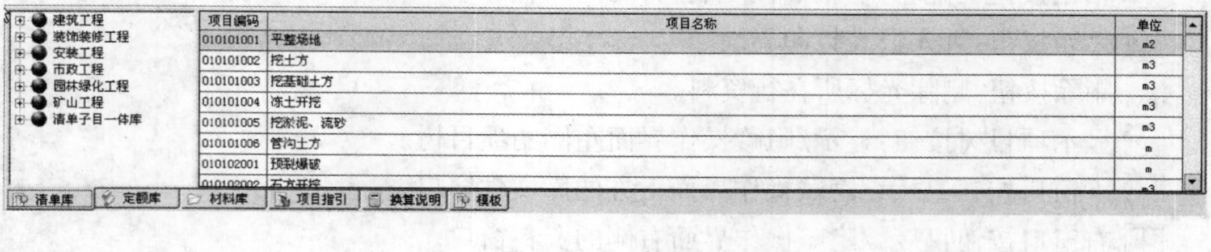

图 10-12　清单库

（2）定额库：左侧为各专业的定额目录树，右侧为对应的具体定额，可通过在目录树查找所需的定额后双击进行套用，如图10-13所示。

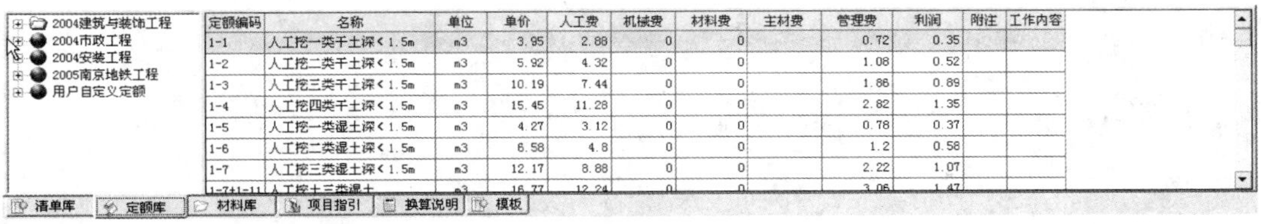

| | 定额编码 | 名称 | 单位 | 单价 | 人工费 | 机械费 | 材料费 | 主材费 | 管理费 | 利润 | 附注 | 工作内容 |
|---|---|---|---|---|---|---|---|---|---|---|---|---|
| ⊞ □ 2004建筑与装饰工程 | 1-1 | 人工挖一类干土深＜1.5m | m3 | 3.95 | 2.88 | 0 | 0 | | 0.72 | 0.35 | | |
| ● □ 2004市政工程 | 1-2 | 人工挖二类干土深＜1.5m | m3 | 5.92 | 4.32 | 0 | 0 | | 1.08 | 0.52 | | |
| ● □ 2004安装工程 | 1-3 | 人工挖三类干土深＜1.5m | m3 | 10.19 | 7.44 | 0 | 0 | | 1.86 | 0.89 | | |
| ● □ 2005南京地铁工程 | 1-4 | 人工挖四类干土深＜1.5m | m3 | 15.45 | 11.28 | 0 | 0 | | 2.82 | 1.35 | | |
| ⊞ ● 用户自定义定额 | 1-5 | 人工挖一类湿土深＜1.5m | m3 | 4.27 | 3.12 | 0 | 0 | | 0.78 | 0.37 | | |
| | 1-6 | 人工挖二类湿土深＜1.5m | m3 | 6.58 | 4.8 | 0 | 0 | | 1.2 | 0.58 | | |
| | 1-7 | 人工挖三类湿土深＜1.5m | m3 | 12.17 | 8.88 | 0 | 0 | | 2.22 | 1.07 | | |
| | 1-7+1-11 | 人工挖十三类湿土 | | 16.77 | 12.24 | | | | 3.06 | 1.47 | | |

〔□ 清单库〕 〔□ 定额库〕 〔□ 材料库〕 〔□ 项目指引〕 〔□ 换算说明〕 〔□ 模板〕

图 10-13　定额库

（3）材料库：左侧为材料目录树，右侧为具体的人工、材料、机械，可通过在目录树中查找需要的工料机后，双击进行【添加】或【替换】定额的工料组成，如图 10-14 所示。

| | 编码 | 地区码 | 名称 | 规格型号 | 单位 | 单价 | 材料类别 |
|---|---|---|---|---|---|---|---|
| ● 人工 | 101 | 00101 | 一类工 | | 工日 | 28 | |
| ● 机械 | 102 | 00102 | 二类工 | | 工日 | 26 | |
| ⊞ ● 材料 | 103 | 00103 | 三类工 | | 工日 | 24 | |
| ⊞ ● 混凝土砂浆 | 104 | 00104 | 超高建筑面积增加人工费 | | 元 | 1 | |
| ● 用户自定义材料 | 105 | 00105 | 二类钢筋制弹人工 | | 工日 | 26 | |
| | 110 | 00110 | 二类土方机械操作工 | | 工日 | 26 | |
| | 111 | 00111 | 二类木工 | | 工日 | 26 | |
| | 112 | 00112 | 二类瓦工 | | 工日 | 26 | |

〔□ 清单库〕 〔□ 定额库〕 〔□ 材料库〕 〔□ 项目指引〕 〔□ 换算说明〕 〔□ 模板〕

图 10-14　材料库

（4）项目指引：利用【项目指引】进行选套定额，既方便又快捷。根据各清单项目的【工程内容】找到所需的定额后，可直接双击套用，如图 10-15 所示。

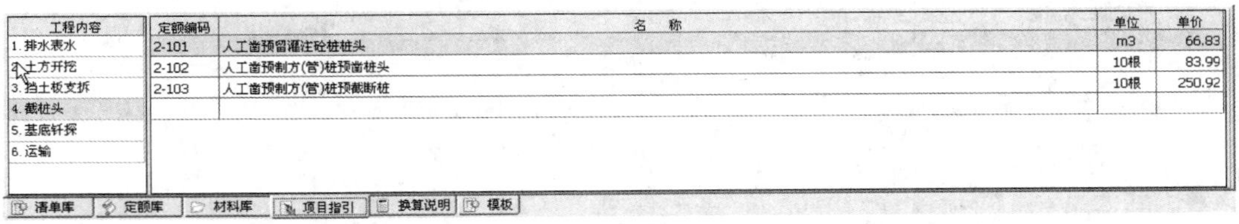

| 工程内容 | 定额编码 | 名　称 | 单位 | 单价 |
|---|---|---|---|---|
| 1. 排水素水 | 2-101 | 人工凿预留灌注砼桩桩头 | m3 | 66.83 |
| 2. 土方开挖 | 2-102 | 人工凿预制方(管)桩预留桩头 | 10根 | 83.99 |
| 3. 挡土板支拆 | 2-103 | 人工凿预制方(管)桩预截断桩 | 10根 | 250.92 |
| 4. 截桩头 | | | | |
| 5. 基底钎探 | | | | |
| 6. 运输 | | | | |

〔□ 清单库〕 〔□ 定额库〕 〔□ 材料库〕 〔□ 项目指引〕 〔□ 换算说明〕 〔□ 模板〕

图 10-15　项目指引

（5）换算说明：该窗口详细地记录了各条定额的换算过程，双击这些换算记录，可进行相关内容的撤销恢复，如图 10-16 所示。

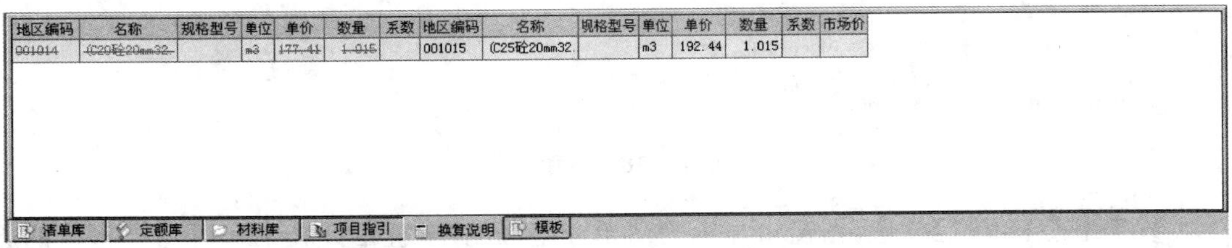

| 地区编码 | 名称 | 规格型号 | 单位 | 单价 | 数量 | 系数 | 地区编码 | 名称 | 规格型号 | 单位 | 单价 | 数量 | 系数 | 市场价 |
|---|---|---|---|---|---|---|---|---|---|---|---|---|---|---|
| 001014 | (C20砼20mm32 | | m3 | 177.41 | 1.015 | | 001015 | (C25砼20mm32. | | m3 | 192.44 | 1.015 | | |

〔□ 清单库〕 〔□ 定额库〕 〔□ 材料库〕 〔□ 项目指引〕 〔□ 换算说明〕 〔□ 模板〕

图 10-16　换算说明

（6）模板：针对某条混凝土定额，可以在该窗口中选择到对应的模板定额，如图 10-17 所示，双击后可以直接套用或替换。

| 定额号 | 定额名称 | 单位 | 单价 | 对应关系 |
|---|---|---|---|---|
| 5-21 | (C20砼)过梁 | m3 | 285.99 | 1 |
| | 含模量 | | | |
| 20-42 | 现浇过梁组合钢模板 | 10m2 | 274.99 | 12 |
| 20-43 | 现浇过梁复合木模板 | 10m2 | 225.15 | 12 |
| 锯20-5 | 现浇弧形过梁复合木模板 | 10m2 | 319.95 | 0 |

［🗐 清单库 ｜ 🗐 定额库 ｜ 🗐 材料库 ｜ 🗏 项目指引 ｜ 🗏 换算说明 🗐 模板 ］

**图 10-17 模板选择**

### 10.2.4 右窗口

清单计价软件的【分部分项工程量清单】操作界面中,右窗口由使用者在【工作区域】中双击不同栏位而显示不同的内容。

(1) 双击【项目编码】栏位,右窗口显示为对应的清单、定额的"计价规范",可在此对清单的"项目特征"进行编辑/查看,如图 10-18 所示。

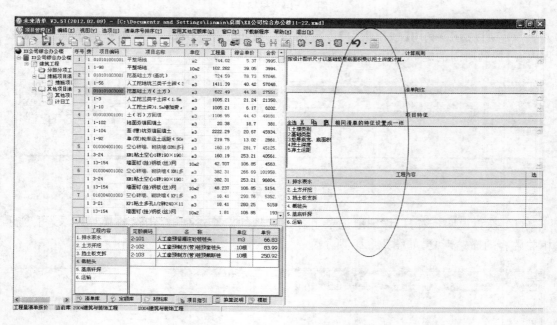

**图 10-18 右窗口**

(2) 双击【工程量】栏位,右窗口显示为清单或定额的"工程量计算书",可将工程量的原始计算公式输入(保存)于此,方便以后查询或修改调整。

(3) 双击【综合单价】栏位,右窗口显示为清单、定额的"工料机组成"及"取费"情况。

(4) 双击【费】栏位,右窗口显示为【取费格式】,可进行自定义管理费、利润,自建取费格式。

## 10.3　项目(工程)管理

工程造价编制首先进行项目的新建和工程属性的设置。新建项目操作主要讲解工程文件管理的相关操作;工程属性设置主要包括工程概况信息、项目附加信息、造价编辑信息等设置的操作。

### 10.3.1　新建项目

(1)点击【项目管理】中的【新建向导】,或工具栏中 ▢ ,弹出【新建向导】对话框,填写对应信息,如图 10-19 所示。软件会将操作者输入的资料保存在各栏位的下拉菜单中,操作者可以点击栏位后方的 ▾ 按钮进行选择,下拉菜单中点击鼠标右键可以对保存的资料进行删除。

**图 10-19　【新建向导】对话框**

提示:除了填写项目基本信息外,特别要注意的是应当根据投标工程的实际情况选择对应的清单规范(软件提供了 GB 50500—2003 和 GB 50500—2008 两种规范,不同的规范软件报表不同)和地区定额,如"江苏省计价表"、"安徽省消耗量定额"等。

(2)项目新建好后,点击 下一步 按钮进入新建单项工程、单位工程界面。输入单项工程名称,填写单位工程信息,如单位工程类别、工程结构、建筑面积、建筑层数、编制人、审核人、编制时间等,并根据单位工程类别选择定额种类。

提示:在该步特别需要注意的是,根据 GB 50500 和某些地市的实施规定,需要填写标段(供报表和自动编排工程量清单的项目编码用)和招标控制价、招标控制价系数信息,投标

人投标时如填写了招标控制价,则该投标工程的总价会
自动与投标控制价进行比较,如超过招标控制价,软件会
以红色字体提醒。招标控制价系数由各地造价主管部门
发布,具体请参阅相关文件。

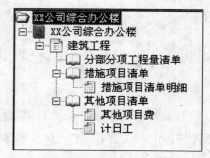

（3）填写完后,点击 完成F 按钮,自动展开新建的
工程结构,并自动定位到"分部分项工程量清单"的操作
界面中。目录树结构如图 10-20 所示。

**图 10-20　目录树结构**

## 10.3.2　单项工程操作

1）新建单项工程

选择项目名称,点击鼠标右键,在弹出的功能菜单上选择点击【新建单项工程】,在弹出
【新建单项工程】的对话框上,输入新建的单项工程名称,点击【确定】后,目录树结构中即会
出现新建的单项工程,如图 10-21 所示。

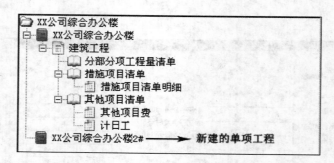

**图 10-21　新建单项工程**

2）删除单项工程

选择需要删除的单项工程名称,点击鼠标右键,选择点击【删除单项工程】,此时,弹出确
定删除的提示框,选择【是】,该单项工程即被删除。

提示:若被删除的单项工程中含有单位工程,进行删除操作时,其包含的单位工程也会
被删除。

## 10.3.3　单位工程操作

1）新建单位工程

选择单项工程名称后,点击鼠标右键,在弹出的功能菜单上选择【新建单位工程】,弹出
【新建单位工程】画面,请按各栏位名称输入工程信息,选择定额种类后确定,即完成新建。

提示:必须选择【定额种类】,否则单位工程新建不成功。

2）复制单位工程

选择要复制的单位工程,点击鼠标右键,在弹出的功能菜单上选择【复制单位工程】;
将光标置于任一单项工程名称上,点击鼠标右键,在弹出的功能菜单上选择【粘贴单位工

程】。

3）跨工程复制单位工程

选择要复制的单位工程，点击鼠标右键选择【复制单位工程】，打开另外一个工程文件，将光标置于该文件的单项工程名称上，点击鼠标右键选择【粘贴单位工程】。

4）删除单位工程

选择需要删除的单位工程名称，点击鼠标右键，在弹出的功能菜单上选择【删除单位工程】，选择【是】，该单位工程即被删除。

### 10.3.4　修改项目（工程）概况

选择项目名称（如需要修改单位工程概况就选择单位工程），点击鼠标右键，在弹出的功能菜单上选择【工程概况】，软件弹出工程项目的【工程概况】界面，可以根据需要对其中的内容进行编辑修改。

### 10.3.5　案例讲解

双击桌面上的 ![图标] 图标，弹出未来清单主页面，点击【项目管理】中的【新建向导】，或工具栏中 ![图标] ，弹出【新建向导】对话框，根据结施图 01-设计总说明中的工程概况信息进行项目的新建和工程属性的设置，填写对应信息，如图 10-22 所示。

**图 10-22　××公司综合办公楼项目概况设置**

项目新建好后，点击 [下一步B] 按钮进入新建单项工程、单位工程界面，结合结施图 01—设计总说明进行××公司综合办公楼的单项工程和单位工程设置，具体设置如图 10-23 所示。点击图中的【单位工程的附加信息】可对该工程的信息进行修改和补充。

点击【确定】后，主页面左侧出现目录树，如图 10-24 所示。根据该目录树依次进行清单计价编制。

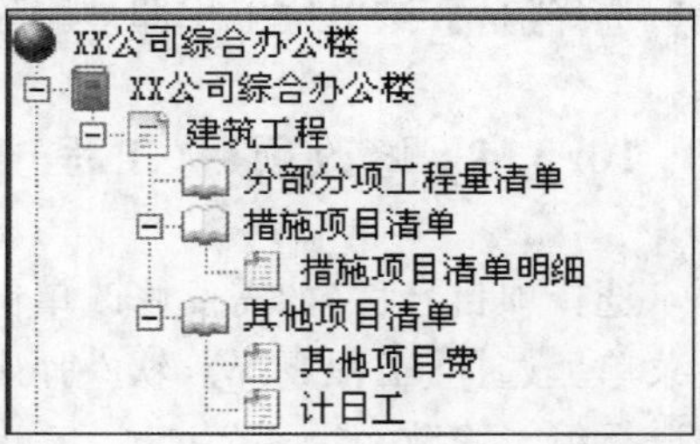

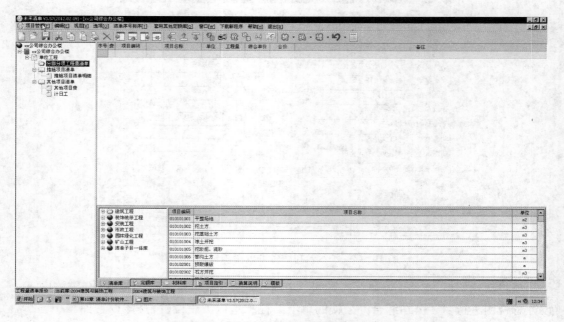

图 10-23 ××公司综合办公楼单项工程、单位工程设置  图 10-24 ××公司综合办公楼目录树结构

## 10.4 分部分项工程量清单

当通过新建向导建立工程后,软件会自动定位到"分部分项工程量清单"的工作界面中,如图 10-25 所示。

图 10-25 【分部分项工程量清单】工作界面

### 10.4.1 选套清单项目

选套清单项目是分部分项工程量清单编制的基础,软件提供了如下套清单的方式:

1)直接输入清单项目编码

在【分部分项工程量清单】的编制区域中,直接将所需的清单项目编码(只需前9位)输入至【项目编码】栏位中;按提示输入清单项目的【工程量】,【确定】后即完成套用。

2)选送清单项目

在下窗口中选择【清单库】,如图10-12所示,展开清单库左侧目录,在右侧显示的清单编码中选择需要的清单,然后双击鼠标左键;按提示输入该清单项目的工程量,【确定】后即可。

### 10.4.2 编辑清单项目特征

编辑清单项目特征是招标方(甲方)的主要工作,投标方(乙方)根据清单的项目特征来组价,因此项目特征应尽可能详细。

软件默认自动带出各清单的项目特征项,操作者只需对其进行详细描述即可,包括可以修改、添加内容。用鼠标左键双击清单项目的【项目编码】栏位,会打开右窗口,如图10-26所示。

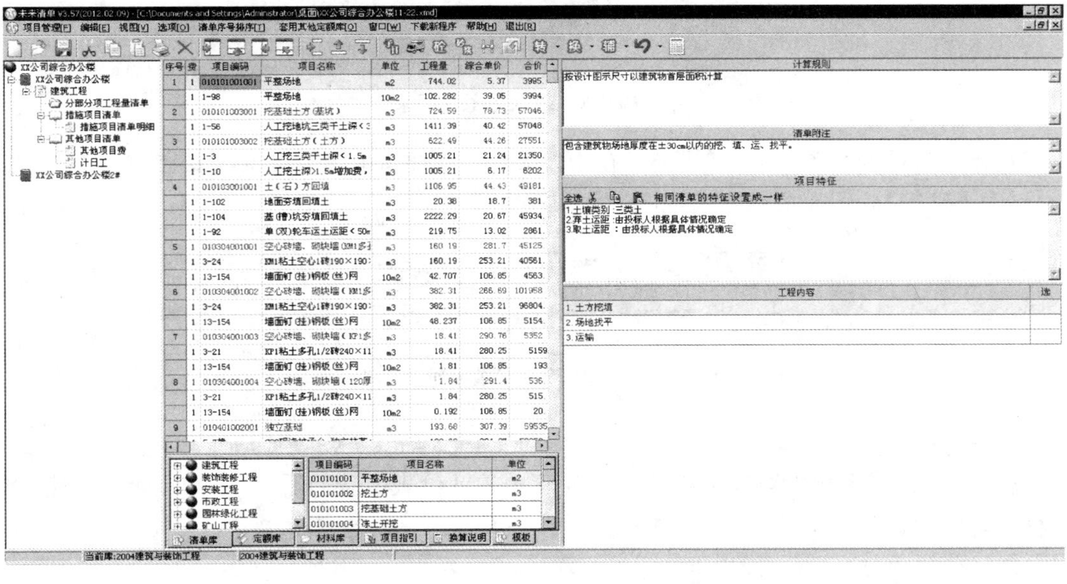

**图10-26 右窗口显示**

点击需要描述的项目特征【特征描述】栏位→点击栏位后方的 按钮→在下拉菜单中选择所需内容。若下拉菜单中没有需要的描述资料,可以自行输入,软件会自动将输入的内容保存下来,供下次选择使用。

提示:未输入【特征描述】的项目特征将不会显示在报表中,若输入的项目特征的内容比较多,可以双击【特征描述】栏位,在弹出的【详细特征描述】对话框中输入。项目特征可以以文本方式编辑显示(在【选项】中设置)。

### 10.4.3 套用计价表（或定额）——组价

投标方（乙方）根据招标方（甲方）给出的清单项目，按照工程内容来组织计价表（或定额）。

1）直送定额号

（1）【分部分项工程量清单】编制区域的【项目编号】栏位中，直接在清单项目下输入计价表（或定额）编号，如图 10-27 所示。

| 序号 | 费 | 项目编码 | 项目名称 | 单位 | 工程量 | 综合单价 | 合价 |
|---|---|---|---|---|---|---|---|
| 1 | 1 | 010101001001 | 平整场地 | m2 | 744.02 | 5.37 | 3995.39 |
| | 1 | 1-98 | 平整场地 | 10m2 | 102.282 | 39.05 | 3994.11 |

**图 12-27 输入定额编号**

（2）软件提示输入定额的【工程量】。如图 10-28 所示。

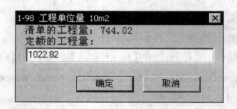

**图 10-28 输入定额工程量**

提示：若在【选项】菜单中选择了"不送工程量"，则此输入工程量的对话框将不会出现。

（3）【确定】后即完成套用。如图 10-29 所示。

| 序号 | 费 | 项目编码 | 项目名称 | 单位 | 工程量 | 综合单价 | 合价 |
|---|---|---|---|---|---|---|---|
| 1 | 1 | 010101001001 | 平整场地 | m2 | 744.02 | 2.58 | 1919.57 |
| | 1 | 1-98 | 平整场地 | 10m2 | 102.282 | 18.74 | 1916.76 |

**图 10-29 定额组价**

2）选送定额

打开下窗口【定额库】，在其中选择需要套用的计价表（定额）后双击，按提示输入定额的工程量，点击【确定】即可。

3）使用"项目指引"选送定额

首先点击编制区域的清单项目，然后选择下窗口【项目指引】库，点击【工程内容】，会出现相关的定额，如图 10-15 所示，双击所需的定额，输入工程量即可。

### 10.4.4 常用编辑工具（插入、删除、复制、排序）

1）插入清单项目/定额

如在编制清单/定额时漏了一条，可以在空白栏位中输入，然后通过向上移动的按钮 🔼

将此清单项目移到适当的位置。也可以通过以下方法进行操作：

（1）将清单项目（或定额）插入到当前行上方

在【分部分项工程量清单】中，左键点击清单项目/定额，然后点击鼠标右键，在弹出的菜单中，选择【插入清单】或【插入定额】。此时，光标所在行的清单项目/定额上方会出现一空白行，直接输入清单项目编码（或定额号），接着输入工程量后点击【确定】。

（2）将清单项目插入到当前行下方

在【分部分项工程量清单】编制区域中，点击清单项目/定额所在行，在下窗口选择需要插入的清单项目/定额，双击鼠标左键后输入工程量，点击【确定】即可。

2）删除清单项目/定额

选中需要删除的清单项目/定额，点击鼠标右键选择【删除】，或直接点击工具栏中的 ⊠ 按钮。

提示：删除可通过键盘中的快捷键 F9 来实现。

3）复制清单项目或定额

在【分部分项工程量清单】中选中需要复制的清单/定额，点击鼠标右键，选择【复制】（或点击工具栏中 ▣ ），将光标置于需要粘贴的栏位上，点击鼠标右键，选择【粘贴】（或点击工具栏中 ▣ ）即完成复制。

提示：选择多条定额进行复制，可通过键盘中的【Shift】键进行整片区域的选择；通过 Ctrl 键逐一选择相连或不相连的清单项目。只要没有退出软件，没有再复制其他内容，被复制的单位工程可无限制地粘贴。

4）清单排序

在分部分项清单编辑界面上单击鼠标右键，选择清单排序，软件提示是否自动插入标题，如选择"是"，则清单按编码自动排序，同时会自动插入标题，如选择"否"，则只进行清单自动排序，图 10-30 为排序后的清单组价。

| 序号 | 费 | 项目编码 | 项目名称 | 单位 | 工程量 | 综合单价 | 合价 | |
|---|---|---|---|---|---|---|---|---|
| | | A.1 | 土（石）方工程 | | | 135699.74 | 135699.74 | 一级标题 |
| 1 | 1 | 010101001001 | 平整场地 | m2 | 744.02 | 2.58 | 1919.57 | 清单 |
| | 1 | 1-98 | 平整场地 | 10m2 | 102.282 | 18.74 | 1916.76 | 2004建筑与装饰工程 |
| 2 | 1 | 010101003001 | 挖基础土方（基坑） | m3 | 724.59 | 78.73 | 57046.97 | 清单 |
| | 1 | 1-56 | 人工挖地坑三类干土深＜3 | m3 | 1411.39 | 40.42 | 57048.38 | 2004建筑与装饰工程 |
| 3 | 1 | 010101003002 | 挖基础土方（土方） | m3 | 822.49 | 44.26 | 27551.41 | 清单 |
| | 1 | 1-3 | 人工挖三类干土深＜1.5m | m3 | 1005.21 | 21.24 | 21350.66 | 2004建筑与装饰工程 |
| | 1 | 1-10 | 人工挖土深＞1.5m增加费、 | m3 | 1005.21 | 6.17 | 6202.15 | 2004建筑与装饰工程 |
| 4 | 1 | 010103001001 | 土（石）方回填 | m3 | 1106.95 | 44.43 | 49181.79 | 清单 |
| | 1 | 1-102 | 地面夯填回填土 | m3 | 20.38 | 18.7 | 381.11 | 2004建筑与装饰工程 |
| | 1 | 1-104 | 基（槽）坑夯填回填土 | m3 | 2222.29 | 20.67 | 45934.73 | 2004建筑与装饰工程 |
| | 1 | 1-92 | 单（双）轮车运土运距＜50m | m3 | 219.75 | 13.02 | 2861.15 | 2004建筑与装饰工程 |
| | | A.3 | 砌筑工程 | | | 152972.84 | 152972.84 | 一级标题 |
| 5 | 1 | 010304001001 | 空心砖墙、砌块墙（KM1多引 | m3 | 160.19 | 281.7 | 45125.52 | 清单 |
| | 1 | 3-24 | KM1粘土空心1砖190×190× | m3 | 160.19 | 253.21 | 40561.71 | 2004建筑与装饰工程 |
| | 1 | 13-154 | 墙面钉（挂）钢板（丝）网 | 10m2 | 42.707 | 106.85 | 4563.24 | 2004建筑与装饰工程 |
| 6 | 1 | 010304001002 | 空心砖墙、砌块墙（KM1多 | m3 | 382.31 | 266.69 | 101958.25 | 清单 |
| | 1 | 3-24 | KM1粘土空心1砖190×190× | m3 | 382.31 | 253.21 | 96804.72 | 2004建筑与装饰工程 |
| | 1 | 13-154 | 墙面钉（挂）钢板（丝）网 | 10m2 | 48.237 | 106.85 | 5154.12 | 2004建筑与装饰工程 |
| 7 | 1 | 010304001003 | 空心砖墙、砌块墙（KF1多 | m3 | 18.41 | 290.76 | 5352.89 | 清单 |
| | 1 | 3-21 | KF1粘土多孔1/2砖240×11 | m3 | 18.41 | 280.25 | 5159.4 | 2004建筑与装饰工程 |
| | 1 | 13-154 | 墙面钉（挂）钢板（丝）网 | 10m2 | 1.81 | 106.85 | 193.4 | 2004建筑与装饰工程 |
| 8 | 1 | 010304001004 | 空心砖墙、砌块墙（120厚 | m3 | 1.84 | 291.4 | 536.18 | 清单 |
| | 1 | 3-21 | KF1粘土多孔1/2砖240×11 | m3 | 1.84 | 280.25 | 515.66 | 2004建筑与装饰工程 |
| | 1 | 13-154 | 墙面钉（挂）钢板（丝）网 | 10m2 | 0.192 | 106.85 | 20.52 | 2004建筑与装饰工程 |

**图 10-30 排序后的清单组价**

## 10.4.5 混凝土模板的套用

在套定额的过程中,当遇到混凝土构件定额时需要进行含模量的选择计算,软件可以根据该构件的含模量系数,自动增加模板定额并计算模板工程量。【选择含模量】的界面如图 10-31 所示,各模板选项中的【数量】都是可以根据实际情况修改的。

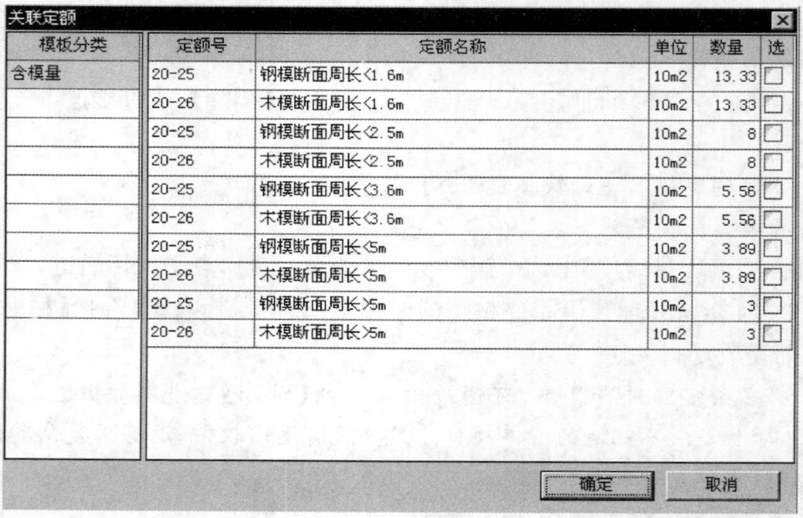

| 模板分类 | 定额号 | 定额名称 | 单位 | 数量 | 选 |
|---|---|---|---|---|---|
| 含模量 | 20-25 | 钢模断面周长＜1.6m | 10m2 | 13.33 | ☐ |
|  | 20-26 | 木模断面周长＜1.6m | 10m2 | 13.33 | ☐ |
|  | 20-25 | 钢模断面周长＜2.5m | 10m2 | 8 | ☐ |
|  | 20-26 | 木模断面周长＜2.5m | 10m2 | 8 | ☐ |
|  | 20-25 | 钢模断面周长＜3.6m | 10m2 | 5.56 | ☐ |
|  | 20-26 | 木模断面周长＜3.6m | 10m2 | 5.56 | ☐ |
|  | 20-25 | 钢模断面周长＜5m | 10m2 | 3.89 | ☐ |
|  | 20-26 | 木模断面周长＜5m | 10m2 | 3.89 | ☐ |
|  | 20-25 | 钢模断面周长＞5m | 10m2 | 3 | ☐ |
|  | 20-26 | 木模断面周长＞5m | 10m2 | 3 | ☐ |

**图 10-31 关联定额——模板**

有的含模量定额也会出现一些附注说明信息,需要进行选择,如图 10-32 所示。若无须附注说明,可点击【取消】按钮退出。

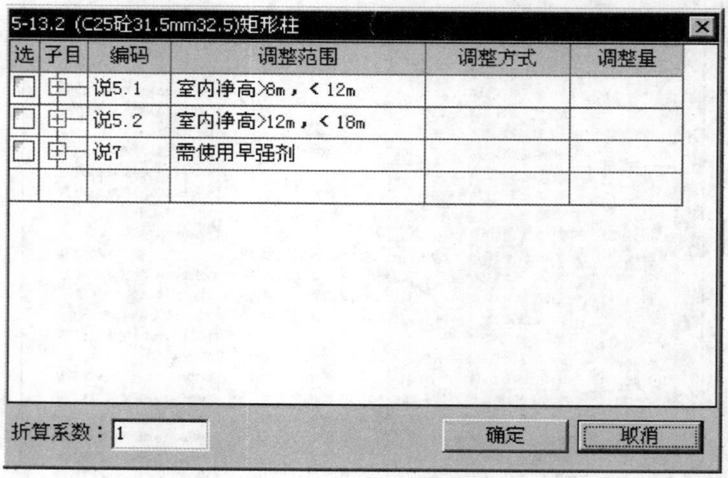

**5-13.2 (C25砼31.5mm32.5)矩形柱**

| 选 | 子目 | 编码 | 调整范围 | 调整方式 | 调整量 |
|---|---|---|---|---|---|
| ☐ | ⊞ | 说5.1 | 室内净高＞8m，＜12m |  |  |
| ☐ | ⊞ | 说5.2 | 室内净高＞12m，＜18m |  |  |
| ☐ | ⊞ | 说7 | 需使用早强剂 |  |  |
|  |  |  |  |  |  |

折算系数：1

**图 10-32 模板附加说明选择**

如果修改了混凝土工程定额的工程量,若在【选项】菜单中选择了"改变混凝土工程量时修改模板工程量",则模板定额的工程量会随之改变,否则其工程量不发生变化。

提示:若在【选项】菜单中取消了"套用关联定额",则不会出现含模量对话框。

### 10.4.6  换算操作

软件默认的换算操作为"批量换算",操作者可以在【选项】中取消【换算时默认全部选中】设置,也可以通过以下方式进行多条定额的选择:

按住 Ctrl 键选择,可以点击选择相连或不相连的定额;按住 Shift 键选择,可以点击选择多条相连的定额;通过点击操作界面的【序号】栏位名称,选择全部定额。

1)工料机换算

方式一:选择一条或多条需要进行换算的定额,点击 [图] 按钮,选择【工料】,弹出画面,显示被选定额的人、材、机资料,在"工料区"中点击需要替换的工料,然后双击下窗口【人材机库】中的需要换算的新工料,点击【确定】后完成工料替换操作。

方式二:如果需要换算单条定额的工料,在分部分项清单界面直接双击定额的【综合单价】栏位,打开右窗口【工料组成】界面,直接对工料进行换算。

提示:换算后,会在该条定额号后加上"换"字。

2)修改单价

点击主界面 [图] ,在下拉菜单中选择【修改单价】,软件弹出窗口。

在【市场价文件】窗口中,选择下窗口对应的市场价文件,然后在【替换市场价】或【替换定额价】栏位打"√"。当然,选择前可以先【查看市场价】,市场价选好后按【确定】即可。

(1)自建市场价文件

在进行市场价调整时,可以根据需要自建市场价文件。

在相关工料的【市场价】栏位中自己输入工料机价格,点击【保存市场价】,软件会询问"将当前市场价加入到××市场价文件中?"选择"否",弹出【输入新市场价名称】对话框,输入名称后点击【确定】,即可在【市场价文件】中查看到刚才新建的市场价文件。

提示:自建的市场价文件可以通过在下窗口市场价文件列表中单击右键删除。

(2)换算整个项目市场价

软件提供了整个项目下所有的单位工程工料批量调整市场价的功能,在【换】中选【换算整个项目市场价】,弹出批量换算单价窗口,具体操作方式同上。

3)工料机消耗量乘系数

点击软件主界面中的 [图] 按钮,在下拉菜单中选择【工料机乘系数】,在弹出的【乘系数】的对话框(如图10-33)中可以对人工、机械、材料、主材系数进行调整(软件默认的各系数为"1");双击调整后定额的【综合单价】,在右窗的工料组成中,可以看到调整后的系数。

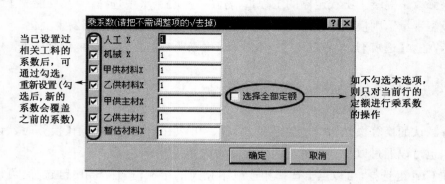

图 10-33　工料机消耗量乘系数

4）混凝土/砂浆换算

点击软件主界面中的 ▨·　按钮,选择【混凝土/砂浆】,软件弹出混凝土或砂浆的换算窗口。混凝土/砂浆配合比(或单价)修改方法:在分部分项工程清单界面,双击定额【综合单价】栏位,打开右窗口【工料组成】,选择混凝土/砂浆工料后,单击鼠标右键,选择【配合比】,在其下窗口出现该工料的配合比信息,可以直接修改配合比中工料的数量和单价。

5）设置甲供材

点击软件主界面中 ▨·　按钮,在下拉菜单中选择【甲供材】,如图 10-34 所示。

| 编码 | 地区编码 | 名称 | 规格型号 | 单位 | 单价 | 数量 | 甲供量 | 全部甲供 | 关联 | 暂定 |
|---|---|---|---|---|---|---|---|---|---|---|
| | | 材料 | | | | | | | | |
| 0117040 | 502018 | 钢筋(综合) | | t | 2800 | 128.775 | 128.775 | √ | | |
| 0117080 | 503152 | 钢压条 | | kg | 3 | 42.1606 | | | | √ |
| 0117125 | 513287 | 组合钢模板 | | kg | 5.85 | 107.2274 | | | | |
| 0117150 | 504098 | 钢支撑(钢管) | | kg | 5.52 | 4534.6602 | | | | |
| 0117165 | 511366 | 零星卡具 | | kg | 7.33 | 1297.4585 | | | | |
| 0117305 | 511379 | 铝拉铆钉 | LD-1 | 百个 | 3.33 | 8.7575 | | | | |
| 0117385 | 504177 | 脚手钢管 | | kg | 5.83 | 1287.3948 | | | | |
| 0317010 | 401035 | 周转木材 | | m3 | 1249 | 11.9079 | | | | |
| 0317015 | 401029 | 普通成材 | | m3 | 1599 | 3.3195 | | | | |
| 0317024 | 401029 | 普通成材(门窗肚板) | | m3 | 1599 | 1.9818 | | | | |
| 0317030 | 405098 | 木砖与拉条 | | m3 | 1249 | 0.2352 | | | | |
| 0317035 | 405015 | 复合木模板 | 18mm | m2 | 24 | 1711.2264 | | | | |
| 0417011 | 301023 | 水泥 | 32.5级 | kg | 0.28 | 10370.4612 | | | | |
| 0417012 | 301026 | 水泥 | 42.5级 | kg | 0.33 | 08724.6875 | | | | |
| 0417060 | 301002 | 白水泥 | | kg | 0.58 | 1773.6439 | | | | |

| 序号 | 编码 | 名称 | 单位 | 工程量 | 数量 | 单价 | 市场价 |
|---|---|---|---|---|---|---|---|
| 27 | 010416001001 | 现浇混凝土钢筋 | t | 126.25 | | | |
| | 4-1 | 现浇砼构件钢筋Φ<12 | t | 55.55 | 56.661 | 2800 | |
| | 4-2 | 现浇砼构件钢筋Φ<25 | t | 70.7 | 72.114 | 2800 | |

在标题上可以选择下面所有的材料

图 10-34　设置甲供材

【甲供材】:若材料的部分用量是甲方提供,则应在【甲供材】栏位中输入提供的数量。

【全部】:若材料的全部用量都是由甲方提供的,请点击【全部】栏位,【甲供材】即显示为全部数量。

【暂定】:点击【暂定】栏位,即当前甲供材项作为暂定价处理。

6) 商品混凝土换算

点击主界面中 ▣ 按钮,出现【商品砼换算】界面,【商品砼换算】中显示为所有含混凝土的清单子目,请选择各混凝土定额在做商品混凝土时为泵送还是非泵送,选择完毕后,点击【确定】。

7) 成品砂浆换算

点击主界面中 ▣ 按钮,出现【成品砂浆换算】界面,【成品砂浆换算】窗口显示所有相关的定额,选择干拌、湿拌及机械类型,下窗口中显示的比例数据可调整修改,选择完毕后,点击【确定】。

各数据扣减说明:

(1) 使用干拌砂浆配合"灰浆搅拌机":扣除人工0.3工日/ $m^3$(指砂浆用量),每 $m^3$ 现拌砂、砂浆换算干拌砂浆1.75 t及水0.29 $m^3$。

(2) 使用干拌砂浆配合"其他机械":扣除人工0.3工日/$m^3$(指砂浆用量),每 $m^3$ 现拌砂浆换算干拌砂浆1.75 t及水0.29 $m^3$;扣除相应定额子目中的灰浆拌和机台班,另增加其他机械1.61元/$m^3$(指砂浆用量)。

(3) 使用湿拌砂浆:扣除人工0.45工日/$m^3$(指砂浆用量),现拌砂浆换算成湿拌砂浆,扣除相应定额子目中的灰浆拌和机台班。

8) 高层增加费

建筑装饰工程、安装工程中都会遇到高层增加费,清单计价软件中将这两个专业的高层增加费分开来处理,根据操作者选择的"定额种类"显示不同的操作界面。下面介绍的高层增加费是指建筑装饰工程的,具体步骤如下:

(1) "分部分项工程量清单"中,点击软件主界面中 ▣ 按钮,在下拉菜单中选择【综合系数调整】。

(2) 【综合系数调整】画面中显示为编制的所有清单项目,点击【高层增加费】栏位,在下拉菜单中选择建筑物高度。

(3) 由于层高超过3.6 m时,每增高1 m,其人工费即随高度变化而增加。因此,当层高超过3.6 m,请在【层高】栏位中输入实际高度,不足或等于3.6 m不用输入。

(4) 点击【确定】,做了高层增加费的清单项目中,在分部分项工程量清单界面会自动增加一条相关定额。

9) 定向选择

该软件可以将分部分项工程量清单中同一编号的定额进行批量"换工料、乘系数、改费率、换算单价"等操作。点击软件主界面中的 ▣ 按钮,选择【定向选择】;在【定额号】栏位输入需要批量修改的定额编号;在【操作】中选择需要进行的内容,当选择为相应的换算操作时,软件会弹出【换算】画面,此时按换算操作步骤直接换算即可;点击【确定】完成。

提示:换算说明的使用

清单计价软件可以对换算过的内容及时进行查询,并且可以对换算过的内容进行撤销。

在分部分项工程变清单界面中,选中一条做过换算的定额(即定额号后有"换"字的定额),点击下窗口中的【换算说明】,便可查到该定额的换算内容。此时,双击【换算说明】中的换算信息,可以撤销换算操作。

### 10.4.7 选择费率(管理费和利润)

在分部分项工程量清单的操作界面中双击【费】栏位,右窗口即显示取费格式,如图 10-35所示。

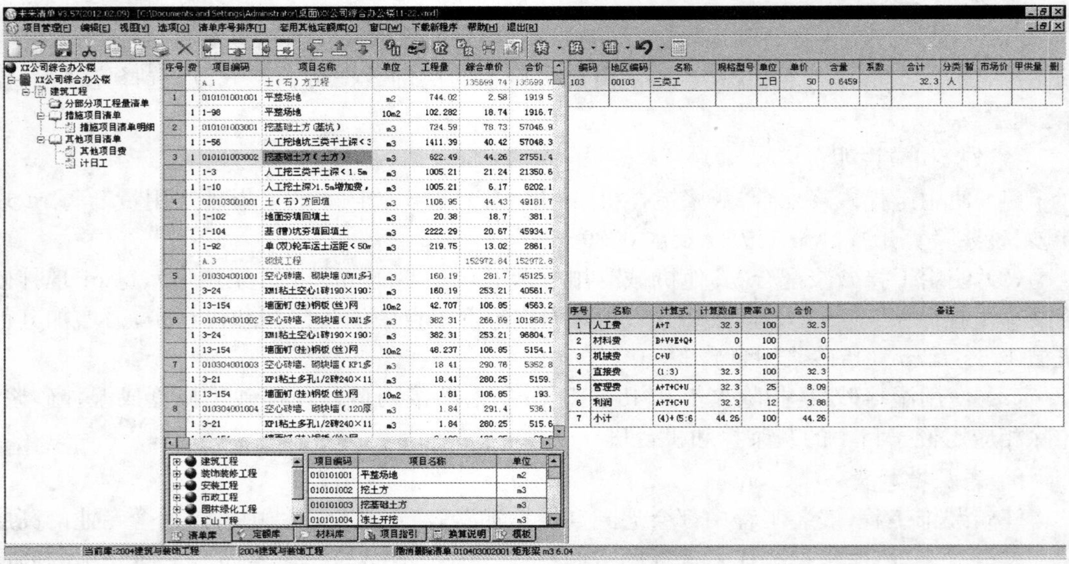

**图 10-35 右窗口——取费格式**

新建工程时选取不同的定额种类,软件会显示不同的取费格式。

1) 修改费率

新建工程时,软件默认的取费格式为三类建筑工程(2004 江苏建筑装饰计价表)中的费率,根据实际工程类型修改取费费率。

(1) 直送费率号

打开右窗口【取费格式】后,每一种取费格式都有专属的费率号,在清单、定额或者标题的【费】栏位中输入所需取费格式的费率号即可。在清单项目的【费】栏位中修改费率号,可对该清单及其定额同时修改费率。在标题的【费】栏位中修改费率号,可对该标题下的所有清单及定额同时进行费率修改。

(2) 选取费率

在分部分项工程量清单操作界面中,点击软件主界面中的 按钮,选择【改费率】,选择需要修改的费率名称后,点击【确定】即可。

2）自建费率

除了软件给定的取费格式以外,操作者还可以自定义设置所需的取费费率。双击编制区域的【费】栏位,打开右窗口【取费格式】,在右窗口的取费格式中任意一处空白处右击鼠标,选择【新建取费】,输入新取费名称,点击【确定】后,即可在【取费格式】的最下方看到新建的取费名称,在管理费和利润中填写相关费率。

3）双窗口对比

为了提高投标报价的竞争力,在做好一个项目的报价后,需要根据企业情况和招标控制价情况,在开标之前将报价文件再一次进行调整、优惠,以便得到最具竞争性的报价,这时,可以采用双窗口对比的办法。

在项目管理的打开项目中,将该项目复制、粘贴,得该工程复件。或直接点击项目管理,在下拉菜单中选择将该项目另存为也可以,将复件和原件两个工程同时打开,上下窗口进行调价、对比(如投标价和成本价对比)。

具体操作步骤如下:

(1)点击项目管理——选择【另存为】,新取一个文件名,如图10-36所示。

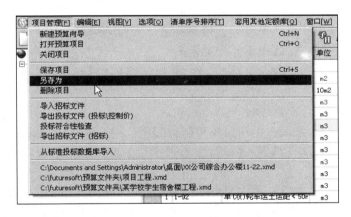

**图10-36　设置两个不同的报价方案**

提示:另存为的时候,文件名要和原件的文件名区别开。

(2)同时打开两个文件,在窗口中选择横排窗口,如图10-37所示。

**图10-37　双窗口设置**

同时打开两个文件后,可将其中某一个文件认为是成本价,是不动的,然后就可以以成本价为基础,调整另外一个文件的费率、消耗量或单价。进行对比分析,从而得到最佳投标价。

4）设置浮动费率

为了提高投标报价的竞争力,有时需要对部分或全部清单调整管理费和利润(指微调),

以降低综合单价。其设置步骤如下：

（1）点击软件主界面中的 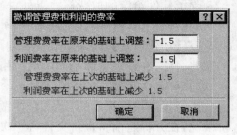 按钮，选择点击【浮动费率】。

（2）在弹出的对话框中，直接输入需要调整的管理费、利润费率的百分比数值（正数为增加，负数为减少），如图 10-38 所示。

（3）单击【确定】后，综合单价会随着管理费、利润的调整而调整。

**图 10-38　设置浮动费率**

### 10.4.8　工程类别设置

在同一个专业的工程中，往往会因为工程类别的不同（如建筑专业中的预制构件制作、构件吊装、机械施工大型土石方等工程），其"现场安全文明施工费"、"劳动保险费"和"安全生产监督费"的费率也会有所不同。因此，可以通过软件提供的"设定工程类别"功能来进行相关工程类别的设置：

（1）在分部分项工程量清单界面选择需要进行工程类别设置的清单项目。

（2）点击鼠标右键，选择【设定工程类别】。

（3）弹出【设定工程类别】对话框，在各工程类别的【选择】栏位中勾选相关工程类别。

提示：软件默认的工程类别为"标准类型"。

（4）点击【确定】后，被设置的清单项目【备注】栏位中会显示设置后的"工程类别"信息。

（5）点击【单项工程名称】进入【单位工程费汇总表】后，软件会提示设置相应劳保参数和费率。

（6）点击【费率（%）】栏位，在下窗口中会显示相关工程类别的"劳动保险费费率"，可以直接双击选取。点击【计算参数】栏位，选择各类工程的劳动保险费计算参数，点击【费率】栏位，选择各类工程劳动保险费的费率。

提示：如果选择了多个"工程类别"，则在【单位工程费汇总表】中，会提示要插入多个劳动保险费。

### 10.4.9　设置甲方评标材料（投标方用）

当招标方提供了电子格式的甲方评标材料时，投标方需将清单子目中发生的相关材料与评标用的甲供材建立对应关系。

点击软件主界面中 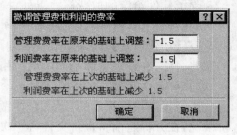 按钮，选择点击【设置甲方评标材料（投标方用）】，弹出如图 10-39所示窗口。

上表格为甲方给定的材料，下表格为实际用到的材料，在下边表格中找到符合甲方给定的材料后，点击【选定】按钮，或双击该材料建立对应关系。点击【确定】后，完成甲方评标材料（投标方用）的设置。

图 10-39　甲方评标材料（投标方用）的设置

## 10.4.10　清单子目一体库

清单子目一体库，就是将与清单项目相关联的子目（计价表或定额）组成一体，存于库中，以后套用清单项目时，只要调出一体库直接选用即可。

1）清单子目入库

在分部分项工程量清单操作界面中，选择要保存的清单及其子目，右击鼠标，选择【存为清单子目一体库】，软件提示【加入成功】。在下窗口【清单库】中的"清单子目一体库"中可查看被保存的清单信息。如图 12-40 所示。

图 10-40　清单子目一体库

2）清单子目一体库的使用

进入【选项】功能，选择【套清单时打开子目一体库】；"分部分项工程量清单"编制区域中套清单编码，若该清单已保存至一体库，软件提示操作者进行选择；选择需要套用的清单子目一体库，点击【确定】（也可选择"标准"类的清单，即不套用清单子目一体库）；输入清单项目的工程量，软件会自动按照保存清单子目时清单与定额的工程量比例带出定额的工程量。

### 10.4.11　技术措施费转向

措施项目费是非工程实体项目的费用,因此,在清单报价中单列一份"措施项目清单"。软件提供了【转向】的功能,可以对在"分部分项工程量清单"中套用的"脚手架"、"进退场"、"模板"、"二次搬运费"、"建筑工程垂直运输机械"等费用进行转向,使其费用转入"措施项目清单"中。

操作步骤:

在分部分项工程量清单界面,点击工具栏中的【转】,可以逐一选择需要转向的项目,也可选择【以上全部】进行批量转向;

转入的费用可以在【措施项目清单明细】中查看,此时它们的费用已从"分部分项工程量清单"中剥离,归到"措施项目清单"中。

### 10.4.12　案例讲解

将前面土建和钢筋算量软件建模导出来的清单工程量导入计价软件,在此基础上进行定额组价、价格和费率调整等操作。由于各地所采用的计价依据和计价方式存在一定的差别,本案例采用江苏省建筑与装饰工程计价表(2004)中的定额进行清单计价,这里仅介绍该案例分部分项工程量清单组价的主要操作步骤,读者可根据本地做法进行设置,对照后面的参考答案进行学习。

1)清单、定额的录入

(1)点击菜单栏中的【项目管理】→【导入招标文件】,将清单工程量导入计价软件;或者利用计价软件中的【清单库】选送清单项目,然后输入该清单项目的工程量。

(2)投标方(乙方)根据招标方(甲方)给出的清单项目,按照工程内容来组织计价表(或定额)。

根据前面土建和钢筋算量软件建模导出来的定额工程量,打开下窗口【定额库】,在其中选择需要套用的计价表(定额)后双击,按提示输入定额的工程量,点击【确定】即可。脚手架、垂直运输工程、模板的工程量也在【定额库】下输入,后面通过"转向"功能将其转入"措施项目清单"。

2)换算

根据清单项目或定额项目录入时的实际需要进行相应的工料机换算、混凝土/砂浆换算、系数换算、批量换算、单项换算等工作,具体操作参见前面相应内容。

3)修改单价

点击主界面，在下拉菜单中选择【修改单价】,软件弹出窗口后在【市场价文件】窗口中,选择下窗口的对应的市场价文件,然后在【替换定额价】栏位打"√",市场价选好后按【确定】即可。

4)选择费率(管理费和利润)

在分部分项工程量清单的操作界面中双击【费】栏位,右窗口即显示取费格式。本案例为三类建筑工程,点击右窗口中的"三类建筑工程",管理费、利润的费率自动生成,如图10-41所示。

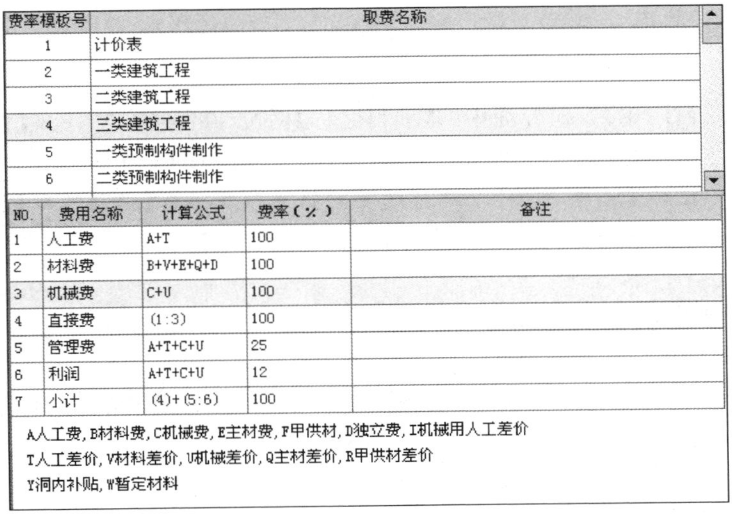

| 费率模板号 | 取费名称 |
|---|---|
| 1 | 计价表 |
| 2 | 一类建筑工程 |
| 3 | 二类建筑工程 |
| 4 | 三类建筑工程 |
| 5 | 一类预制构件制作 |
| 6 | 二类预制构件制作 |

| NO. | 费用名称 | 计算公式 | 费率（%） | 备注 |
|---|---|---|---|---|
| 1 | 人工费 | A+T | 100 | |
| 2 | 材料费 | B+V+E+Q+D | 100 | |
| 3 | 机械费 | C+U | 100 | |
| 4 | 直接费 | (1:3) | 100 | |
| 5 | 管理费 | A+T+C+U | 25 | |
| 6 | 利润 | A+T+C+U | 12 | |
| 7 | 小计 | (4)+ (5:6) | 100 | |

A人工费,B材料费,C机械费,E主材费,F甲供材,D独立费,I机械用人工差价

T人工差价,V材料差价,U机械差价,Q主材差价,R甲供材差价

Y洞内补贴,W暂定材料

**图 10-41　选择费率**

## 10.5　措施项目清单

　　工程中出现的非工程实体项目其费用记录在"措施项目清单"中，编制完"分部分项工程量清单"后，便可进入"措施项目清单"中。

　　在软件主界面的树形目录中，点击【措施项目清单】进入操作界面，如图 10-42 所示。

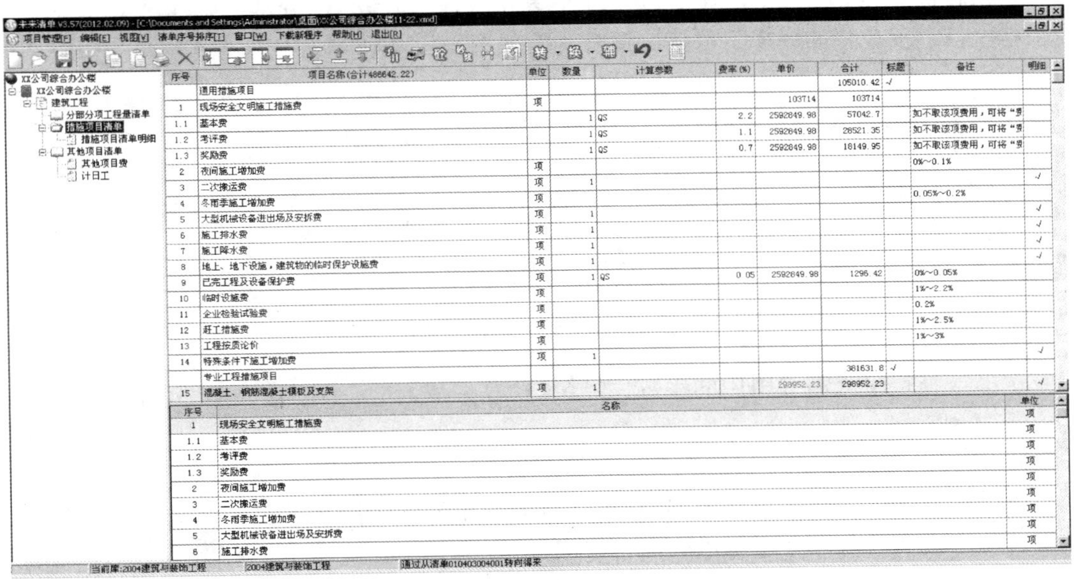

**图 10-42　【措施项目清单】操作界面**

### 10.5.1　措施项目清单

点击【措施项目清单】操作界面中的【项目名称】栏位,在下窗口中出现【措施项目】库,在【措施项目】库中选择需要的措施项目名称,双击送到上窗口的工作区。

提示:点击各措施项目标题,可全选标题下的措施项目。若【措施项目】库中没有需要的措施项目名称,可以在工作区的空白行上,自行输入【项目名称】。

### 10.5.2　措施项目清单计价

《措施项目清单与计价表》分为按"费率"和按"项"计价两张表格式,包含通用措施项目和专业工程措施项目。

1）编制通用项目费用

（1）直接输入所需费用

可以事先计算好相关的通用项目费用,然后直接在界面里输入所需费用,如图 10-43 所示。

| 序号 | 项目名称(合计491152.22) | 单位 | 数量 | 计算参数 | 费率(%) | 单价 | 合计 | 标题 |
|---|---|---|---|---|---|---|---|---|
| | 通用措施项目 | | | | | | 109520.42 | √ |
| 1 | 现场安全文明施工措施费 | 项 | | | | | 103714 | |
| 1.1 | 基本费 | | | | | 103714 | 103714 | |
| 1.2 | 考评费 | | 1 | QS | 2.2 | 2592849.98 | 57042.7 | |
| 1.3 | 奖励费 | | 1 | QS | 1.1 | 2592849.98 | 28521.35 | |
| | | | 1 | QS | 0.7 | 2592849.98 | 18149.95 | |
| 2 | 夜间施工增加费 | 项 | | | | 4510 | 4510 | |

**图 10-43　直接输入通用措施项目费用**

（2）引用参数变量计算得出费用

点击【计算参数】栏位,下窗口中即出现参数信息（如:QA－分部分项工程量清单中的人工费合计、QS－分部分项工程量清单合价）,如图 10-44 所示。

| 代号 | 名称 | 合计 |
|---|---|---|
| QS | 分部分项清单合价 | 2592849.98 |
| QDA | 分部分项清单人工费(人工费+人工差价) | 587290.52 |
| QDT | 分部分项清单人工差价 | |
| QDP | 分部分项清单工日 | 0 |
| QDB | 分部分项清单材料费(材料费+材料差价) | 11054.6 |
| QDV | 分部分项清单材料差价 | 1744018.43 |
| QDC | 分部分项清单机械费(机械费+机械差价) | 0 |
| QDU | 分部分项清单机械差价 | 32269.85 |
| QDE | 分部分项清单主材合计 | 0 |
| QDQ | 分部分项清单主材差价 | 0 |
| | | 0 |

**图 10-44　计算参数的选取**

选择或直接输入需要引用的参数代号至【计算参数】栏位中,在【费率(％)】栏位中输入相应费率数值。

2）编制专业工程措施项目费用

专业工程措施项目被定义为:需要通过套定额而得到的措施项目费用,《未来清单》中,可通过三种方式编制专业工程措施项目费用:

（1）转向

模板、脚手架等专业工程措施项目费可以通过【转向】功能，直接将这些专业工程措施项目费从"分部分项工程量清单"中分流归类到【措施项目清单】；通过【转向】的专业工程措施项目，在【措施项目清单】中只显示汇总后的总金额，若要查看其明细资料，可进入【措施项目清单明细】；而在【措施项目清单】中，同样可以将转向而来的专业工程措施项目费，转回到【分部分项工程量清单】中；在【措施项目清单明细】的操作界面中，点击工具栏中的【转】，可以逐一选择需要转回的项目，也可选择【以上全部】进行批量转回，如图10-45所示。

图10-45 专业工程措施项目费的回转

（2）直接套定额

在【措施项目清单明细】中，列出转向的专业工程措施项目明细，以及未输入金额的措施项目，软件将它们作为措施项目清单显示。如图10-46所示。

| 序号 | 费 | 项目编码 | 项目名称 | 单位 | 工程量 | 综合单价 | 合价 | 备注 |
|---|---|---|---|---|---|---|---|---|
| | | | 混凝土、钢筋混凝土模板及支架 | | | 298952.23 | 298952.23 | 一级标题 |
| | 1 | AB007 | 混凝土、钢筋混凝土模板及支架 | 项 | | 298952.23 | 298952.23 | 清单 |
| | 1 | 20-10 | 现浇各种柱系、桩承台组合钢模 | 10m2 | 12.98 | 353.75 | 4591.68 | 2004建筑与装饰工程 |
| | 1 | 20-1 | 现浇砼垫层基础组合钢模板 | 10m2 | 4.4 | 419.46 | 1845.62 | 2004建筑与装饰工程 |
| | 1 | 20-26 | 现浇矩形柱复合木模板 | 10m2 | 43.68 | 352.02 | 15376.23 | 2004建筑与装饰工程 |
| | 1 | 20-26 | 现浇矩形柱复合木模板 | 10m2 | 68.19 | 352.02 | 24004.24 | 2004建筑与装饰工程 |
| | 1 | 20-31 | 现浇构造柱复合木模板 | 10m2 | 39 | 381.79 | 14889.81 | 2004建筑与装饰工程 |
| | 1 | 20-35 | 现浇挑梁、单梁、连续梁、框架 | 10m2 | 5.2427 | 389.22 | 2040.56 | 2004建筑与装饰工程 |
| | 1 | 20-40 | 现浇圈梁、地坑支撑梁组合钢模 | 10m2 | 2.12 | 333.35 | 706.7 | 2004建筑与装饰工程 |
| | 1 | 20-43 | 现浇过梁复合木模板 | 10m2 | 23.15 | 364.58 | 8440.03 | 2004建筑与装饰工程 |
| | 1 | 20-43 | 现浇过梁复合木模板 | 10m2 | 5.21 | 364.58 | 1899.46 | 2004建筑与装饰工程 |
| | 1 | 20-58 | 现浇板厚度＜20cm组合钢模板 | 10m2 | 445.34 | 335.57 | 149442.74 | 2004建筑与装饰工程 |
| | 1 | 20-59 | 现浇板厚度＜20cm复合木模板 | 10m2 | 107.69 | 335.57 | 36137.53 | 2004建筑与装饰工程 |
| | 1 | 20-85 | 现浇檐沟、小型构件木模板 | 10m2 | 45.8 | 498.74 | 22842.29 | 2004建筑与装饰工程 |
| | 1 | 20-72 | 现浇水平挑沿、板式雨蓬复合木 | 10m2 | 0.9 | 536.06 | 482.45 | 2004建筑与装饰工程 |
| | 1 | 20-41 | 现浇楼梯复合木模板 | 10m2 | 12.75 | 957.38 | 12206.6 | 2004建筑与装饰工程 |
| | 1 | 20-41 | 现浇圈梁、地坑支撑梁复合木模 | 10m2 | 8.01 | 280.38 | 2245.84 | 2004建筑与装饰工程 |
| | 1 | 20-85 | 现浇檐沟、小型构件木模板 | 10m2 | 3.61 | 498.74 | 1800.45 | 2004建筑与装饰工程 |
| | | | 脚手架 | | | 51619.97 | 51619.97 | 一级标题 |
| 8 | 1 | AB008 | 脚手架 | 项 | 1 | 51619.97 | 51619.97 | 清单 |
| | 1 | 19-2 | 砌墙脚手架单排外架子(12m以内) | 10m2 | 160.53 | 107.14 | 17199.18 | 2004建筑与装饰工程 |
| | 1 | 19-11 | 抹灰脚手架>3.6m在5m以内 | 10m2 | 235.13 | 42.7 | 10040.05 | 2004建筑与装饰工程 |
| | 1 | 19-11 | 抹灰脚手架>3.6m在5m以内 | 10m2 | 18.91 | 42.7 | 807.46 | 2004建筑与装饰工程 |
| | 1 | 19-2 | 砌墙脚手架单排外架子(12m以内) | 10m2 | 1.79 | 107.14 | 191.78 | 2004建筑与装饰工程 |
| | 1 | 19-13 | 高>3.6m单独柱.梁.墙.油(水)池 | 10m2 | 137.13 | 26.32 | 3609.26 | 2004建筑与装饰工程 |
| | 1 | 19-13 | 高>3.6m单独柱.梁.墙.油(水)池 | 10m2 | 209.97 | 26.32 | 5526.41 | 2004建筑与装饰工程 |
| | 1 | 19-13 | 高>3.6m单独柱.梁.墙.油(水)池 | 10m2 | 1.65 | 26.32 | 43.43 | 2004建筑与装饰工程 |
| | 1 | 19-7 | 基本层满堂脚手架(5m以内) | 10m2 | 131.87 | 107.7 | 14202.4 | 2004建筑与装饰工程 |

图10-46 定额组价编制技术措施项目费用

在【措施项目清单明细】界面中，对这些措施项目清单可以直接套用定额；进入【措施项目清单明细】的操作界面中，选择措施项目清单，通过"项目指引"选套所需定额，或点击鼠标右键，选择【插入定额】，直接输入要套的定额号即可。

（3）专业工程措施项目费的"搬迁"

在【分部分项工程量清单】中通过套定额编制的某些清单项目，有时却属于非工程实体部分，因此其金额应该计入【措施项目清单】中。

① 在分部分项工程量清单操作界面,选择需要计入"措施项目清单"的清单项目及其子目,如图 10-47 所示。

| 序号 | 费 | 项目编码 | 项目名称 | 单位 | 工程量 | 综合单价 | 合价 | 备注 |
|---|---|---|---|---|---|---|---|---|
| 1 | 1 | 040302010001 | 混凝土箱梁 | m3 | 2356.74 | 794.51 | 1872458.21 | 清单 |
| | 1 | 3-327 | 支架上现浇混凝土梁(C4 | 10m3 | 235.874 | 3732.54 | 879862.63 | 市政工程(混凝土浇 |
| | 1 | 3-328 | 支架上现浇混凝土箱梁模板 | 10m2 | 1269.5758 | 781.99 | 992795.58 | 市政工程(混凝土浇 |
| 2 | 1 | 040301001001 | 圆木桩 | m | 359.64 | 88.47 | 31817.50 | 清单 |
| | 1 | 1-453 | 竖,拆卷扬机打桩架 | 架次 | 1 | 1981.77 | 1981.77 | 市政工程 |
| | 1 | 1-485 | 陆上卷扬机打槽型钢板桩 | 10t | 35.984 | 829.60 | 29835.73 | 市政工程 |
| 3 | 1 | 040406002001 | 深层搅拌桩成墙 | m3 | 2208.00 | 163.52 | 360730.40 | 清单 |
| | 1 | 2-21 | 弹软土基粉喷桩水泥掺量 | 10m3 | 220.6 | 1612.11 | 355631.47 | 市政工程 |
| | 1 | 17-77 | 深层搅拌机场外运输费 | 次 | 1 | 2866.69 | 2866.69 | 市政工程 |
| | 1 | 17-78 | 深层搅拌机组装拆卸费 | 次 | 1 | 2232.24 | 2232.24 | 市政工程 |

**图 10-47    选择"措施项目清单"项目**

② 点击工具栏中的 ⚒ 按钮,被剪切的清单项目序号栏呈红色。

③【措施项目清单】中,给定措施项目名称,"措施项目清单明细"自动产生该措施项目清单。

④【措施项目清单明细】界面的措施项目标题上,点击鼠标右键,选择【粘贴】(或直接点击工具栏中的 ▤ 按钮)。

⑤ 进入【措施项目清单】操作界面,软件已将该措施项目标题下粘贴的清单项目及其子目的费用合计后显示出来,如图 12-48 所示。

| 序号 | 项目名称(合计448432.49) | 单位 | 数量 | 计算参数 | 费率(%) | 单价 | 合计 | 标题 |
|---|---|---|---|---|---|---|---|---|
| 1 | 环境保护费 | 项 | 1 | | | 8250 | 8250.00 | |
| 2 | 现场安全文明施工措施费 | 项 | 1 | QS | 1.5 | 2269639.63 | 34044.59 | |
| 3 | 混凝土、钢筋混凝土模板及支架 | 项 | 1 | | | 0.00 | | |
| 4 | 大型机械设备进出场及安拆 | 项 | 1 | | | 0.00 | | |
| 5 | 临时设施费 | 项 | 1 | | | 11030 | 11030.00 | |
| 6 | 二次搬运费 | 项 | 1 | | | 2560 | 2560.00 | |
| 7 | 支护工程 | 项 | 1 | | | 392547.90 | 392547.90 | |

**图 10-48    专业工程措施项目费的"搬迁"**

提示:GB 50500—2008 规范与 GB 50500—2003 关于措施项目清单规定有所不同,08 规范中把 03 规范措施项目中含有的混凝土、钢筋混凝土模板及支架、脚手架去掉,分别列于附录 A 等专业工程中;将 08 规范"通用措施项目一览表"中第 1 项"安全文明施工"措施项目内容调整为由"基本费"、"考评费"和"奖励费"组成。

### 10.5.3    案例讲解

1)编制通用措施项目费用

点击【措施项目清单】操作界面上的【计算参数】栏位,下窗口中即出现参数信息,选择需要引用的参数代号至【计算参数】栏位中,在【费率(%)】栏位中输入相应费率数值,即编制出相应的通用措施项目费用,如图 10-49 所示。

| 序号 | 右窗口 | 项目名称（合计486434.99） | 单位 | 数量 | 计算参数 | 费率(%) | 单价 | 合计 | 标题 | 备注 | 明细 |
|---|---|---|---|---|---|---|---|---|---|---|---|
| | | 通用措施项目 | | | | | | 104803.19 | √ | | |
| 1 | | 现场安全文明施工措施费 | 项 | | | | 103509.32 | 103509.32 | | | |
| 1.1 | | 基本费 | | 1 | QS | 2.2 | 2587733.1 | 56930.13 | | 如不取该项费用，可将"费 | |
| 1.2 | | 考评费 | | 1 | QS | 1.1 | 2587733.1 | 28465.06 | | 如不取该项费用，可将"费 | |
| 1.3 | | 奖励费 | | 1 | QS | 0.7 | 2587733.1 | 18114.13 | | 如不取该项费用，可将"费 | |
| 2 | | 夜间施工增加费 | 项 | | | | | | | 0%～0.1% | |
| 3 | | 二次搬运费 | 项 | | | | | | | | √ |
| 4 | | 冬雨季施工增加费 | 项 | | | | | | | 0.05%～0.2% | |
| 5 | | 大型机械设备进出场及安拆费 | 项 | 1 | | | | | | | √ |
| 6 | | 施工排水费 | 项 | | | | | | | | √ |
| 7 | | 施工降水费 | 项 | | | | | | | | √ |
| 8 | | 地上、地下设施，建筑物的临时保护设施费 | 项 | | | | | | | | √ |
| 9 | | 已完工程及设备保护费 | 项 | 1 | QS | 0.05 | 2587733.1 | 1293.87 | | 0%～0.05% | |
| 10 | | 临时设施费 | 项 | | | | | | | 1%～2.2% | |
| 11 | | 企业检验试验费 | 项 | | | | | | | 0.2% | |
| 12 | | 赶工措施费 | 项 | | | | | | | 1%～2.5% | |
| 13 | | 工程按质论价 | 项 | | | | | | | 1%～3% | |
| 14 | | 特殊条件下施工增加费 | 项 | 1 | | | | | | | √ |
| | | 专业工程措施项目 | | | | | | 381631.8 | √ | | |
| 15 | | 混凝土、钢筋混凝土模板及支架 | 项 | 1 | | | | 298952.23 | 298952.23 | | | √ |
| 16 | | 脚手架 | 项 | 1 | | | | 51619.97 | 51619.97 | | | √ |
| 17 | | 垂直运输机械费 | 项 | 1 | | | | 31059.6 | 31059.6 | | | √ |
| 18 | | 住宅工程分户验收费 | 项 | | | | | | | | 0.08% | |

**图 10-49　措施项目清单**

2）通过【转向】功能编制专业工程措施项目费

在 10.4.12 中编制"分部分项工程量清单"时，也录入了混凝土、钢筋混凝土模板及支架、脚手架、垂直运输工程费等专业工程措施项目费，通过【转向】功能，直接将这些措施费从"分部分项工程量清单"中分流归类到【措施项目清单】，如图 10-49 所示。

# 10.6　其他项目清单

其他项目清单，是工程特殊费用的清单。在主界面的树形目录中，点击【其他项目清单】，进入【其他项目清单】操作界面，如图 10-50 所示。

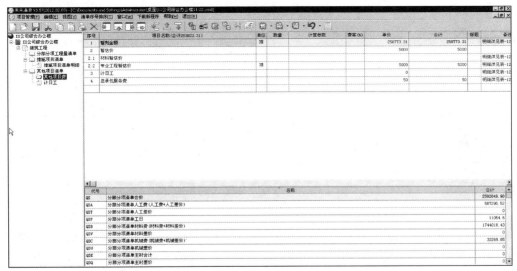

**图 10-50　【其他项目清单】操作界面**

在【其他项目清单】中，列出了招标人部分和投标人部分费用供参考，也可以按实际工程要求自行添加费用。

### 10.6.1 其他项目清单

招标方在编制其他项目清单时，只需要填写"招标人部分"的【暂列金额】、【暂估价】的费用，【暂估价】包括材料暂估价、专业工程暂估价。

提示：单击【暂列金额】的"单价"列，在下窗口弹出的【暂列金额明细组成】中填入相应内容，可添加多项；单击【专业工程暂估价】的"单价"列，在下窗口弹出的【专业工程暂估价明细组成】中填入相应内容，可添加多项。

### 10.6.2 其他项目清单计价

投标方在获得招标方提供的其他项目清单后，需对"投标人部分"进行报价。

在各项目的【单价】栏位中输入相应金额，也可以点击【计算参数】栏位，在下窗口中引用相关参数值。如图 10-51 所示。

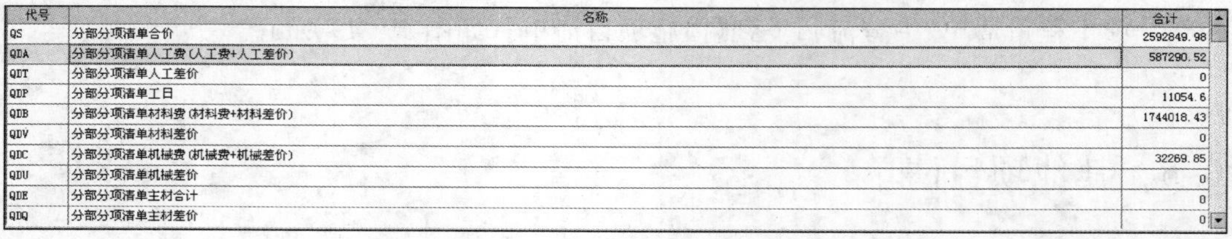

| 代号 | 名称 | 合计 |
|---|---|---|
| QS | 分部分项清单合价 | 2592849.98 |
| QDA | 分部分项清单人工费(人工费+人工差价) | 587290.52 |
| QDT | 分部分项清单人工差价 | 0 |
| QDP | 分部分项清单工日 | 11054.6 |
| QDB | 分部分项清单材料费(材料费+材料差价) | 1744018.43 |
| QDV | 分部分项清单材料差价 | 0 |
| QDC | 分部分项清单机械费(机械费+机械差价) | 32269.85 |
| QDU | 分部分项清单机械差价 | 0 |
| QDE | 分部分项清单主材合计 | 0 |
| QDQ | 分部分项清单主材差价 | 0 |

图 10-51 【计算参数】窗口

在各项目的【费率(%)】栏位中输入计算的费率，可不输；也可以点击【费率(%)】栏位，通过引用下窗口得费率库，如图 10-52 所示。

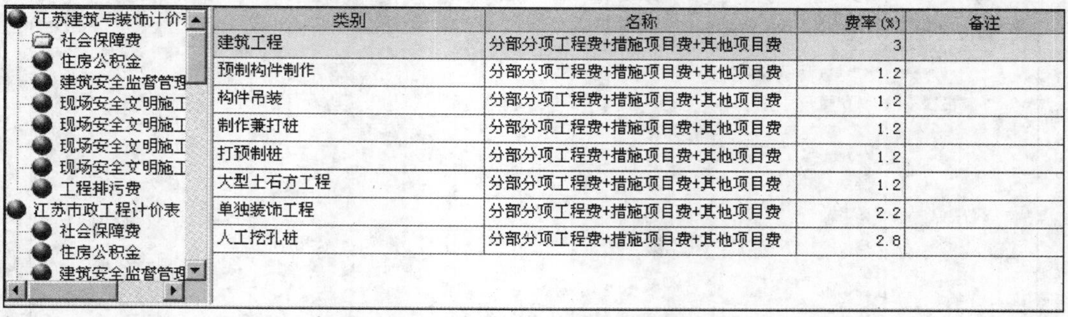

| 类别 | 名称 | 费率(%) | 备注 |
|---|---|---|---|
| 建筑工程 | 分部分项工程费+措施项目费+其他项目费 | 3 | |
| 预制构件制作 | 分部分项工程费+措施项目费+其他项目费 | 1.2 | |
| 构件吊装 | 分部分项工程费+措施项目费+其他项目费 | 1.2 | |
| 制作兼打桩 | 分部分项工程费+措施项目费+其他项目费 | 1.2 | |
| 打预制桩 | 分部分项工程费+措施项目费+其他项目费 | 1.2 | |
| 大型土石方工程 | 分部分项工程费+措施项目费+其他项目费 | 1.2 | |
| 单独装饰工程 | 分部分项工程费+措施项目费+其他项目费 | 2.2 | |
| 人工挖孔桩 | 分部分项工程费+措施项目费+其他项目费 | 2.8 | |

左侧树形结构：
江苏建筑与装饰计价表
- 社会保障费
- 住房公积金
- 建筑安全监督管理
- 现场安全文明施工
- 现场安全文明施工
- 现场安全文明施工
- 工程排污费
江苏市政工程计价表
- 社会保障费
- 住房公积金
- 建筑安全监督管理

图 10-52 费率库

提示：进入【计日工】，从下窗口的"人材机库"中选择相应的工料机双击到相应的节点下进行修改，或者直接在相应的节点下插入空行编辑；单击【总承包服务费】的"单价"列，在下窗口弹出的【总承包服务费明细组成】中填入相应内容，可添加多项。

### 10.6.3  计日工

【其他项目清单】中投标人部分的计日工费用,需要在"计日工"中进行编制。"计日工"作为"其他项目清单"的附表,其总计金额是要计入"其他项目清单"中的。

(1) 树形目录中,点击进入【计日工】操作界面,如图 10-53 所示。

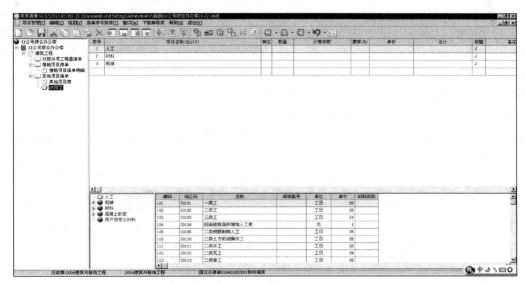

**图 10-53  【计日工】操作界面**

(2) 在下窗口的【编码库】中查找所需人工、材料、机械。

【编码库】采用的是联动功能,只要在上窗口中点击【人工】(材料或机械),编码库就会自动定位在各"人工"(材料或机械)上,最大限度地方便操作者进行查找。找到合适的人、材、机后,双击鼠标左键即可填入上窗口的相应位置上。

(3) 输入各工、料、机的数量,完成后,软件会自动计算出【计日工】的费用。

提示:在【计日工】中,可以直接在【序号】输入定额,软件会将该定额中的人、材、机进行拆分,归类到相应位置上。

### 10.6.4  材料暂估价表

在其他项目清单中的"材料暂估价"行的单价栏中单击鼠标左键,软件下窗口变为表格,根据要求在其中输入材料的编码、名称等。其他项目清单中的专业工程暂估价等编制方法同上。

### 10.6.5  案例讲解

1) 编制暂列金额

发包人一般按分部分项工程费的 10%～15% 计取暂列金额,编制时点击【暂列金额】的【计算参数】栏位,在下窗口中引用"分部分项清单合价"参数值,再单击【暂列金额】的"单价"

列，在下窗口弹出的【暂列金额明细组成】中填入相应内容，即完成【暂列金额】的编制，本案例费率取 10%。

2）编制暂估价

（1）本案例无材料暂估价，如需编制参考 10.6.4。

（2）单击【专业工程暂估价】的“单价”列，在下窗口弹出的【专业工程暂估价明细组成】中填入“防盗门的安装 5000 元”等相应内容。

（3）编制计日工。本案例由于工程较小，无需考虑计日工的编制。

（4）编制总承包服务费。本案例招标人仅要求投标人对分包的专业工程进行总承包管理和协调，所以按分包的专业工程估算造价的 1%计算总承包服务费。单击【总承包服务费】的“单价”列，在下窗口弹出的【总承包服务费明细组成】中填入“防盗门的安装 5000 元”及费率 1%等内容，即完成总承包服务费的编制。

编制完成的其他项目清单与计价表见图 10-54 所示。

| 序号 | 目名称(合计263823.3 | 单位 | 数量 | 计算参数 | 费率(%) | 单价 | 合计 | 标题 | 备注 | 明细 | 类别 |
|---|---|---|---|---|---|---|---|---|---|---|---|
| 1 | 暂列金额 | 项 | | | | 258773.31 | 258773.31 | | 明细详见表-12-1 | | |
| 2 | 暂估价 | | | | | 5000 | 5000 | | | | |
| 2.1 | 材料暂估价 | | | | | | | | 明细详见表-12-2 | | |
| 2.2 | 专业工程暂估价 | 项 | | | | 5000 | 5000 | | 明细详见表-12-3 | | |
| 3 | 计日工 | | | | | 0 | | | 明细详见表-12-4 | | |
| 4 | 总承包服务费 | | | | | 50 | 50 | | 明细详见表-12-5 | | |
| | | | | | | | | | | | |

**图 10-54　案例的其他项目清单与计价表**

# 10.7　单位(项)工程费汇总

## 10.7.1　单位工程费汇总

编制完清单，在树形目录中点击单位工程名称，即可查看到“单位工程费汇总表”，它包含了三份清单的合计和规费、税金(规费、税金需要根据实际工程调整)。如图 10-55 所示。

| 序号 | 名称 | 单位 | 数量 | 计算参数 | 费率(%) | 单价 | 金额(元) | 备注 |
|---|---|---|---|---|---|---|---|---|
| 1 | 分部分项工程量清单费用 | 元 | | QS | | 2587733.1 | 2587733.1 | 按《计价表》 |
| 2 | 措施项目清单费用 | 元 | | QR | | 486434.99 | 486434.99 | 按《计价表》 |
| 3 | 其他项目费用 | 元 | | QT | | 263823.31 | 263823.31 | 双方约定 |
| 4 | 规费 | 元 | | (4.1)+(4.2)+(4.3)+(4.4) | | 126509.87 | 126509.87 | |
| 4.1 | 工程排污费 | 元 | | (1:3) | 0.1 | 3337991.4 | 3337.99 | 分部分项工 |
| 4.2 | 建筑安全监督管理费 | 元 | | (1:3) | 0.19 | 3337991.4 | 6342.18 | 分部分项工 |
| 4.3 | 社会保障费 | 元 | | (1:3) | 3 | 3337991.4 | 100139.74 | 分部分项工 |
| 4.4 | 住房公积金 | 元 | | (1:3) | 0.5 | 3337991.4 | 16689.96 | 分部分项工 |
| 5 | 税金 | 元 | | (1:3)+(4) | 3.48 | 3464501.27 | 120564.64 | 分部分项工 |
| 6 | 小计 | 元 | | (1:4)+(5) | | 3585065.91 | 3585065.91 | |
| | | | | | | | | |

**图 10-55　单位工程费汇总**

### 10.7.2 单项工程费汇总

树形目录中,点击单项工程名称,即可查看到"单项工程费"汇总,如图 10-56 所示。

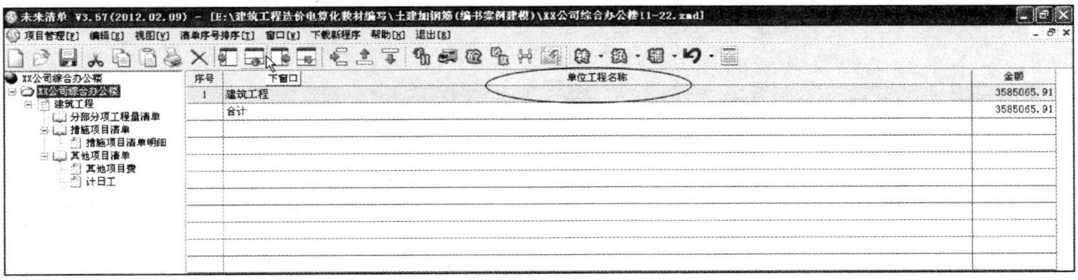

**图 10-56 单项工程费汇总**

提示:"单项工程费用汇总表"中列出该单项工程下各单位工程的总价合计。

### 10.7.3 工程项目总价

树形目录中,点击工程项目名称,即可查看到该项目的总价表。如图 10-57 所示。

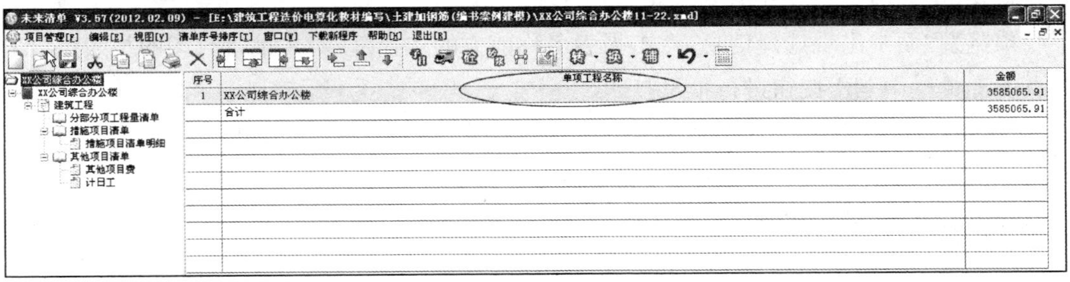

**图 10-57 工程项目总价**

提示:"工程总价表"中列出该工程项目下各单项工程的总价合计。

## 10.8 报表打印

编制完工程量清单后,需要进入"报表打印",对相关报表进行打印,《未来清单》中各报表均完全符合国标要求,同时报表的调节也十分灵活。

### 10.8.1 报表调整与打印

1)当前工程报表调整与打印

点击工具栏中 按钮,进入【报表打印】界面,点击目录树中报表总称,展开报表明细。

点击要预览的报表名称(如"分部分项工程量清单"),右窗口中即出现该报表内容。双击报表中各栏位,便可对其内容进行修改,还可以对报表中栏位的宽度、高度进行调整,调节的方法等同于 Excel。点击【文件】菜单,打开【界面设置】,可以对报表的打印效果、页眉/页脚显示内容以及页边距等进行设置。点击工具栏中 按钮,进行报表的最终效果预览,报表预览满意后,点击工具栏中 按钮进行打印。

2) 多个单位工程报表间的相互切换

若在同一个项目下建立了多个单位工程,无需退出报表打印界面便可直接在各单位工程报表间切换。

【报表打印】的目录树结构下方,点击 ,在弹出的对话框中选择需要的单位工程,如图 10-58 所示。点击【确定】后,【报表打印】界面中即为需要查看的单位工程信息,可直接调整打印。

图 10-58　单位工程的选择

3) 批量打印

在打印报表时,可以进行多张报表的批量打印。对要打印的报表逐一进行调节及预览,目录树结构中,点击报表的总名称,【报表预览】画面中出现选择信息,点击报表名称前方的选择框,对要批量打印的报表进行勾选,点击工具栏中 按钮进行批量打印。

提示:用户自建报表只能进行单表打印。

## 10.8.2　自定义报表

1) 自定义报表模板

由于清单计价软件的"报表打印",可以对预览的报表进行灵活的调节(如取消显示某些栏位等),因此调节过后的报表成为自建报表,软件会提醒将自定义的报表进行保存,并可一并打印出来。

进入需要进行调节的规范报表,点击【报表打印】界面工具栏中 按钮,弹出【表头设计】画面,点击【表头设计】画面中各栏位名称前方的选择框,选择是否在报表中显示该栏位( 为显示, 为不显示)。通过画面下方的 按钮,改变各栏位的显示位置及级别,点击【确定】后返回报表预览界面,便可看到调节后的报表显示效果,点击【报表打印】界面中的【文件】菜单(或在原报表名称上点击鼠标右键),选择【保存为模板】。输入新建模板名称,点击【确定】后,该新建模板会成为原报表的子级内容,可点击查看。

2) 自定义报表样式

清单报表打印软件中,提供我们可以在规范报表的基础上,以增加/删除列来新建一张自定义的报表格式。

下面以新增列为例,讲解自定义报表的操作步骤。

(1)选择一张规范报表。

(2)点击软件工具栏中 ▢ 按钮,出现【报表设计器】画面,如图 10-59 所示。

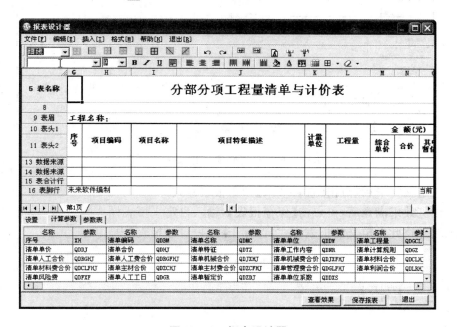

图 10-59　报表设计器

(3)在相应的列号后,点击鼠标右键,选择【插入列】,如图 10-60 所示。

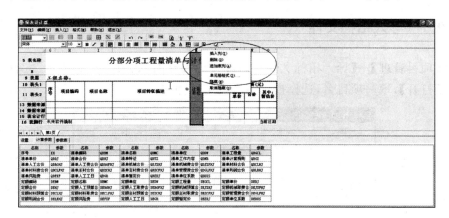

图 10-60　插入列

(4)软件提示"是否插入当前列的左边",点击【是】。

(5)输入新建列的表头栏位名称。

(6)选择新建列的"数据来源",可通过该栏位的下拉菜单选择相应的参数,在下窗口的"计算参数"中查找后直接输入,如图 10-61 所示。

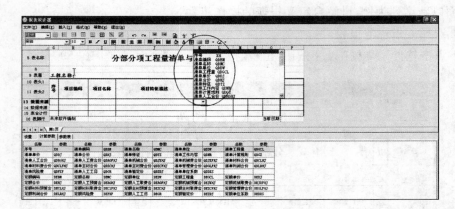

图 10-61 选择新建列的"数据来源"

（7）自定义完毕后，点击【查看效果】预览报表样式。

（8）预览效果满意后，可点击【保存报表】，输入自定义报表样式的名称。

（9）软件将此自定义的报表样式，保存于【用户自建报表】中。

## 10.9 电子招投标文件

电子招投标文件包括导入招标文件和导出投标文件两部分。

### 10.9.1 导入招标文件

选择【项目管理】→【导入招标文件】，即进入导入界面，如图 10-62 所示。选择【招标文件】，点击【打开】，填写项目名，选择投标地区及定额种类。

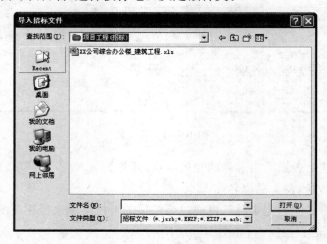

图 10-62 招标文件的导入

点击完成后，软件将进入保存对话框选择好相应的路径，点击【保存】。如果招标文件为Excel 格式，在导入时会弹出如图 10-63 所示界面。

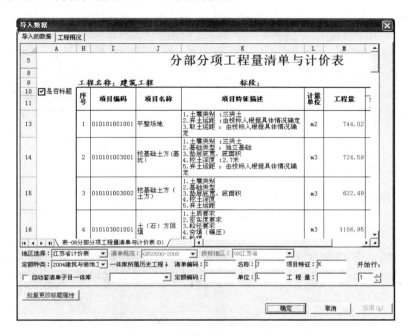

**图 10-63    Excel 格式招标文件的导入**

在对话框下半部【定额号】、【名称】、【单位】、【工程量】、【人工费】……中填入对应列的代号如 B、C、D、E 等，输入预算书正文从第几行开始读取，最后单击【确定】进入【保存】对话框。

## 10.9.2    导出投标文件

清单工程编制完成后，如果是公开招标的工程，作为投标方，需要导出【标准格式投标文件】数据库并刻录投标光盘。

选择【项目管理】→【导出投标文件】，软件会提示"是否导出 EXCEL 格式"，选择"否"，则导出 Access 数据库格式（＊.mdb 格式）投标文件。

在弹出的对话框中，输入各项工程信息。"项目编号"等红色栏位为必填项，如漏填则不能继续导出。

导出完成后，软件会自动在当前工程所在的路径下面自动创建一个与工程同名的文件夹，存放导出的投标数据库。

## 10.9.3    符合性检查

导出完成后，软件还会弹出【投标符合性检查】，用于检查投标文件的四个统一。

（1）点击主菜单中的【项目管理】→【导出投标文件】，软件自动跳出"符合性检查"对话框，并自动完成"选择投标文件"。

（2）点击【符合性检查】对话框中的"选择招标文件"按钮，选择招标项目中对应的单位工程。

（3）点击【符合性检查】对话框中的"符合性检查"按钮，软件就会完成四个统一的符合性。

（4）如果查出错误，可点击【导出比较结果】按钮，自动生成"符合性检查比较结果－记事本"，以便对比修改工程。

技巧：如单位工程不在同一个项目中或单位工程是不同软件导出的数据库，可利用下窗口"生成总价文件"按钮来产生 zj. mdb 文件。

提示：在生成数据库前"项目信息"中的红色项目必须填写。

## 10.10 实例操作结果

该案例从招标方的角度进行招标控制价的编制，得到的相关报价结果见表 10-1～表 10-6，表中综合单价已经用目前市场价进行了调整，读者在操作时也将进行综合单价的调整，以下结果仅作参考。

**表 10-1 单位工程招标控制价汇总表**

| 序号 | 汇总内容 | | 金额（元） | 其中：暂估价（元） |
|------|------|------|------|------|
| 1 | 分部分项工程 | | 2 587 733.10 | |
| 1.1 | A.1 | 土（石）方工程 | 137 775.56 | |
| 1.2 | A.3 | 砌筑工程 | 152 972.84 | |
| 1.3 | A.4 | 混凝土及钢筋混凝土工程 | 856 387.00 | |
| 1.4 | A.7 | 屋面及防水工程 | 87 762.85 | |
| 1.5 | A.8 | 防腐、隔热、保温工程 | 25 463.40 | |
| 1.6 | B.1 | 楼地面工程 | 337 741.71 | |
| 1.7 | B.2 | 墙、柱面工程 | 135 378.42 | |
| 1.8 | B.3 | 天棚工程 | 104 708.38 | |
| 1.9 | B.4 | 门窗工程 | 569 599.98 | |
| 1.10 | B.5 | 油漆、涂料、裱糊工程 | 179 942.96 | |
| 2 | 措施项目 | | 486 434.99 | |
| 2.1 | 安全文明施工费 | | 103 509.32 | |
| 3 | 其他项目 | | 263 823.31 | |
| 3.1 | 暂列金额 | | 258 773.31 | |
| 3.2 | 专业工程暂估价 | | 5 000.00 | |
| 3.3 | 计日工· | | | |

续表 10-1

| 序号 | 汇总内容 | 金额(元) | 其中:暂估价(元) |
|------|----------|----------|------------------|
| 3.4 | 总承包服务费 | 50.00 | |
| 4 | 规费 | 126 509.87 | |
| 4.1 | 工程排污费 | 3 337.99 | |
| 4.2 | 建筑安全监督管理费 | 6 342.18 | |
| 4.3 | 社会保障费 | 100 139.74 | |
| 4.4 | 住房公积金 | 16 689.96 | |
| 5 | 税金 | 120 564.64 | |
| 招标控制价合计=1+2+3+4+5 | | 3 585 065.91 | |

表 10-2 分部分项工程量清单与计价表

| 序号 | 项目编码 | 项目名称 | 项目特征描述 | 计量单位 | 工程量 | 金额(元) 综合单价 | 合价 | 其中:暂估价 |
|------|----------|----------|--------------|----------|--------|----------|------|------------|
| 1 | 010101001001 | 平整场地 | 1. 土壤类别:三类土<br>2. 弃土运距:由投标人根据具体情况确定<br>3. 取土运距:由投标人根据具体情况确定 | m² | 744.02 | 5.37 | 3995.39 | |
| 2 | 010101003001 | 挖基础土方(基坑) | 1. 土壤类别:三类土<br>2. 基础类型:独立基础<br>3. 垫层底宽、底面积<br>4. 挖土深度:2.7 m<br>5. 弃土运距:由投标人根据具体情况确定 | m³ | 724.59 | 78.73 | 57 046.97 | |
| 3 | 010101003002 | 挖基础土方(土方) | 1. 土壤类别:三类土<br>2. 基础类型:独立基础<br>3. 垫层底宽、底面积<br>4. 挖土深度:2.7 m<br>5. 弃土运距:由投标人根据具体情况确定 | m³ | 622.49 | 44.26 | 27 551.41 | |
| 4 | 010103001001 | 土(石)方回填 | 略 | m³ | 1 106.95 | 44.43 | 49 181.79 | |
| 5 | 010304001001 | 空心砖墙、砌块墙(KM1 多孔砖,外墙 200) | 略 | m³ | 160.19 | 281.70 | 45 125.52 | |
| 6 | 010304001002 | 空心砖墙、砌块墙(KM1 多孔砖,内墙 200) | 略 | m³ | 382.31 | 266.69 | 101 958.25 | |
| 7 | 010304001003 | 空心砖墙、砌块墙(KP1 多孔砖,内墙 120) | 略 | m³ | 18.41 | 290.76 | 5 352.89 | |

续表 10-2

| 序号 | 项目编码 | 项目名称 | 项目特征描述 | 计量单位 | 工程量 | 金额（元） | | 其中：暂估价 |
|---|---|---|---|---|---|---|---|---|
| | | | | | | 综合单价 | 合价 | |
| 8 | 010304001004 | 空心砖墙、砌块墙(120厚墙垛，KP1多孔砖) | 略 | m³ | 1.84 | 291.40 | 536.18 | |
| 9 | 010401002001 | 独立基础 | 略 | m³ | 193.68 | 307.39 | 59 535.30 | |
| 10 | 010401006001 | 垫层 | 略 | m³ | 46.45 | 277.43 | 12 886.62 | |
| 11 | 010402001001 | 矩形柱(1.6 m以内，C30混凝土) | 略 | m³ | 58.37 | 369.84 | 21 587.56 | |
| 12 | 010402001002 | 矩形柱(1.6—2.5之间，C30混凝土) | 略 | m³ | 94.62 | 369.84 | 34 994.26 | |
| 13 | 010402001003 | 矩形柱(构造柱，C25混凝土) | 略 | m³ | 33.97 | 467.87 | 15 893.54 | |
| 14 | 010403002001 | 矩形梁 | 略 | m³ | 6.04 | 333.25 | 2 012.83 | |
| 15 | 010403004001 | 圈梁 | 略 | m³ | 2.00 | 370.77 | 741.54 | |
| 16 | 010403005001 | 过梁(C25混凝土，门窗过梁) | 略 | m³ | 15.53 | 415.71 | 6 455.98 | |
| 17 | 010403005002 | 过梁(窗台梁) | 略 | m³ | 5.25 | 401.11 | 2 105.83 | |
| 18 | 010405001001 | 有梁板 | 略 | m³ | 510.07 | 323.50 | 165 007.65 | |
| 19 | 010405001002 | 有梁板(斜屋面板) | 略 | m³ | 133.48 | 323.50 | 43 180.78 | |
| 20 | 010405007001 | 天沟、挑檐板 | 略 | m³ | 17.50 | 430.46 | 7 533.05 | |
| 21 | 010405008001 | 雨篷、阳台板 | 略 | m³ | 1.10 | 313.79 | 345.17 | |
| 22 | 010406001001 | 直形楼梯 | 略 | m² | 127.50 | 79.84 | 10 179.60 | |
| 23 | 010407001001 | 其他构件(止水坎，C25混凝土) | 略 | m³ | 6.70 | 370.77 | 2 484.16 | |
| 24 | 010407001002 | 其他构件(女儿墙1) | 略 | m³ | 3.25 | 433.13 | 1 407.67 | |
| 25 | 010407002001 | 散水、坡道 | 略 | m² | 89.42 | 50.16 | 4 485.31 | |
| 26 | 010407001003 | 其他构件 | 略 | m² | 38.06 | 53.89 | 2 051.05 | |
| 27 | 010416001001 | 现浇混凝土钢筋 | 略 | t | 126.25 | 3671.28 | 463 499.10 | |
| 28 | 010701001001 | 瓦屋面 | 略 | m² | 693.97 | 13.16 | 9 132.65 | |
| 29 | 010702001001 | 屋面卷材防水 | 略 | m² | 810.78 | 83.49 | 67 692.02 | |
| 30 | 010702003001 | 屋面刚性防水 | 略 | m² | 105.77 | 30.41 | 3 216.47 | |
| 31 | 010703002001 | 涂膜防水(卫生间) | 略 | m² | 352.22 | 16.86 | 5 938.43 | |

续表 10-2

| 序号 | 项目编码 | 项目名称 | 项目特征描述 | 计量单位 | 工程量 | 综合单价 | 合价 | 其中：暂估价 |
|---|---|---|---|---|---|---|---|---|
| 32 | 010703002002 | 涂膜防水（屋面） | 略 | m² | 105.77 | 16.86 | 1 783.28 | |
| 33 | 010803001001 | 保温隔热屋面 | 略 | m² | 799.73 | 31.84 | 25 463.40 | |
| 34 | 020102001001 | 石材楼地面（花岗岩地面） | 略 | m² | 292.40 | 326.24 | 95 392.58 | |
| 35 | 020102002001 | 块料楼地面（地面） | 略 | m² | 821.80 | 119.55 | 98 246.19 | |
| 36 | 020102002002 | 块料楼地面（楼面） | 略 | m² | 652.63 | 82.94 | 54 129.13 | |
| 37 | 020102002003 | 块料楼地面（楼面） | 略 | m² | 138.03 | 117.26 | 16 185.40 | |
| 38 | 020102002004 | 块料楼地面（楼面） | 略 | m² | 222.67 | 100.55 | 22 389.47 | |
| 39 | 020102002005 | 块料楼地面（楼面） | 略 | m² | 68.57 | 82.93 | 5 686.51 | |
| 40 | 020105002001 | 石材踢脚线（花岗岩踢脚线，高150） | 略 | m² | 1.81 | 302.65 | 547.80 | |
| 41 | 020106002001 | 块料楼梯面层 | 略 | m² | 94.74 | 137.79 | 13 054.22 | |
| 42 | 020106003001 | 水泥砂浆楼梯面 | 略 | m² | 32.76 | 56.99 | 1 866.99 | |
| 43 | 020105003001 | 块料踢脚线（块料踢脚线，高150） | 略 | m² | 248.71 | 98.42 | 24 478.04 | |
| 44 | 020107001001 | 金属扶手带栏杆、栏板 | 略 | m | 44.23 | 130.35 | 5 765.38 | |
| 45 | 020202001001 | 柱面一般抹灰 | 略 | m² | 40.19 | 20.46 | 822.29 | |
| 46 | 020204003001 | 块料墙面（瓷砖内墙面） | 略 | m² | 913.20 | 104.16 | 95 118.91 | |
| 47 | 020204003002 | 块料墙面（面砖外墙面） | 略 | m² | 447.54 | 88.12 | 39 437.22 | |
| 48 | 020301001001 | 天棚抹灰 | 略 | m² | 1451.41 | 13.38 | 19 419.87 | |
| 49 | 020302001001 | 天棚吊顶 | 略 | m² | 863.22 | 81.83 | 70 637.29 | |
| 50 | 020302001002 | 天棚吊顶 | 略 | m² | 185.67 | 78.91 | 14 651.22 | |
| 51 | 020401002001 | 企口木板门 | 略 | m² | 202.49 | 182.74 | 37 003.02 | |
| 52 | 020402007001 | 钢质防火门 | 略 | m² | 8.40 | 601.04 | 5 048.74 | |
| 53 | 020404002001 | 转门 | 略 | m² | 9.90 | 36481.58 | 361 167.64 | |

续表 10-2

| 序号 | 项目编码 | 项目名称 | 项目特征描述 | 计量单位 | 工程量 | 金额（元） | | |
|---|---|---|---|---|---|---|---|---|
| | | | | | | 综合单价 | 合价 | 其中：暂估价 |
| 54 | 020404007001 | 半玻门（带扇框） | 略 | m² | 15.12 | 83.30 | 1 259.50 | |
| 55 | 020406007001 | 塑钢窗 | 略 | m² | 323.07 | 511.10 | 165 121.08 | |
| 56 | 020506001001 | 抹灰面油漆（涂料内墙面） | 略 | m² | 6 041.04 | 24.51 | 148 065.89 | |
| 57 | 020506001002 | 抹灰面油漆（仿真石漆外墙面） | 略 | m² | 897.44 | 35.52 | 31 877.07 | |

表 10-3　措施项目清单与计价表（一）

工程名称：建筑工程　　　　　　　　　　　　　　　　标段：

| 序号 | 项目名称 | 计算基础 | 费率（%） | 金额（元） |
|---|---|---|---|---|
| 1 | 现场安全文明施工措施费 | | | 103 509.32 |
| 2 | 基本费 | 分部分项工程费 | 2.2 | 56 930.13 |
| 3 | 考评费 | 分部分项工程费 | 1.1 | 28 465.06 |
| 4 | 奖励费 | 分部分项工程费 | 0.7 | 18 114.13 |
| 5 | 夜间施工增加费 | | | |
| 6 | 二次搬运费 | | | |
| 7 | 冬雨季施工增加费 | | | |
| 8 | 大型机械设备进出场及安拆费 | | | |
| 9 | 施工排水费 | | | |
| 10 | 施工降水费 | | | |
| 11 | 地上、地下设施，建筑物的临时保护设施费 | | | |
| 12 | 已完工程及设备保护费 | 分部分项工程费 | 0.05 | 1 293.87 |
| 13 | 临时设施费 | | | |
| 14 | 企业检验试验费 | | | |
| 15 | 赶工措施费 | | | |
| 16 | 工程按质论价 | | | |
| 17 | 特殊条件下施工增加费 | | | |
| 18 | 住宅工程分户验收费 | | | |
| | 合计 | | | 591 238.18 |

**表 10-4　措施项目清单与计价表（二）**

| 序号 | 项目编码 | 项目名称 | 项目特征描述 | 计量单位 | 工程量 | 金额（元） | |
|---|---|---|---|---|---|---|---|
| | | | | | | 综合单价 | 合价 |
| 1 | AB001 | 混凝土、钢筋混凝土模板及支架 | 略 | 项 | 1.00 | 298 952.23 | 298 952.23 |
| 2 | AB002 | 脚手架 | 略 | 项 | 1.00 | 51 619.97 | 51 619.97 |
| 3 | AB003 | 垂直运输机械费 | 略 | 项 | 1.00 | 31 059.60 | 31 059.60 |
| 本页小计 | | | | | | | 381 631.80 |
| 合计 | | | | | | | 381 631.80 |

**表 10-5　其他项目清单与计价汇总表**

| 序　号 | 项目名称 | 计量单位 | 金额（元） | 备　注 |
|---|---|---|---|---|
| 1 | 暂列金额 | 项 | 258 773.31 | |
| 2 | 暂估价 | | 5 000 | |
| 2.1 | 材料暂估价 | | — | |
| 2.2 | 专业工程暂估价 | 项 | 5 000 | |
| 3 | 计日工 | | | |
| 4 | 总承包服务费 | | 50 | |
| 合　计 | | | 263 823.31 | |

**表 10-6　规费、税金项目清单与计价表**

| 序号 | 项目名称 | 计算基础 | 费率（%） | 金额（元） |
|---|---|---|---|---|
| 1 | 规　费 | | | 126 509.87 |
| 1.1 | 工程排污费 | 分部分项工程费＋措施项目费＋其他项目费 | 0.1 | 3 337.99 |
| 1.2 | 建筑安全监督管理费 | 分部分项工程费＋措施项目费＋其他项目费 | 0.19 | 6 342.18 |
| 1.3 | 社会保障费 | 分部分项工程费＋措施项目费＋其他项目费 | 3 | 100 139.74 |
| 1.4 | 住房公积金 | 分部分项工程费＋措施项目费＋其他项目费 | 0.5 | 16 689.96 |
| 2 | 税金 | 分部分项工程费＋措施项目费＋其他项目费＋规费 | 3.48 | 120 564.64 |
| 合　计 | | | | 247 074.51 |

## 本章小结

本章主要介绍了清单计价软件——未来软件的应用操作，详细地介绍了未来软件编制清单、组织定额、换算定额、调整单价、取费、浮动费率、措施项目费、其他项目费以及规费、税金等费用的选择和计算等，最后，列出了本书案例工程计价软件编制的系列表格供读者参考。

## 复习思考题

1. 在土建工程中如何做超高费？是否与安装相同？分别是以什么为基数的？
2. 为什么在未来清单中【其他项目清单】里的费率修改不了？
3. 甲供材如何扣减？
4. 怎样修改最新的人工工资？
5. 如何查找新增加的补充定额？
6. 如何跨工程复制？

# 参考文献

［1］ 赵莹华.工程估价实验[M].大连:东北财经大学出版社,2009

［2］ 梁红宁.建筑工程预算电算化[M].北京:机械工业出版社,2008

［3］ 建设部.建设工程工程量清单计价规范(GB 50500—2008).北京:中国计划出版社,2008

［4］ 中国建筑标准设计研究院.G101系列图集.北京:中国计划出版社,2008

［5］ 江苏省建设厅.江苏省建筑与装饰工程计价表(上、下册).北京:知识产权出版社,2004

［6］ 全国造价工程师执业资格考试教材编审组.工程造价计价与控制(第5版).北京:中国计划出版社,2009

［7］ 《建设工程工程量清单计价规范》编制组.中华人民共和国国家标准《建设工程工程量清单计价规范》(GB 50500—2008)宣贯教材(第1版).北京:中国计划出版社,2008

［8］ LCE编委会.鲁班软件认证工程师(LCE)标准培训教程(鲁班算量·土建版)(第1版).上海:同济大学出版社,2008

［9］ 上海鲁班软件有限公司.鲁班土建(预算版)用户手册.2011

［10］ 上海鲁班软件有限公司.鲁班钢筋(预算版)用户手册.2011

［11］ 南京未来高新技术有限公司.未来清单软件操作说明.2010

［12］ 林则夫.项目管理软件应用(第1版).北京:机械工业出版社,2008

［13］ 王军.建设工程造价控制方法.北京:化学工业出版社,2010

［14］ 朱嬿.计算机在施工项目管理中的应用.北京:中国建筑工业出版社,1996

［15］ 广联达工程培训部.广联达工程造价类软件实训教程.北京:人民交通出版社,2005